剃齿加工技术与应用

蔡安江 著

国防工业出版社
·北京·

内 容 简 介

本书紧扣剃齿加工过程，针对剃齿精度从多源多因素融合的角度阐述剃齿啮合接触、剃齿加工特性、剃齿切削运动、剃齿安装误差、剃齿刀修形技术及非等边剃齿刀设计等，突出了理论建模、工艺技术以及实验方法的综合应用。

本书是作者及所带领的科研团队多年来在剃齿加工技术研究的基础上，查阅了国内外诸多研究文献及总结归纳所取得的科研成果上完成的，可供高等院校机械类专业的研究生及教师阅读，也可供科研及工程技术人员参考。

图书在版编目（CIP）数据

剃齿加工技术与应用/蔡安江著. —北京：国防工业出版社，2023.6

ISBN 978-7-118-13009-6

Ⅰ. ①剃…　Ⅱ. ①蔡…　Ⅲ. ①齿轮加工　Ⅳ. ①TG61

中国国家版本馆 CIP 数据核字（2023）第 097023 号

※

国防工业出版社出版发行

（北京市海淀区紫竹院南路 23 号　邮政编码 100048）

三河市众誉天成印务有限公司印刷

新华书店经售

*

开本 710×1000　1/16　**印张** 16　**字数** 285 千字

2023 年 6 月第 1 版第 1 次印刷　**印数** 1—2000 册　**定价** 78.00 元

国防书店：（010）88540777　　书店传真：（010）88540776

发行业务：（010）88540717　　发行传真：（010）88540762

前 言

齿轮传动是机械领域应用最广泛的传动方式之一。随着现代高端装备及精密制造设备需求的发展，对齿轮传动性能的要求越来越高。剃齿是齿轮精加工的高效工艺，广泛应用于机床、汽车、船舶、航空航天等行业。剃齿加工是复杂的空间交错轴啮合运动，工件齿轮齿面为螺旋剃齿刀齿面包络而成的空间曲面，剃后齿轮齿面在节圆附近会产生不同程度的凹陷，即剃齿齿形中凹误差。剃齿齿形中凹误差是齿轮传动产生振动、噪声和降低齿轮使用寿命的主要因素之一。

剃齿是剃齿刀与工件齿轮的空间自由啮合，影响因素较多，影响因素之间存在强烈的相互作用，且剃齿过程伴有不连续切削和挤压作用，因此，研究剃齿齿形中凹误差产生机理与规律，探索剃齿刀优化设计新方法，仍是目前剃齿加工面临的科学难题。

著者及其科研团队从 2003 年开始一直从事剃齿加工工艺、剃齿齿形中凹误差机理及剃齿刀修形理论及工艺技术等方面的研究与开发，尤其在剃齿啮合接触、剃齿加工特性、剃齿切削运动、剃齿安装误差、剃齿刀修形技术及非等边剃齿刀设计等方面进行了系统的研究和生产实践，进行了大量的技术总结和试验数据分析，取得了一些基础科研成果和应用技术成果，为企业生产提供了一定的理论、方法和技术支持。本书是在已有研究成果的基础上广泛查阅国内外相关研究文献，对剃齿加工技术与应用进行总结和归纳撰写的，以期对从事剃齿加工技术的基础研究、工程应用技术研究的研究人员、工程技术人员，以及高等院校机械类专业的研究生及教师提供交流与指导。

本书共分为 7 章，第 1 章阐述了剃齿加工原理、剃齿加工误差、剃齿加工技术的发展，论述了剃齿齿形中凹误差形成机理和剃齿加工模型等；第 2 章阐述了剃齿啮合接触状态，研究了剃齿啮合接触变形，有限元分析剃齿啮合接触应力，剃齿啮合平衡接触等；第 3 章阐述了剃齿加工特性，论述了剃齿加工接触特性和剃齿加工传动特性，研究了剃齿重合度对剃齿加工特性的影响等；第 4 章阐述了剃齿加工切削力建模，研究了剃齿切削参数对剃齿切削力的影响，阐述了剃齿加工切削速度建模，研究了剃齿切削参数对剃齿切削速度的影响，论述了剃齿切削运动对剃齿加工特性的影响，分析了剃齿切削运动对齿形中凹误差的影响，探讨了剃齿加工切削参数的优化等；第5章阐述了含剃齿安装误差的剃齿加工模型，研究了剃齿安装误差的影响，探讨了剃齿安装误差对剃齿加工及剃齿加工传动特性的影响等；第6章阐述了剃齿刀间齿刃磨技术、基于剃齿修形的啮合角数值计算方法、多源耦合剃齿齿形中凹误差的预测模型、基于剃齿啮合传动特性的剃齿刀优化设计、径向剃齿刀的设计、剃齿刀修形技术，论述了基于剃齿啮合接触点数的剃齿刀修形技术等；第7章阐述了负变位剃齿与平衡剃齿，论述了非等边剃齿刀设计方法，创新了剃齿刀设计。

刘磊、张华、刘立博、王瑞远、李文博、耿晨、冯新阳、张振军、秦傲然、胡敏等博士和硕士研究生卓有成效的研究工作和高水平的学术论文为本书的研究内容作出了重要贡献，博士研究生赵猛，硕士研究生刘立博和王瑞远对书稿的修改和校正提出了许多建设性意见并花费了大量时间，陕西法士特集团公司的高级工程师杨选文对书稿的研究内容给予了许多指导。在此，对在本方向科学研究过程中全力合作和作出贡献的研究生，以及高级工程师杨选文表示衷心的感谢！

本书是在国家自然科学基金面上项目“多因素耦合剃齿齿形中凹误差机理与剃齿刀修形曲线研究”（项目批准号：51475352）、陕西省自然科学基础研究基金重点项目“多源耦合剃齿加工特性的齿形中凹误差研究与非等边剃齿刀设计”（项目批准号：2019JZ-50）、陕西省自然科学基础研究基金“剃齿刀精确修形法的理论研究”（项目批准号：2007E215）和陕西省重点研发计划项目“基于全局优化的剃齿刀设计方法”（项目批准号：2023-YBGY-095）支持下开展基础研究工作的总结。在此，特向国家自然科学基金委和陕西省科学技术厅表示衷心的感谢！本书的编写参考并选用了近几年来国内出版的有关教材、专著和手册，在此一并表示诚挚的谢意。

由于本书主要是在著者及团队研究基础上撰写的，有的学术观点可能是一家之言，加之限于著者水平，书中难免有不妥之处，恳请同行专家和读者批评指正。

著　者

2023年2月

目　录

第1章　绪　　论

齿轮传动是机械领域应用最广泛的传动方式之一，是用来传递任意空间两轴间的运动和动力的一种传动机构，与带、链、摩擦、液压等其他机械传动形式相比，具有结构紧凑、传动平稳、效率高、承载能力强，工作寿命长、工作安全可靠等特点。齿轮的设计、制造水平一直是工程界关注的热点问题。

齿轮齿形是衡量齿轮性能的核心要素，是影响传动平稳性、承载能力及工作寿命的重要因素。随着现代高端装备及精密制造设备需求的快速增长，制造行业对机械精度要求越来越高，齿轮作为机械工业的重要基础件，其制造水平反映了一个国家的工业技术水平。目前，工程技术人员除了在齿轮结构的设计、材料的选择和表面加工处理等方面进行优化研究外，齿轮精加工工艺是齿轮设计制造中最为关键的环节，剃齿加工是齿轮精加工中最核心的部分，因此如何提高剃齿精度是现阶段行业内密切关心的问题。

1.1　概　　述

剃齿是继滚齿和插齿后的一种齿面精加工方法，是齿轮精加工的高效工艺。相对于插齿、滚齿和磨齿等其他齿轮加工方式，剃齿凭借剃削生产率高、剃齿齿轮质量好、剃齿刀具耐用度高以及所用机床结构简单、调整方便等优点，广泛应用于机床、汽车、船舶、航空航天等行业，它不仅可以修整齿圈径向跳动误差、齿向误差、齿距误差和齿形误差等，而且可以提高工件齿轮的接触精度和工作平稳性。

1.1.1　剃齿加工原理

在剃齿加工过程中，通常被认为剃齿刀与工件是一对无侧隙的空间螺旋齿轮啮合过程，剃齿刀和工件在接触点的速度方向不一致，使工件的齿侧面沿剃齿刀侧面滑移而形成了切削。剃齿刀可以看成一个螺旋斜齿轮，待加工的工件齿轮（剃前齿轮）装夹在心轴上，顶在机床工作台上的两顶尖之间，可以自由转动，如图 1.1 所示。剃齿刀旋转轴线与工件齿轮旋转轴线在剃齿机上呈一固定角度，在加工过程中，机床主轴固连剃齿刀绕中心轴线转动，带动工件齿轮作无强制的展成运动。剃齿加工过程中，剃齿刀齿面上均匀排列着切削刃，根据交错轴螺旋齿轮啮合特点，剃齿刀与工件的齿面接触在理论上是点接触，剃齿刀与工件齿轮齿面在啮合点处会产生速度滑移，随着剃齿刀旋转接触点倾斜于齿面移动，在齿高方向不断移动的同时，在齿宽方向也不断地移动，工件齿轮的齿面上被剃除薄薄一层切屑，实现剃削。

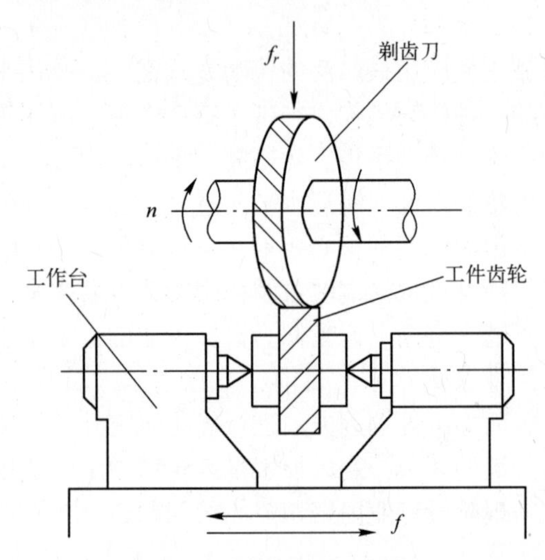

图 1.1　剃齿加工运动简图

剃齿是应用最广泛的齿轮精加工方法之一，剃后齿轮精度将提高 1~2 个等级，一般可以达到 6~7 级。剃齿刀的齿形曲线可对工件齿轮的齿圈径向跳动误差、齿向误差、齿距误差和齿形误差等进行修正，提高了工件齿轮的接触精度和齿轮传动的啮合质量，降低了啮合过程中产生的噪声。

剃齿刀的齿侧面上有许多容屑槽，而容屑槽与齿面的相交渐开线就是切削刃，在剃齿加工中，切削刃通过挤压工件齿轮齿面，在径向进给运动和轴向进给运动的作用下，剃齿刀与工件齿轮齿面接触点发生相对滑移，从而切下很薄的切屑（厚度一般为 0.005~0.01mm），如图 1.2 所示。径向进给运动的数次进给和轴向进给持续地往复运动，逐渐剃削直至去除工件齿轮全部余量，完成对工件齿轮齿面的精加工，整个剃齿过程结束。

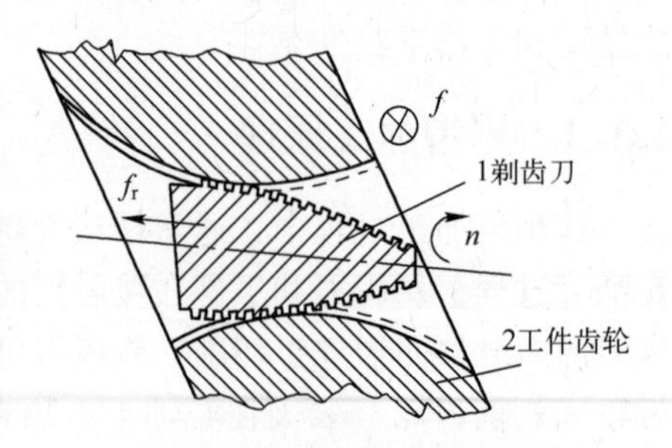

图 1.2　剃齿切削过程

1.1.2　剃齿加工误差

剃齿加工虽有一定的修正误差能力，但剃后工件齿轮不可避免地存在一些误差。例如，剃齿时不存在强制的啮合运动，不能将工件齿轮左右啮合线上大小相等、方向相反的误差消除，故剃齿加工不能修正工件齿轮的周节累积误差。此外，剃齿精度在很大程度上依赖剃前工件齿轮的加工精度。剃后工件齿轮的精度一般比剃前工件齿轮的加工精度高一级，并具有较小的周节累积误差。如剃前工件齿轮齿形误差在 0.02～0.07mm，则剃后工件齿轮误差应在 0.008～0.02mm；如剃前工件齿轮齿向误差（25mm 长度上）为 0.02～0.03mm，则剃后工件齿轮齿向误差应为 0.007～0.015mm。此外，还需要考虑的误差包括每齿的中心距误差、齿圈径向圆跳动量以及圆周齿距等。当剃后工件齿轮的精度要求相同时，通常要求剃前直齿轮的齿面精度高于剃前斜齿轮的齿面精度。

产生剃齿加工误差的原因通常有以下几点：

（1）齿形和基节超差主要是剃齿刀齿形或基节超差，原因是剃前工件齿轮齿形或基节误差较大，剃前工件齿轮齿根及齿顶余量过大，工件齿轮和剃齿刀的径向圆跳动较大。

（2）剃前工件齿距误差及径向圆跳动较大时，会造成剃后工件齿轮的齿距超差。

（3）齿距累积误差、公法线长度变动及齿圈径向圆跳动超差主要是因为剃前工件齿轮该项误差较大，以及剃齿刀与工件齿轮在机床上装夹偏心或端面圆跳动大。

（4）齿向误差主要是轴向进给运动方向相对于剃齿刀齿向不平行，剃前工件齿轮齿向误差较大，工件齿轮配合基准对于主轴回转轴线歪斜，工件齿轮端面与孔不垂直且配合间隙过大，轴交角误差等原因造成的。

此外，剃齿余量不合理或者剃前工件齿轮精度过低，也会影响剃齿精度。

剃齿技术发展半个多世纪以来，上述误差或多或少均能通过相关技术手段克服。但是长期生产实践证明，标准渐开线剃齿刀剃出的工件齿轮齿形，会在节圆位置附近产生 0.01～0.03mm 的凹陷，称为剃齿齿形中凹误差。剃齿齿形中凹误差是齿轮传动产生振动、噪声和缩短齿轮使用寿命的主要因素之一。由于剃齿加工过程复杂，因此至今工程领域专家和技术人员对剃齿齿形中凹误差形成机理尚未作出全面系统的解释，使得该问题成为齿轮精加工领域一大难题。

1.1.3　剃齿加工方法

剃齿加工根据工作台走刀运动方向的不同可以分为轴向剃齿法、对角剃齿法、切向剃齿法和径向剃齿法，见表 1.1。在实际生产中，可根据工件齿轮的形状、尺寸、生产批量和机床等条件选取相应的剃齿加工方式。

表 1.1　剃齿加工方式分类

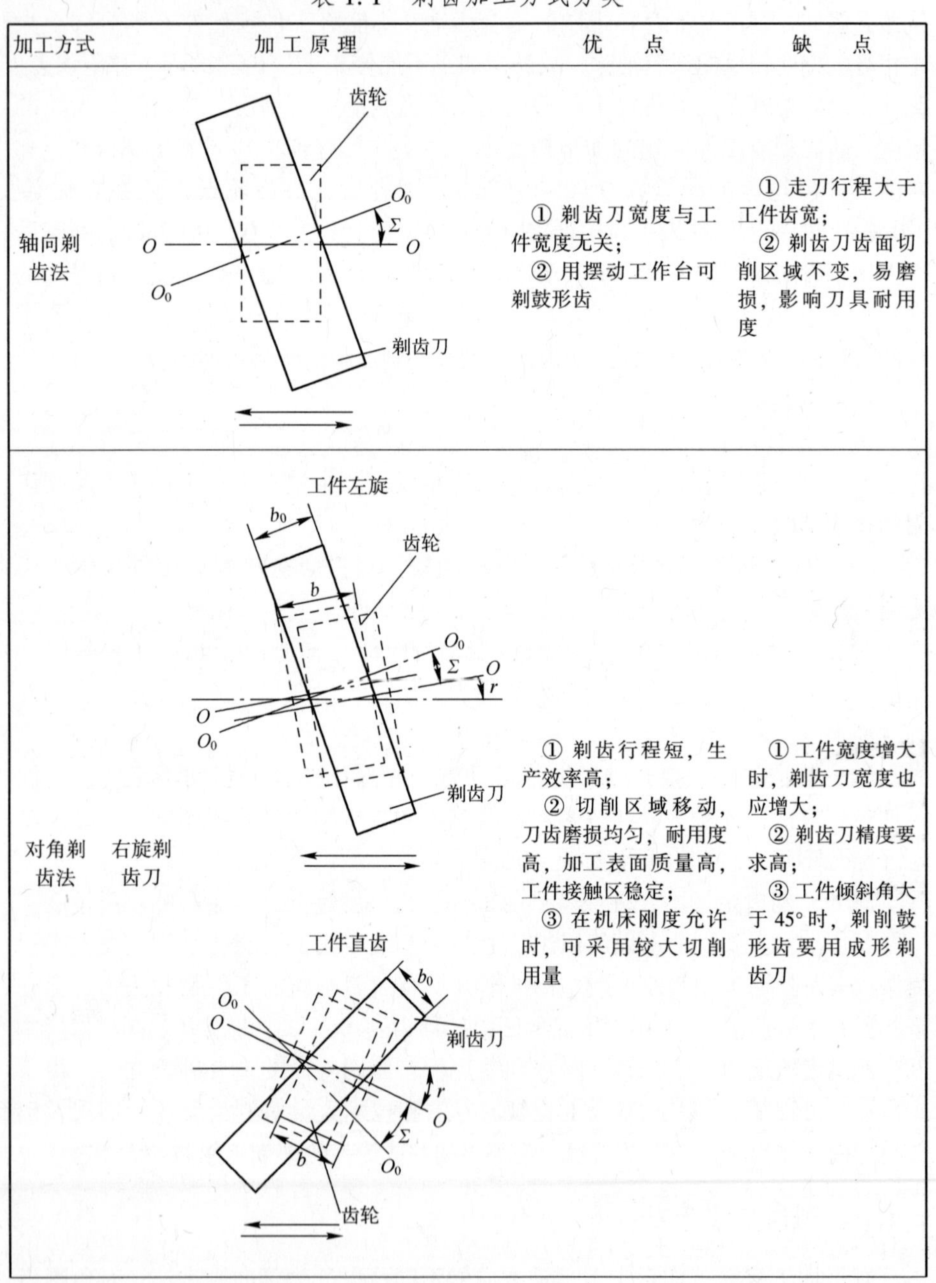

加工方式	加工原理	优点	缺点
轴向剃齿法		① 剃齿刀宽度与工件宽度无关；② 用摆动工作台可剃鼓形齿	① 走刀行程大于工件齿宽；② 剃齿刀齿面切削区域不变，易磨损，影响刀具耐用度
对角剃齿法	右旋剃齿刀；工件左旋；工件直齿	① 剃齿行程短，生产效率高；② 切削区域移动，刀齿磨损均匀，耐用度高，加工表面质量高，工件接触区稳定；③ 在机床刚度允许时，可采用较大切削用量	① 工件宽度增大时，剃齿刀宽度也应增大；② 剃齿刀精度要求高；③ 工件倾斜角大于 45°时，剃削鼓形齿要用成形剃齿刀

（续）

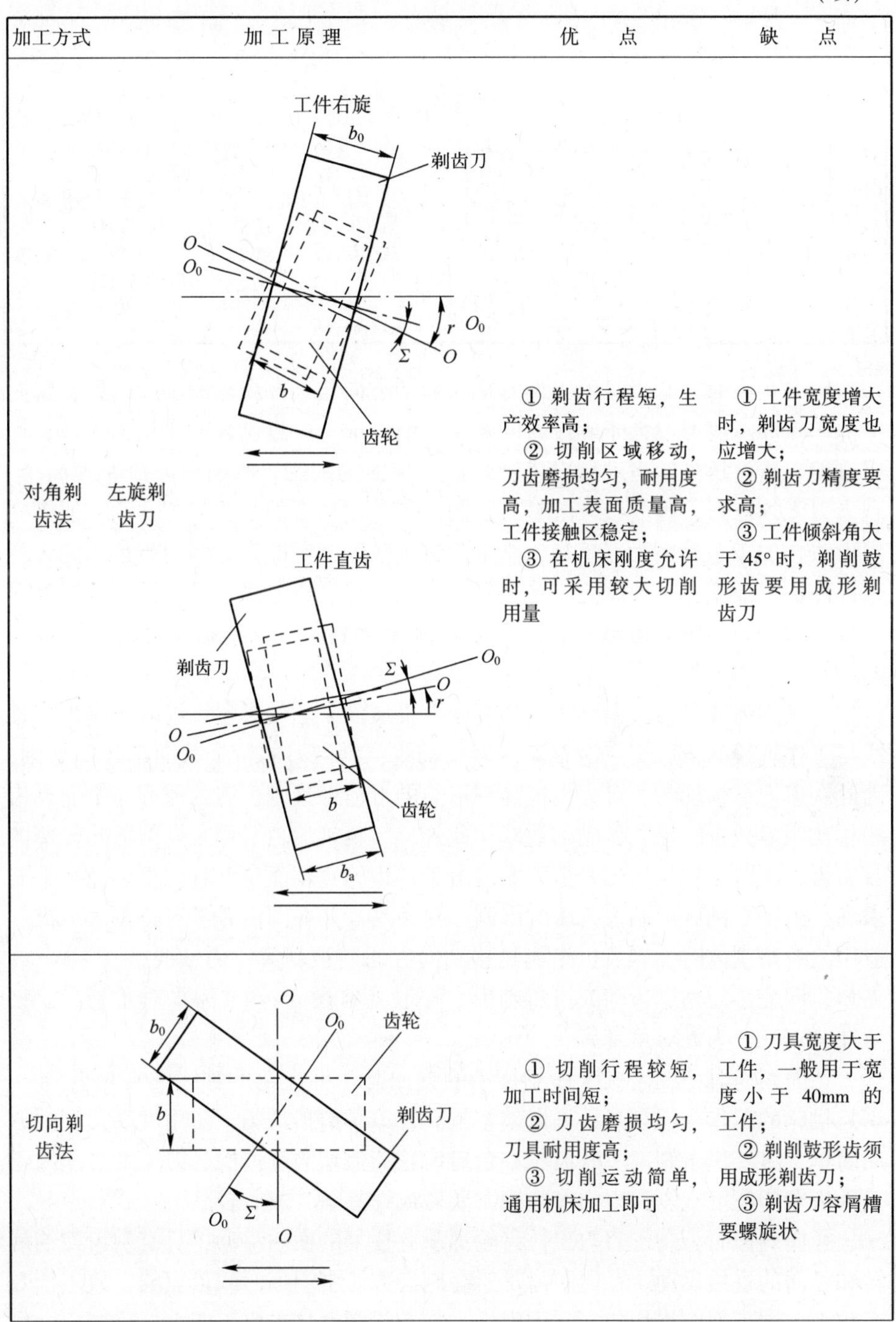

加工方式		加工原理	优　点	缺　点
对角剃齿法	左旋剃齿刀		① 剃齿行程短，生产效率高； ② 切削区域移动，刀齿磨损均匀，耐用度高，加工表面质量高，工件接触区稳定； ③ 在机床刚度允许时，可采用较大切削用量	① 工件宽度增大时，剃齿刀宽度也应增大； ② 剃齿刀精度要求高； ③ 工件倾斜角大于 45° 时，剃削鼓形齿要用成形剃齿刀
切向剃齿法			① 切削行程较短，加工时间短； ② 刀齿磨损均匀，刀具耐用度高； ③ 切削运动简单，通用机床加工即可	① 刀具宽度大于工件，一般用于宽度小于 40mm 的工件； ② 剃削鼓形齿须用成形剃齿刀； ③ 剃齿刀容屑槽要螺旋状

（续）

加工方式	加 工 原 理	优　点	缺　点
径向剃齿法	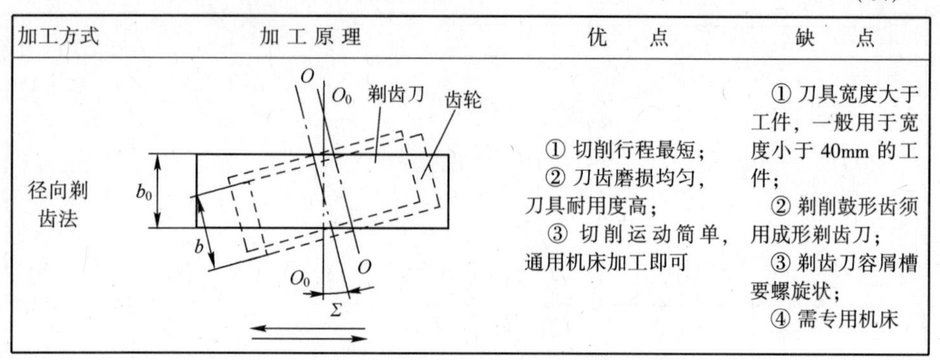	① 切削行程最短； ② 刀齿磨损均匀，刀具耐用度高； ③ 切削运动简单，通用机床加工即可	① 刀具宽度大于工件，一般用于宽度小于 40mm 的工件； ② 剃削鼓形齿须用成形剃齿刀； ③ 剃齿刀容屑槽要螺旋状； ④ 需专用机床

轴向剃齿时，剃齿机床工作台往复运动方向与工件齿轮的轴线一致，这时工件齿轮的宽度可以大于剃齿刀的宽度，节约成本，且剃齿机床结构简单，使用方便，通过机械的运动可以进行鼓面、梯面的加工。轴向剃齿法原理简单，剃齿刀无须修形，因此该方法是目前国内齿轮精加工的主要工艺方法。但轴向剃齿法在加工过程中为点接触，剃齿刀行程较长，不能充分利用剃齿刀的齿宽来提高加工效率，从效率上讲是一种不太经济的剃齿方式，且由于啮合接触只发生在剃齿刀的中间区域，剃齿刀的两侧无法利用，导致剃齿刀出现不均匀磨损。

对角剃齿法是在轴向剃齿法的基础上发展而来的。对角剃齿时，剃齿刀轴线与工作轴线的投影交点沿着工件齿轮轴线，剃齿刀的每个截面都参与切削，因此剃齿刀磨损均匀，可大大提高剃齿刀的寿命，且剃齿刀的行程与轴向剃齿法相比明显减少，提高了剃削效率。此外，对角剃齿也可用来剃削刀槽较窄的台肩齿轮。对角剃齿法的剃齿刀宽度由工件齿轮宽度而定，且调整工艺水平要求高。由于受到国内剃齿机床的限制，对角剃齿法在国内并没有得到大力推广应用。对角剃齿时，剃齿机床往复移动的方向与被剃齿轮的轴线呈 0°~90°的夹角，即为小对角剃齿和大对角剃齿，一般夹角在 0°~45°为小对角剃齿，夹角在 45°~90°为大对角剃齿。

切向剃齿时，剃齿机床往复移动的方向与工件齿轮的轴线的夹角成 90°。剃齿机床的工作行程较短，剃齿效率较高，刀具磨损均匀，耐用度高，剃削运动简单，主要用于剃削多联齿轮和台肩齿轮。但切向剃齿的剃刀宽度必须大于工件齿轮的宽度，剃齿刀的容削槽需要做成螺旋状，成本较高。

径向剃齿时，剃齿刀与工件齿轮都没有往复的横向移动，只有剃齿刀的旋转和径向的进给运动。径向剃齿是所有剃齿方法中周期时间最短的，故生产效率较高，剃齿刀磨损均匀，耐用度好，且有强制性齿向修正能力，适用于台肩齿轮的剃削。径向剃齿刀与工件齿轮的接触开始变为线接触，剃齿刀必须先经过齿向的修形，此时剃齿刀的齿面不再是标准的渐开线螺旋面，剃齿刀的两侧呈逆鼓面。剃齿刀的齿宽必须大于被剃齿轮的齿宽，对机械的刚性要求较高。

径向剃齿法区别于普通剃齿法的主要特点是径向剃齿只有沿工件齿轮径向的进给运动及剃齿刀转动，没有工作台纵向走刀运动，因而可以有效地缩短剃齿循环周期。目前，国外已经将径向剃齿法广泛用于机械工程行业中，很多汽车齿轮企业将径向剃齿作为齿轮最终的精加工手段。

1.1.4　剃齿加工技术的发展

齿轮制造技术是获得优质齿轮的关键。根据齿轮结构形状、精度等级、生产条件可采用不同的工艺方案，概括起来主要有齿坯加工、齿形加工、热处理和热处理后精加工四个阶段。传统的齿轮加工方法大致可以分为两类：仿形法和展成法。仿形法包括成形铣削、成形拉削、成形磨削，展成法包括滚齿、插齿、剃齿、珩齿研齿等。常见的齿轮加工工艺有滚-剃，滚-剃-磨，滚-剃-珩，滚-磨等。实践证明，剃齿比磨齿具有更高的生产效率，易于加工双联或多联齿轮中的小齿轮的优点，因此，剃齿加工目前仍然是应用最广泛的高效高精度齿轮精加工方法。

目前，齿轮加工技术的特点呈现以下特点：

（1）渐开线齿轮占据主导地位，其承载能力、制造精度和生产效率显著提高。

（2）计算机技术、信息技术、物联网技术和人工智能技术等先进技术在齿轮设计、制造、热处理、试验过程控制和生产管理等方面的广泛应用，使齿轮制造的精度和自动化、智能化程度显著提高。

（3）常用的齿轮加工方法仍是滚齿、插齿、剃齿、磨齿等，但在小模数花键、内齿套、硬齿面的一些加工方法上有了较大的变化。滚、插、剃、磨等传统加工方法由于设备性能水平的提高亦有了新的进展。

近年来，齿轮技术的发展趋势主要是高承载能力、高齿面硬度、高精度、高速度、高可靠性和高传动效率。

剃齿与滚齿、插齿、磨齿、铣齿等齿轮加工方法相比是出现比较晚的方法。剃齿是 1926 年美国国家拉刀与机床公司（National Broach & Machine Company，以下称 National Broch 公司）开发的一种适用于对未经淬硬的渐开线圆柱齿轮作精加工的高效工艺方法，可作为齿形加工的最后工序。该方法目前主要用于对圆柱齿轮的精加工，其最早是用来剃削蜗轮的。20 世纪 30 年代这种交错轴螺旋齿轮传动的剃齿方法才开始被广泛采用。National Broach 公司的

Drummond 于 1938 年正式取得了该精加工齿轮方法的专利权，使齿轮的剃削技术有了新的发展和新的平台。直到现在，National Broach 公司在剃齿机床、剃齿工艺以及剃齿刀的设计上都处于领先地位。

最原始的剃齿法是轴向剃齿法也叫普通剃齿法、平行剃齿法或纵向剃齿法，之后又发明了对角剃齿法与切向剃齿法。在国外的齿轮加工行业，对角剃齿法已经被普遍采用。该剃齿方法是在轴向剃齿法的基础上发展而来的，在剃削的过程中，剃齿刀轴线与工作轴线的投影交点沿着工件轴线，剃齿刀的每个截面都参与切削，因此剃齿刀磨损均匀，剃齿刀的寿命大大提高，并且对角剃齿时，剃齿刀的行程与轴向剃齿相比明显减少，效率也得到了提高。此外，对角剃齿也可以用来剃削刀槽较窄的台肩齿轮。但是由于受到国内剃齿机床的限制，对角剃齿法在国内并没有得到大力度的推广应用。切向剃齿法主要用于剃削多联齿轮和台肩齿轮，但用于切向剃齿的剃齿刀宽度较大，成本较高。

20 世纪 60 年代后期，Carl Hurth 公司又研制出了径向剃齿法。该方法在剃削时，由于剃齿刀的径向运动，剃齿刀与工件齿轮的齿面接触由点接触变为线接触，并且剃齿刀的行程非常短，因此具有效率高、剃齿刀耐用度高、齿形精度高等优点。目前，国外已经将径向剃齿法广泛用于机械工程行业中，很多汽车齿轮企业将径向剃齿作为齿轮的最终精加工手段。但由于径向剃齿刀的制造与刃磨比较困难，成本高，切削力较大，因此不适于普通剃齿机，国内采用这种工艺进行生产的企业只是少数。

由于工业基础行业的快速发展，各类齿轮应用行业对齿轮的要求越来越高，因此近年来一些齿轮生产企业都开始研究并探索硬齿面加工技术。国内许多硬齿面齿轮精加工都采用滚-剃-热处理-珩加工工艺，但是齿轮热处理之后，大大提高了齿面硬度，齿轮齿面的精度普遍降低，珩齿加工工艺又很难提高齿形的精度。此时，就需要采用硬齿面加工技术进行剃削加工，提高齿轮齿面精度。欧美各国的汽车齿轮生产基本上都是采用硬齿面齿轮进行加工。近年来，国内也推出了硬齿面剃齿法，许多国内齿轮生产厂家采用单刃型或少刃型硬质合金剃齿刀加工硬齿面，虽然效率不及剃削软齿面，但比磨齿机高很多，且剃削出的齿轮精度可与剃削软齿面时相近，齿轮的承载能力也超过了磨齿。

随着生产技术的不断发展，齿轮生产批量的不断扩大，对齿轮的制造效率及加工精度提出了新的要求，随之产生了多种剃齿工艺和剃齿刀的修形方法。除上述剃齿加工方法外，1949 年还出现过采用 Finrock 法加工齿轮。1956 年，Illinios Tool 公司的 F. Bohle 还提出过 Gerac 法，国内将与该方法类似的一种方法称为“精车剃齿法”，但这些方法并未广泛应用[3-4]。目前，轴向剃齿法在齿轮精加工中应用最为广泛，国内现有的剃齿机床基本上都是按轴向剃齿法设计的。如何改进轴向剃齿法，寻找更新的齿轮精加工方法，充分发挥现有设备的效能，是摆在齿轮科技工作者和工程技术人员面前的重要课题。

现代剃齿法主要应用于两个方面：一是大批量生产较精密的汽车、拖拉机、机床齿轮；二是大型精密的透平齿轮。

剃齿加工技术的发展可以概括为以下几个方面：

1. 剃齿刀的改进

目前，剃齿刀不像齿轮加工业使用的其他刀具那样有很大的进展（比如滚刀首先通过引进Tin等涂层工艺，并允许采用新型高速钢材料）。剃齿加工时，切除的材料不多，切削速度也不高，因此，剃齿加工中剃齿刀刃口的受力不大。剃齿刀的制造工艺没有变化，涂层工艺对剃齿刀也没有很大的作用，主要原因是剃齿刀容屑槽的侧表面热处理后不再加工，使得其表面较粗糙，Tin涂层难以贴附在容屑槽的侧面，因此，现在企业广泛把注意力转到了改善剃齿刀容屑槽的侧面加工表面质量。现在开发的数控梳槽机已使剃齿刀容屑槽侧面的加工表面粗糙度有了很大的改善。此外，剃齿刀具材料热处理后深冷处理方面也有了有效改进，大大提升了剃齿刀材料的性能，提高了剃齿刀的平均使用寿命。现代数控剃齿刀磨床装备技术的发展实现了剃齿刀灵活性、高精度及快速的制造要求，上述措施均使得采用剃齿工艺加工的齿轮精度显著提高。

剃齿刀设计、制造方面的创新目前主要有：采用新材料制造；采用新颖的表面处理技术；设计新型的梳形齿结构、形状与分布方式；采用同步式剃齿和少齿数小轴交角剃齿等。

2. 剃齿机床及工艺的发展

近50年来，剃齿机床不断发展，剃齿技术也日益完善。最新的数控剃齿机床可以执行各种各样的剃齿加工方法（包括轴向剃齿、对角剃齿、切向剃齿和径向剃齿等），而且在对同一齿轮的剃齿过程中，可以从一种剃齿方法转到另一种剃齿方法。这些特殊的工艺过程都是在数控（Numerial Control）的直接监督和控制下实现的。数控剃齿的好处在于剃齿过程中可实现切削速度、行程等各种参数的控制。在具体的剃齿加工过程中，除了上述标准剃齿方法以外，也可以选择“渐进对角剃齿（Progressive Diagonal Cycle）”“不连续对角剃齿（Disjointed Diagonal Cycle）”“混合剃齿（Mixed Cycle）”和“双联剃齿（Twin Linked Cycle）”等特定工艺。

（1）渐进对角剃齿。对角剃齿时，工件齿轮的齿向可能发生的鼓形是由工作台围绕中心的摆动来实现。该动作是在计算机控制下绕 x 轴线摆动而实现的。x、y、z 三轴线的协同运动可造成鼓形或者在齿轮的双侧面形成锥角。如果鼓形相当大，拟切除的材料过量，要对工件齿轮进行多次摆动剃齿，则可以设定 x 轴线的摆动次数以便渐进地切除两端的材料。

（2）混合剃齿。众所周知，径向剃齿比切向剃齿所用的时间短，但加工表面比较粗糙。解决办法是通过径向切削切除大量余量，然后进行轴向或对角剃齿实现精加工。采用这种混合剃齿方法，可同时缩短剃齿时间并获得良好剃齿表面质量。

（3）不连续对角剃齿循环、双联剃齿。采用不连续对角剃齿循环和双联剃齿两种特殊工艺可得到不同的齿向修正，如用不连续对角剃齿把加工程序分成三段，并根据每段的具体加工标准拟订不同的鼓形和锥度要求，可以比较容易地获得特殊及不对称凹形的齿向修正，从而能加工出与淬火后可能发生的变形相对应的反变形齿形，改变工件齿轮的啮合状况，降低齿轮啮合的噪声。

1.2 剃齿齿形误差与剃齿齿形中凹误差

1.2.1 剃齿齿形误差的研究

剃齿作为齿形的一种精加工方法得到了广泛应用，但由于剃齿加工原理及工艺过程等因素的影响，其加工中存在的齿形误差一直是人们关心和研究的热点问题。

剃齿过程相当于一对交叉轴传动的圆柱螺旋齿轮的无侧隙空间自由啮合，且伴有不连续的切削和挤压作用的传动过程，如图 1.3 所示。假设剃齿刀 O_1 旋转的角速度为 ω，工件齿轮 O_2旋转的角速度为 ω_1，以工件齿轮作为主要分析对象，以 d 和 f 分别表示工件齿轮在加工过程中的驱动侧齿面（其受力驱使被剃齿轮向 ω_1 方向转动）和阻动侧齿面（其受力阻止被剃齿轮向 ω_1 方向转动）；F_{di}、F_{fi}分别表示被剃齿轮第 i 点上驱动侧齿面和阻动侧齿面所承受的压力。

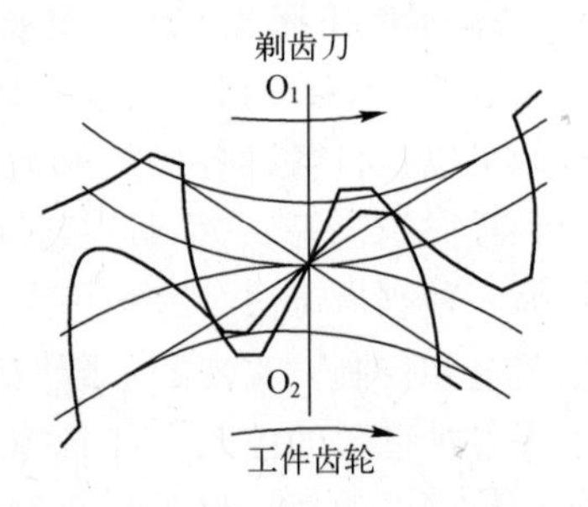

图 1.3　剃齿加工啮合过程

剃齿加工时，工件齿轮通常在啮合区域内匀速转动，剃齿在啮合加工状态时，被剃齿轮驱动侧齿面上接触点所承受力的代数和等于阻动侧齿面上接触点所承受力的代数和。如果不考虑加工过程中由于接触点的曲率差异所引起的齿面接触变形、齿面弯曲变形和剃齿刀与齿轮的基节误差，则工件齿轮驱动侧齿面上接触点所承受的力应与阻动侧齿面上接触点所承受的力相等。若 n 和 k 分别表示被剃齿

轮驱动侧齿面和阻动侧齿面上与剃齿刀在啮合线上同时接触点的数量，则根据剃齿加工时的实际状况，在不同的瞬时，n 或 k 应在两个相邻的自然数之间变化，即 $n=k$ 或 $|n-k|=1$。当然，由于受切削过程中剃齿刀与工件齿轮啮合特性以及加工对象具有弹、塑性的影响，理想状况的剃齿过程事实上是不存在的。在剃齿过程中，啮合点数的变化以及加工对象弹、塑性的影响，导致驱动侧或阻动侧不同接触处切入压力存在差异，这种差异使剃齿的状态变量随时间变化。

根据上述的分析，剃齿齿形误差的成因主要有[1]：

1. 接触点数变化所引起的齿形误差

由于两个啮合齿轮的重合系数很难恒定为大于 1 的整数，因此位于两条啮合线上的接触点数 n 和 k 随齿轮的啮合是瞬时变化的[2]。剃齿刀与工件齿轮是无侧隙啮合，当重合系数不为整数时，在剃齿加工过程中，必定瞬间有接触点（不管是驱动啮合线还是阻动啮合线上）进入啮合线，而没有接触点退出啮合线，造成了 n 或 k 的瞬间变化；同样，必定瞬间也有接触点（不管是驱动啮合线还是阻动啮合线上）退出啮合线，而没有接触点进入啮合线，也造成了 n 或 k 的瞬间变化。因此，n 和 k 是随齿轮啮合瞬时变化的，必定会引起齿面切入正压力 F_d 和 F_f 的变化，F_d 和 F_f 的变化会引起同一齿面上切入深度的变化，即剃削量的差异。在接触点数少的部位（齿形的中部区域）受力相对较大，切去的金属相对较多；在接触点数多的部位（齿的顶部和根部）受力相对较小，切去的金属相对较少。接触点处受力的变化是剃齿产生齿形中凹的根本原因，接触点数（其相关因数是啮合系数）越少，工件齿轮齿面所受力的差异就越大，产生剃齿齿形中凹的可能性就越大。这就是用普通剃齿法加工时在工件齿轮节圆附近易产生剃齿齿形误差（中凹现象）的原因。

2. 剃前齿形误差传递所引起的齿形误差

剃齿加工过程中，剃前工件齿轮齿形误差的存在，会引起工件齿轮基节的偏差，而基节的偏差又会引起实际啮合点数的变化，如图 1.4 所示。当齿轮 O_1 上的啮合点 A 处齿形存在凹陷时，该啮合线上同时参与啮合的接触点 B 处的受力就会加大，实际剃齿齿形在 B 点就会随 A 点产生凹陷；同理，当齿轮 O_1 上的啮合点 A 处齿形存在凸起时，实际剃齿齿形在 B 点也会随 A 点产生凸起，这种位于同一啮合线上某一接触点处齿形的变化所引起其他接触点处齿形变化（误差）的现象就是剃齿齿形误差的传递。

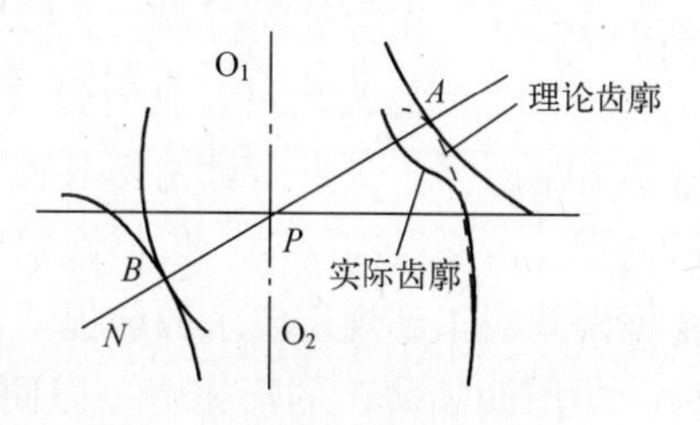

图 1.4　齿形误差传递示意图

3. 剃前工件齿形误差复映所引起的齿形误差

剃前工件齿轮存在的齿形误差，会引起剃齿加工过程中切削深度的变化。剃前工件齿轮齿形凸起处的切削深度大，齿形凹陷处的切削深度小。切削深度的变化必引起切削力的变化，变化的切削力作用在剃齿加工工艺系统上，使其受力变形也会相应地产生变化，切削力大时变形也大，切削力小时变形也小，这使得剃齿工件齿轮所存在的齿形误差复映到剃齿后的工件齿轮上，即剃前齿形凸起的地方仍然凸起，凹陷的地方仍然凹陷。

从剃齿齿形误差的成因分析可以看出：剃齿加工后工件齿轮的齿形精度受剃齿啮合时的接触点数、剃前齿形误差传递及剃前齿形误差复映等多种因素的影响，因此，消除和减少齿形误差应通过控制剃前工件齿轮的精度和剃齿修形工艺来实现。大量的生产实践和理论分析表明：控制剃前工件齿轮齿形精度、剃齿切削用量和剃齿余量，以及剃齿刀正确修形和剃齿刀优化设计，是消除和减少剃齿齿形误差的关键工艺技术。

（1）控制剃前工件齿轮的齿形精度。剃齿加工对前道工序的修正能力是极为有限的，存在着齿形误差传递和齿形误差复映，因此，剃前的工件齿轮精度只能比剃后要求的齿轮精度等级低1~1.5级。

（2）控制剃齿切削用量。剃齿切削用量的选择直接影响工件齿轮的齿形精度和齿面的表面粗糙度，选择时应考虑工件齿轮的材料硬度、机床刚度、剃齿余量和剃前工件齿轮精度等因素[3]。在剃齿切削用量中，剃齿刀转速对工件齿轮的齿形精度有很大的影响。剃齿刀转速越高，剃削速度就越大，越有利于提高齿形精度、降低齿面的表面粗糙度值，但剃齿刀转速的提高受剃齿刀耐用度、剃齿机刚度和剃齿工艺系统刚度的限制，一般宜取90~140r/min。

轴向剃齿时，提高工作台的走刀速度能提高齿形精度、减少齿形中凹，但齿面表面粗糙度会增大，一般宜取70~110mm/min。

增加工作台纵向行程次数也有利于提高剃齿精度。当剃齿齿轮精度要求达到6级时，工作台纵向行程次数应为7~10次。

（3）控制剃齿余量。剃齿余量的大小及分布是提高生产率和保证剃齿质量的关键因素。剃齿余量主要取决于剃前工件齿轮加工精度，与剃前齿面表面粗糙度、齿圈径向跳动、齿形误差和齿向误差等因素有关。在保证能将剃齿前各项误差纠正到规定要求的前提下，剃齿余量尽可能取小值，且其分布尽可能为“中厚两端薄”的形式[4]，以便对剃齿齿形中凹误差作补偿。剃齿余量的取值可参见表1.2。

表1.2　剃齿余量的参考值

工件齿轮模数/mm	工件齿轮直径/mm	剃齿余量/mm
<3	100~200	0.06~0.10
	200~500	0.08~0.12
3~5	100~200	0.10~0.15
	200~500	0.12~0.18

（4）剃齿刀正确修形与剃齿刀优化设计。剃齿刀正确修形与剃齿刀优化设计可以优化剃齿啮合条件，有效地提高剃齿齿形精度，消除剃齿齿形中凹，是提高剃齿加工齿轮质量的主要措施。

1.2.2　剃齿齿形中凹误差形成机理的分析

剃齿刀的齿面是一个复杂的空间曲面，剃齿加工过程又受到工件齿轮剃前误差、剃齿的系统误差、工艺参数的选择、剃齿刀的设计等一系列因素的影响，在长期的实践中发现，采用标准渐开线剃齿刀剃出的工件齿轮齿形，会在工件齿轮齿高中间部分产生0.01~0.03mm的凹陷，且该凹陷长度约占有效齿面长度的1/2，即为剃齿齿形中凹误差，如图1.5所示。

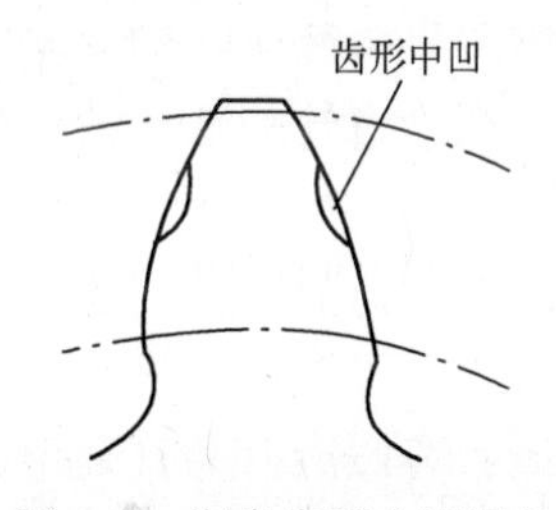

图1.5　剃齿齿形中凹误差

剃齿齿形中凹误差造成齿轮的振动和噪声增大，传动精度、传动平稳性和使用寿命下降，尤其不利于应用在高速重载工况下。剃齿过程是两交错轴齿轮的空间啮合，产生剃齿加工误差的原因非常多，也比较复杂，至今对有关剃齿加工误差的机理尚未作出很好的解释，尚未形成可以有效降低齿形中凹误差的工艺技术、剃齿刀修形方法和剃齿刀优化设计方法，因此剃齿加工误差仍是剃齿领域的一大难题。

针对剃齿齿形中凹问题，目前国内外的研究主要从两方面出发：一是对剃齿工艺的机理进行分析和研究，以求找到导致剃齿齿形中凹的原因或影响因素；二是从工艺、修形等多方面着手，寻求改善剃齿齿形中凹误差的有效措施。

剃齿齿形中凹误差机理研究较早的国内研究团队是太原理工大学的徐璞等[5-7]，他们分析了剃齿过程中剃齿刀与工件齿轮刚度及受力的平衡，阐述了剃齿齿形中凹误差的形成机理，并设计了一种可调叠片式径向剃齿刀用来改善剃齿齿形中凹误差。太原理工大学的吕明等[8]综合运用啮合原理、微分几何和弹性力学的基础理论，分析了剃齿过程中剃齿刀齿面与工件齿轮齿面间的失配，利用径向力求出了齿面间的压切量，解释并验证了剃齿过程中产生的剃齿齿形中凹现象。上海第二工业大学的王国兴、熊焕国等[9-11]提出了综合啮合刚度的概念，深入浅出地解释了剃齿齿形中凹的原因，并采用数值分析方法，从力学变形出发，通过剃齿几何学与受载变形机理编制了计算机模拟程序，指出对剃后工件齿轮齿形影响最大的因素是综合啮合刚度。北京机械工业学院的姚文席[12-13]研究发现，剃齿刀和工件齿轮之间齿面相对滑动速度的变化以及齿面诱导法曲率的变化是工件齿轮齿面产生剃齿齿形中凹现象的重要原因，同时研究了剃齿时切削力的变化。四川大学的樊庆文[14]从运动学的角度阐述了剃齿过程中相对运动速度对切削角的影响，从而说明切削角的变化是剃齿过程中产生剃齿齿形中凹现象的主要原因之一。天津大学的郭建强、杨津初等[15]对剃齿过程进行了详细研究，认为剃齿加工过程是剃齿刀齿面和待加工齿面在空间干涉作用的结果。重庆大学的梁锡昌等[16]探讨了剃削过程中刀齿与轮齿接触点的变化规律，运用有限元法计算了接触点的变形，并对变形进行了分析，为进一步研究实际剃削量与变形之间的关系奠定了基础。Y. Zhang 等[17]对交错轴螺旋齿轮的啮合情况和载荷分布作了深入、详细的研究，提出了一种考虑齿廓修形、加工误差和齿面变形的交错轴齿轮齿面载荷计算方法，并通过分析齿面的载荷分布，阐述了剃齿齿形中凹误差的形成机理。西安交通大学的詹东安等[18-19]提出，剃齿过程中的“系统综合误差动态效应”是剃齿齿形中凹误差的主要原因，并且利用这一动态效应原理，提出了一种剃齿刀随机修形的新方法。太原理工大学的吕明等[20-21]通过考虑剃削力、切削角度和重叠系数三个主要因素，定性研究了剃齿齿形中凹误差产生机理，认为在工件齿轮节圆附近发生的单点接触导致该处承受的压力比其他部位大，从而造成剃齿刀切削刃的过多切入，形成剃齿齿形中凹现象，并依据该理论设计了新型剃齿刀用以减小剃齿齿形中凹误差，并对剃齿切削角以及刀、齿之间的相对滑移现象进行了探讨。重庆大学的陈世平等[22]总结了影响剃齿齿形中凹误差的根本原因，分别通过接触应力、切削速度和诱导法曲率不等值分析了剃齿齿形中凹误差的形成机理，并提出了一些可以应用到实际生产中的解决方法。西安建筑科技大学的蔡安江等[1,23]通过分析剃齿加工过程的动力学特性，阐述了剃齿加工齿形误差产生和传递的成因，提出了剃齿加工的齿形精度受剃齿啮合时的接触点数、剃前齿形误差传递、剃前齿形误差复映等多种因素的影响，分析了消除和减少齿形误差的工艺方法，并对啮合角的数值计算进行了深入研究，推导了啮合角超越方程，应用史蒂芬森-牛顿类迭代法和牛顿迭代法进行了啮合角的数值计算，得到了啮合角的最优解，有效保证了降低剃齿齿形中凹的工艺效果。Fulin Wang 等[24]通过一种二维数字化的方法对齿形表面误差进行了分析。重庆大学的左俊、陈厚兵等[25-26]根据齿轮啮合原理，推导出剃齿刀和工件齿轮的啮合方程和啮合线方程，对两者啮合时的瞬时接触情况进行了详细的计算，根据选定参数计算得出了载荷与接触变形量，并进行曲线拟合得出了一条理论上的修形曲线。中南大学的唐进元等[27]构建了齿轮啮合接触冲击模型，分析了不同冲击位置和冲击转速对冲击合力、冲击时间及冲击应力的影响，结果表明冲击应力主要发生在齿廓齿宽中部位置附近，且冲击转速对最大接触应力的集中区域影响不大，从冲击接触角度表明了齿面中凹误差的形成。西安建筑科技大学的蔡安江等[28-29]分别考察了剃齿工艺、重合度、安装误差等因素对剃齿加工特性的影响，较为系统地分析了剃齿齿形中凹的形成机理。比亚迪汽车工业有限公司的邱忠良等[30]研究了轴交角误差下齿形误差的产生机理，分析了主轴转速、径向进给速度、剃齿刀螺旋角及轴交角对剃齿齿形误差的影响规律。

国外（地区）学者较早对剃齿加工及剃齿误差形成机理进行了广泛而深入的研究，取得了一些进展，为剃齿研究提供了新的研究思路。Kubo[31-32]、Umezawa[33-34]、Moriwaki[35-36]等日本学者从啮合承载、齿面接触、啮合刚度、等方面全面地对剃齿过程进行了研究。Klima 等[37]考虑了齿廓修形、齿面变形以及制造误差等因素，基于齿面接触模型分析了螺旋斜齿轮齿面接触特性以及载荷分布情况，指出小轴交角斜齿轮与平行轴齿轮具有相似的接触特性和载荷分布，为剃齿研究借鉴其他齿轮啮合分析方法提供了基础。Radzevich[38-41]、Shimpei[42]等从齿轮螺旋参数与切削速度两方面评价了剃齿刀切削性能，建立了剃齿刀与工件齿轮齿面啮合点的映射联系，得到了径向剃齿刀的拓扑修形齿面，并估计了剃后工件齿轮的齿形偏差。著名齿轮专家 Litvin 教授及其团队[43-44]将剃齿加工等效为齿轮的啮合传动过程，通过仿真计算对修形齿轮进行了接触、传动等分析。N. Shimpei 等[45]用数值分析的方法对轮齿的变形量进行了计算分析，对剃齿加工的误差有了更深的认识。Hsu 等[46-49]通过分析剃齿加工的接触状态研究了径向剃齿对齿面误差的影响。Golovko A. N. 等[50]通过动力学方法对剃齿的加工误差进行了计算。

虽然许多研究人员对剃齿齿形中凹误差的形成机理进行了研究，但目前尚没有一个十分成熟的解释，通常认为剃齿刀和工件齿轮的重合度一般不是整数，这导致同时接触的齿面数是变化的。当齿面由偶齿数接触过渡到单齿数接触时，其两侧齿廓上接触点的数量也在变化，如图 1.6 所示。当工件齿轮齿顶或齿根进入啮合时，有两对齿同时接触；而当工件齿轮的齿高中部进入啮合时，只有一对齿接触。由于径向进给时剃齿刀的总压力大致一定，因此反映在单齿接触区中的每个接触点上的齿面压力显然要比两齿接触区所承受的压力大得多。根部处于双齿啮合区，金属的切除少；节圆附近处于单齿啮合区，金属的切除较大。这就造成了剃齿齿形中凹现象的发生。

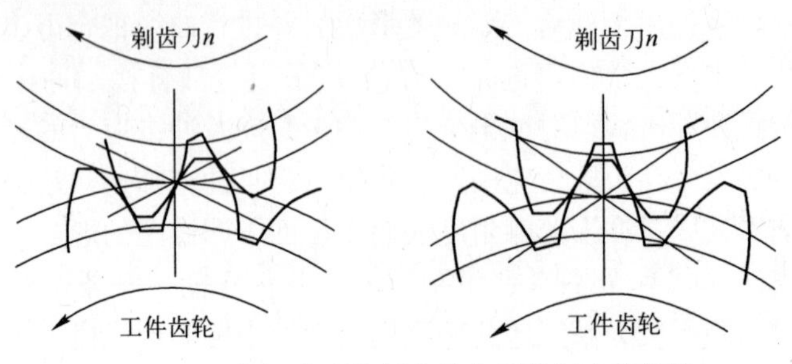

图 1.6　剃齿时齿形接触点的位置数量变化规律

标准齿形剃齿刀剃齿后出现剃齿齿形中凹有多方面的因素，新剃刀剃齿齿形中凹大，经过多次重磨后的剃齿刀剃齿齿形中凹小，有时甚至无齿形中凹；工件齿轮齿数越少，模数越大，剃齿齿形中凹越严重；剃齿刀与工件齿轮轴交角越大，剃后齿形曲线越差。滚齿齿形超差、滚齿径跳、超差、剃齿刀的有关设计参数的选取、剃齿刀与工件齿轮的滑动比、剃齿切削要素的选取及剃齿时切削行程和光整行程次数比等都对剃齿齿形中凹有不同程度的影响。除此之外，预加工滚齿工艺中引起的剃齿时剃齿刀切削刃受力不一致导致的剃齿刀磨损程度不同，也会使工件齿轮中间部位多切去一些，从而产生不同程度的剃齿齿形中凹。

此外，剃齿齿形中凹误差的形成还包括以下几点原因：

1. 齿面接触压力和挤压强度的变化

剃齿加工是空间无侧隙啮合过程，且是点接触。在剃齿过程中，剃齿刀和工件齿轮两轴间的径向压力是不变的，而剃齿刀与工件齿轮同时相啮合齿面对数则是变化的。其中，以两对齿面接触点同时工作的双齿啮合区总是位于齿顶和齿根处，而以一对齿面接触点工作的单齿啮合区总是在节圆附近。这样，单齿啮合区中的齿面压力和挤压强度显然比双齿啮合区中的大得多，这使得工件齿轮节圆附近多切削了一部分金属，造成了剃齿齿形中凹误差。

2. 剃齿时切削速度的变化

剃齿刀和工件齿轮间的相对滑移速度可分解为垂直于剃齿刀刀刃的垂直滑移速度和沿刀刃切线的平行滑移速度，垂直滑移速度为剃齿时的有效切削速度，而平行滑移速度只起挤压作用。由于同时相啮合的齿面对数是变化的，因此在整个啮合过程中，剃齿刀和工件齿轮沿齿形各点的瞬时转速发生了变化，这导致沿齿形各点的切削速度也发生了变化。在工件齿轮的齿高中部附近，相对滑移速度的方向与剃齿刀刀刃几乎垂直，此时的平行滑移速度几乎为零，此时相对滑移速度均为有效切削速度。也就是说，剃齿刀切削刃不同位置的切削速度和齿廓滑移速度都不同，齿廓滑移速度在剃齿刀齿根和齿顶较大，在节圆处最小，切削速度则是从齿根到齿顶逐渐减小。切削速度的变化对切削的影响并不显著，相反，齿廓滑移速度决定了在这一瞬时切削时剃齿刀通过的时间长短，因为在节圆处齿廓滑移速度最小，故在工件齿轮节圆处被剃削的金属多，造成一定程度的齿形中凹，使该位置的金属过切，从而出现了剃齿齿形中凹现象。

3. 剃齿切削角度的变化

剃齿加工时，剃齿刀一侧齿面刃口是正前角，切削容易；另一侧是负前角，切削困难。剃齿是没有传动链的自由传动过程，剃齿刀两侧齿面的切削力自动平衡，必然是正前角一侧切削量大而负前角一侧切削量小，可以认为负前角一侧起支撑作用而正前角一侧进行切削[54]。

4. 诱导法曲率不等值

齿面的诱导法曲率是指剃刀和工件齿轮两齿面在接触点的曲率之差，它反映的是两曲面的贴合程度。若诱导法曲率小，则齿面贴合程度大，反之则齿面贴合程度小。通过微分几何计算，可知剃齿刀和工件齿轮诱导法曲率在相对运动速度方向上随齿高的不同而不同，在齿高中部较小。此值越小，剃齿刀和工件的齿面越贴近，因而在工件齿轮的轴向进给过程中，剃齿刀通过工件齿面的刀刃就越多，剃去的金属量就多，易产生剃齿齿形中凹误差现象。

5. 剃齿刀变位量的影响

研究发现，用一把正变位的新剃齿刀剃齿，得到的剃齿齿形中凹误差比剃齿刀重磨多次后剃齿得到的齿形中凹误差大。这是因为随着重磨次数的增加，分度圆齿厚变薄，剃齿刀逐渐向负变位变化，而重磨次数越多，负变位量越大。随着变位系数的减小，剃齿刀与工件齿轮的啮合中心距减小，啮合角减小，实际啮合线变长，重合度增加。此时，剃齿刀作用在工件齿轮上的切削力也逐渐变小而均匀，切削稳定性增强。因此，剃齿齿形中凹误差随剃齿刀变位系数的减小而减小。当剃齿刀负变位量达到一定范围时，基本不出现齿形中凹误差。采用负变位剃齿刀虽然对减小工件齿轮的齿形中凹误差有积极的作用，但相应带来的问题是剃齿刀的有效重磨次数相对标准剃齿刀少，刀具使用寿命变短，增加了生产成本。

近年来，国内外很多学者用弹性力学理论分析了剃齿的全过程，认为剃齿过程实际上是弹性变形的挤压切削过程，剃齿每一时刻切削的多少取决于载荷和综合变形量的大小。剃削时，工件齿轮综合变形在节圆附近最小，从而产生了剃齿齿形中凹现象[51]。

有学者认为，中心距的改变会引起剃齿齿形中凹误差。径向剃齿过程实际上是减小剃齿刀和工件齿轮的中心距的过程。从宏观上讲，剃齿刀和工件齿轮在每一共轭接触点的挤压和切削状况基本相同。由于剃齿到和工件齿轮同时接触的齿面是不断变化的，因此剃削的总切削力也是不断变化的。两对齿面接触时，总切削力小；三对齿面接触时，总切削力大。总切削力小时，变形小，中心距增大较小，在该点就会多剃一些，反之就会少剃一些。考虑变形情况，剃齿时，中心距增量从工件齿轮的齿顶到节圆再到齿根的变化规律是大—小—大，则在工件齿轮的齿形上反映出剃齿齿形中凹误差的规律[52]。

1.2.3 减小或消除剃齿齿形中凹误差的工艺技术

从理论上讲，要保证不产生剃齿齿形中凹误差，需要保证剃齿刀与工件齿轮啮合时各接触点的瞬时切削力、切削速度、切削余量相同，但实际上无法做到这一点，只能在生产中采取相应的工艺措施来消除或减少剃齿齿形中凹误差。

目前，减小或消除剃齿齿形中凹误差常用的方法有负变位剃齿法、大小啮合角剃齿法、平衡剃齿法、剃齿刀修形法、机械仿形剃齿法、数控修形剃齿法和改进剃削工艺法等。

负变位剃齿法是使啮合角取值在一定范围内，即大小啮合角之间的范围，再计算出变位系数来设计剃齿刀，目的在于使啮合节点向齿根方向转移。这种方法改善了工件齿轮节圆附近的中部凹陷现象，但并未从根本上解决剃齿齿形中凹误差的形成。大小啮合角剃齿法和平衡剃齿法从本质上讲就是负变位剃齿法的一种特殊情况，根据选定的啮合角，使左右齿廓同时啮入啮出，但是平衡剃齿法只在理论上某些特定情况下满足条件，剃齿过程任意参数发生变化都会打破这种平衡。即便如此，在工程中设计剃齿刀时仍采取平衡设计来满足要求。

剃齿刀修形法是最主要的工艺措施之一。生产实践和理论研究表明：剃齿刀的正确修形可以减少齿轮啮入、啮出时的冲击，改善载荷分布，减少振动和噪声，有效地消除剃齿齿形中凹。目前，在生产实践中应用的剃齿刀修形方法主要有普通修形法、磨齿修形法、齿顶外圆磨量法、随机修形法和样板修形剃齿法等，这些均是提高剃齿齿形精度、消除剃齿齿形中凹的有效工艺措施。但这些剃齿刀修形方法需大量利用已有的工艺经验和反复实践修磨才能达到工艺要求。

剃齿刀修形法的基本步骤是：

① 在标准渐开线剃齿刀的基础上对其节圆附近进行不同程度的刃磨；

② 对工件齿轮进行试剃；

③ 对剃后工件齿轮进行精度检测，如果符合要求则可以认为此时的剃齿刀齿形已经符合加工要求可投入使用；

④ 若试剃结果不满足生产要求，则对比试剃工件齿轮齿形进行针对性地刃磨修正，重复过程①②③直至加工精度满足要求。

因此，剃齿刀的传统修形方法是完全凭借工程经验反复修正与试剃的过程。实际加工中工件齿轮工艺要求的变化会使剃齿过程相当复杂，过分依赖刃磨技术人员的经验，会大大降低剃齿工艺的效率。

随着对剃齿齿形中凹误差机理研究的不断深入以及新技术和测试手段的应用，出现了一些能有效降低剃齿齿形中凹误差的剃齿刀修形方法。南京第二机床厂的傅国安、洪达等[53-54]对传统的靠模修形法进行了详细的研究，并给出了具体的计算公式，验证了靠模修形的可实施性。韶关宏大齿轮有限公司的余远芳[55]针对剃齿齿形中凹误差问题采用微机控制修形法，设计了专用的程序来控制修磨砂轮，有意识地对剃齿刀节圆或工件齿轮齿形中凹部分进行了修形，弥补了因剃齿工艺带来的齿形中凹缺陷，解决了工件齿轮剃齿齿形中凹的问题。沈阳工业大学的孙兴伟等[56]利用 VB 语言开发了一款剃齿刀修形软件，该软件将单齿啮合区作为剃齿刀修形区。西安建筑科技大学的蔡安江等[5]对端面啮合角及剃齿刀实际修形位置曲率起始点的计算进行了研究，推导出剃齿刀修形位置计算公式，形成了剃齿刀精确修形技术。王彦灵、王学莲等[57-58]提出了应用剃齿刀与工件齿轮在剃齿时的啮合节点作为剃齿刀修形位置中点的概念，进行了剃齿刀中凹修形。西安交通大学的詹东安[18-19]提出了产生齿形中凹误差的原因是剃齿过程中“系统综合误差动态效应”的结果，并利用这一动态效应原理研究了一种剃齿刀随机修形新方法，对随机修形剃齿刀建立了数学模型并进行了理论研究，此方法是用与工件几何参数一致的超硬修磨轮在剃齿机上取代工件齿轮，与剃齿刀啮合来修形剃齿刀，解决了剃齿齿形中凹误差问题。德州齿轮有限公司技术中心付启明、陈建平等[59]对剃齿刀数控对点修形进行了研究，该方法是基于德国的数控剃刀磨 SRS410 实现的，也是目前国内齿轮生产厂家的常用方法。山东科技大学于涛等[60-61]提出了剃齿刀在机修磨法，对径向剃齿刀进行了有效修形，较好地缓解了剃齿齿形中凹问题。东北大学的鄂中凯等[62]对剃齿刀变位系数与剃齿的重合度进行了计算，用计算机找出了最佳的变位系数，有效地解决了剃齿齿形中凹问题。淮阴工学院的任成勋[63]对剃齿时的理论重合系数进行了探讨，通过优化重合系数从一定程度上减轻了剃齿齿形中凹现象。在对负变位剃齿的研究方面，保定市齿轮厂齿轮研究所的宋建国等[64]分析了负变位剃齿刀的设计原理并完成了对负变位剃齿刀的设计计算；中国一拖集团有限公司杨基州、杨有亮等[65]把剃齿刀与齿轮的接触看作弹性接触，运用赫兹理论分析了在剃齿过程中齿轮齿面的法向力与剃齿啮合角的关系，揭示了负变位剃齿能够减小齿形中凹误差满足齿形精度要求的原因；上海第二工业大学的王国兴、熊焕国等[66]通过对负变位剃齿刀小啮合角剃齿过程中弹塑性变形的分析和计算，从理论上揭示了负变位剃齿齿形的成形规律。在对平衡剃齿的研究方面，秦川机床厂的戴纬经、朱惠民等[67]通过对平衡剃齿的条件和解法的研究有效地解决了剃齿齿形中凹的问题；常州机电职业技术学院的孙春霞[68]通过研究平衡啮合的条件来设计剃齿刀，此方法在齿轮加工业中得到了广泛的使用。此外，在工程实践中，为获得更好的剃齿效果，加工出满足设计要求的齿轮，除要将齿向曲线修磨成内凹反鼓形外，还需要在剃齿刀齿形曲线的适当位置进行内凹修形。

实际上，剃齿刀修形方法难以一次性消除剃齿齿形中凹误差的产生。Jia-Hung Liu 等[69]通过插入 B 样条曲线，微分几何和优化设计参数来实现径向剃齿刀的修形，避免了传统工艺的形成的误差并提高了其工作效率。Hung[70]综合考虑剃齿机和刀具系统误差建立了理论模型，考虑了各参数对工件齿轮的齿面和齿向修缘的影响。Shimpei[71]用数值分析的方法对轮齿的变形量进行了计算分析，对剃齿加工的误差有了更深的认识。Golovko 等[72]通过动力学方法对剃齿的加工误差进行了计算。Radzevich 等[73-74]先对径向剃齿刀进行了磨削修形，之后又对径向剃齿刀设计进行了改进。Fuentes 等[75]建立了一种新的修形几何模型，分别比较了该模型的三种形式，并考虑了系统误差对传动误差、齿面弯曲及接触应力的影响，可知安装误差越小，其传动误差及接触应力也越小。

剃齿刀修形法是一种“事后”处理方法，而能否修形成功，目前主要是靠个人经验。为此，学者们还尝试通过优化剃齿刀和工件齿轮齿形及结构来减少剃齿齿形中凹现象。Lv 等[76]研究了剃齿刀的开槽原理，提出了一种剃齿刀的不等深沟切槽的设计方法，设计了非等深容屑槽剃齿刀，这种剃齿刀刀齿节点处无槽深，无切削刃，剃齿加工时，它对工件齿轮轮齿中部无切削作用，只有挤压，因此可大大减小工件齿轮的齿形中凹误差。Hsu[77]提出了利用容屑槽排列设计使径向剃齿刀在切削过程所做的切削条件为连续的顺切形式，不但改善了切削效率，提高了刀具寿命，而且提高了切削面的精度。Fuentes 等[78]提出了一种结合齿轮传动与局部接触优点的剃齿刀齿面几何结构，并通过实例证明了新型剃齿刀齿面结构的优点。Wang 等[79]分析了剃齿刀侧面与工件齿轮表面干涉对理论加工偏差的影响，以理论加工偏差最小为优化目标建立了剃齿参数优化模型。西安建筑科技大学的蔡安江等[80]基于负变位剃齿和平衡剃齿的原理，提出了一种非等边齿形剃齿刀设计方法。重庆大学的黄超[81]通过剃齿刀磨削的运动几何学分析，建立了剃齿刀齿面与共轭齿条曲面的映射关系，提出了一种径向剃齿刀设计齿面的优化方法。中国科学院大学的肖望强等[82-83]通过设计双压力角非对称齿轮，推导了其在修形和误差条件下的接触过程，验证了双鼓形非对称齿轮具有更好的传动性能。重庆大学的林超等[84]构建了偏心-高阶椭圆锥齿轮副传动的数学模型，提出了一种偏心-高阶椭圆锥齿轮副的设计方法，并分别研究了偏心率、阶数和初始角速度对该齿轮副的传动特性（传动比、从动轮角速度和角加速度）的影响规律，最后通过实验验证了该设计方法的可行性。

由于未能揭示发生剃齿齿形中凹误差的真正原因，所以这些方法均没有从根本上解决剃齿齿形中凹误差问题。当条件发生变化时，这些剃齿刀修形方法也就难以发挥其作用。

1.3　剃齿加工模型

1.3.1　剃齿加工运动模型坐标系的建立

剃齿中，剃齿刀与工件齿轮作空间交错轴螺旋齿轮啮合，剃齿刀带动工件齿轮转动，剃齿刀连续地径向进给，逐步剃削工件齿轮齿面余量；工件齿轮沿轴向施加一个往复的进给运动，使得工件齿轮齿面在齿宽方向能被完整剃削。建立剃齿分析模型的数学模型时，首先要建立二者的空间运动关系。剃齿分析模型的几何模型及坐标系的建立如图 1.7 所示。

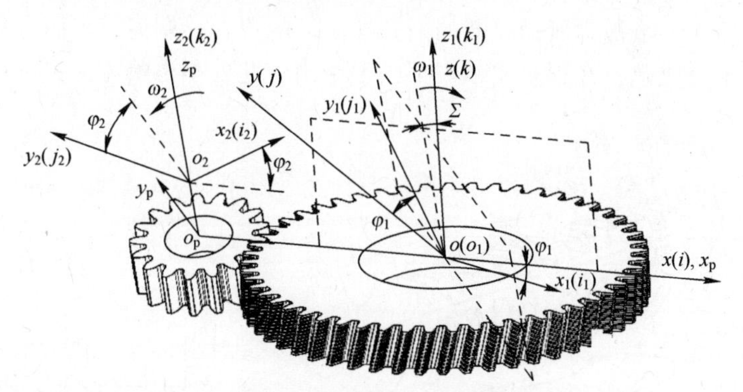

图 1.7　剃齿加工运动模型

图 1.7 中，坐标系 $S(O-xyz)$ 及 $S_p(O_p-x_py_pz_p)$ 是两个空间定坐标系，z 轴与剃齿刀的回转轴线重合，z_p 轴与工件齿轮的回转轴线重合，两轴线之间的夹

角即剃齿啮合的轴交角为 Σ；x 轴与 x_p 轴重合，其方向为两轴线的最短距离方向，OO_p 为最短距离，也就是中心距 a。坐标系 $S_1(O_1-x_1y_1z_1)$ 与剃齿刀固联，坐标系 $S_2(O_2-x_2y_2z_2)$ 与工件齿轮固联，在起始位置，坐标系 S_1、S_2 分别与 S、S_p 重合。剃齿刀以匀角速度 $\boldsymbol{\omega}_1$ 绕 z 轴转动，在 z 轴方向没有移动；工件齿轮以角速度 $\boldsymbol{\omega}_2$ 绕 z_p 轴转动，并以速度 $\boldsymbol{v}_{02}$ 沿 z_p 轴匀速移动。从起始位置经过一段时间后，S_1 及 S_2 运动到图中所示位置，剃齿刀绕 z 轴转过 φ_1 角，工件齿轮绕 z_p 轴转过 φ_2 角，因工件齿轮沿其轴向有进给，故在 z_p 轴方向移动了 $O_2O_p=l_2$ 的距离。

1.3.2 剃齿刀齿面方程

若要准确建立剃齿刀的齿面模型，就要对剃齿刀的几何形状有深入理解。剃齿刀一般可分为盘形剃齿刀与齿条形剃齿刀两种。由于齿条形剃齿刀设计原理较复杂，剃削效率较低，因此现已基本淘汰。盘形剃齿刀所用机床结构简单、调整方便、剃削效率也较高，故这里主要基于盘形剃齿刀进行阐述。盘形剃齿刀因其容屑槽型式可分为通槽型剃齿刀与闭槽型剃齿刀。当有刃磨需求时，通槽型剃齿刀一般沿刀齿前刀面刃磨，而闭槽型剃齿刀沿刀齿后刀面刃磨，故闭槽型剃齿刀齿厚方向应有合适的重磨量。剃齿刀的槽型可以平行于齿轮端面，其两侧切削刃的切削角度不一致，易导致剃后工件齿轮两侧齿面成形质量不一致；也可以垂直于齿面，其两侧切削刃的切削角度均为直角，但制造较难。为保证工件齿轮同一轮齿的两侧面剃削质量相同，这里以槽型垂直于齿面的闭槽型剃齿刀为例进行说明，如图 1.8 所示。该槽型的各项基本参数可以依据国家标准（GB/T 14333—2008）进行选取。不同于螺旋齿轮，剃齿刀齿面上按规律排列着多条容屑槽和切削刃。在构造剃齿刀齿面方程时，可以将剃齿刀齿面看作一个被容屑槽隔断的渐开螺旋面的集合。剃齿刀齿面方程的推导过程已经十分成熟，在很多文献中都已经给出，此处不再赘述。

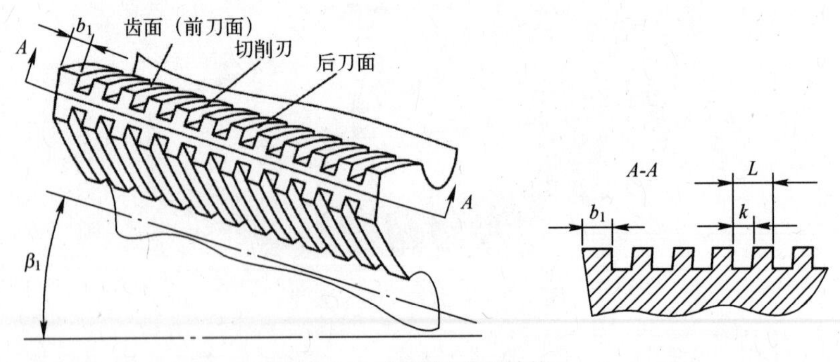

图 1.8 剃齿刀齿面结构

在 $S_1(O_1-x_1y_1z_1)$ 坐标系中，剃齿刀的右齿面方程可以表示为

$$
\begin{cases}
x_1=-r_{b1}\sin(u_1+\lambda_1)+r_{b1}u_1\cos(u_1+\lambda_1)\\
y_1=r_{b1}\cos(u_1+\lambda_1)+r_{b1}u_1\sin(u_1+\lambda_1)\\
z_1=p_1\lambda_1\\
\lambda_1\in\left[0,\dfrac{b_1\cos\beta_1}{r_{b1}\cot\beta_{b1}}\right]\cup\left[\dfrac{[b_1+(t-1)L+k]\cos\beta_1}{r_{b1}\cot\beta_{b1}},\dfrac{(b_1+tL)\cos\beta_1}{r_{b1}\cot\beta_{b1}}\right],t\in N
\end{cases}
\tag{1.1}
$$

式中：r_{b1}为剃齿刀基圆半径；u_1为参变数，表示渐开线上该点处压力角和展角的和，即 $u_1=\tan\alpha_n$；其取值上限可以通过剃齿刀设计参数计算获得；p_1为剃齿刀齿面的螺旋参数，$p_1=r_{b1}\cot\beta_{b1}$；β_{b1}为剃齿刀基圆螺旋角；β_1 为剃齿刀分度圆螺旋角；λ_1为参变数，表示渐开线齿廓从起始处沿着螺旋线绕 z 轴转过的角度；b_1、L、k 为剃齿刀容屑槽参数，具体如图 1.8 所示。通过矩阵变换的方式即可得到剃齿刀齿面在空间固定坐标系 S 中的方程，其变换矩阵如下：

$$
\boldsymbol{M}_{01}=\begin{bmatrix}\cos\varphi_1 & -\sin\varphi_1 & 0 & 0\\ \sin\varphi_1 & \cos\varphi_1 & 0 & 0\\ 0 & 0 & 1 & 0\\ 0 & 0 & 0 & 1\end{bmatrix}
\tag{1.2}
$$

式中：φ_1为空间旋转坐标系 S_1相对于空间固定坐标系 S 转过的角度。

1.3.3　剃齿啮合方程

剃齿加工为双自由度啮合过程，剃齿刀角速度为 $\boldsymbol{\omega}_1$和工件齿轮的轴向进给速度 $\boldsymbol{v}_{02}$相互独立。根据齿轮啮合原理可知，一对共轭齿面作点接触时，在啮合点处满足啮合方程条件式

$$
\boldsymbol{v}^{(12)}\cdot\boldsymbol{n}=0
\tag{1.3}
$$

式中：$\boldsymbol{v}^{(12)}$为两齿面在啮合点处的相对滑移速度；$\boldsymbol{n}$ 为两齿面在啮合点处的法线向量。剃齿刀齿面上任意一点的法线向量 $\boldsymbol{n}$ 可表示为

$$
\boldsymbol{n}=\frac{\partial\boldsymbol{r}^{(1)}}{\partial u_1}\times\frac{\partial\boldsymbol{r}^{(1)}}{\partial\lambda_1}=n_{x_1}^{(1)}\boldsymbol{i}+n_{y_1}^{(1)}\boldsymbol{j}+n_{z_1}^{(1)}\boldsymbol{k}
\tag{1.4}
$$

式中：$n_{x_1}^{(1)}$、$n_{y_1}^{(1)}$、$n_{z_1}^{(1)}$为法向向量 $\boldsymbol{n}$ 在 x_1、y_1、z_1三个坐标轴上的分量，分别为

$$\begin{cases} n_{x_1}^{(1)}=\begin{vmatrix} \dfrac{\partial y_1}{\partial u_1} & \dfrac{\partial z_1}{\partial u_1} \\ \dfrac{\partial y_1}{\partial \lambda_1} & \dfrac{\partial z_1}{\partial \lambda_1} \end{vmatrix}=p_1 r_{b1} u_1 \cos(u_1-\lambda_1) \\ n_{y_1}^{(1)}=\begin{vmatrix} \dfrac{\partial z_1}{\partial u_1} & \dfrac{\partial x_1}{\partial u_1} \\ \dfrac{\partial z_1}{\partial \lambda_1} & \dfrac{\partial x_1}{\partial \lambda_1} \end{vmatrix}=p_1 r_{b1} u_1 \sin(u_1-\lambda_1) \\ n_{z_1}^{(1)}=\begin{vmatrix} \dfrac{\partial x_1}{\partial u_1} & \dfrac{\partial y_1}{\partial u_1} \\ \dfrac{\partial x_1}{\partial \lambda_1} & \dfrac{\partial y_1}{\partial \lambda_1} \end{vmatrix}=-r_{b1}^2 u_1 \end{cases} \tag{1.5}$$

通过坐标变换，齿面间的接触点处的任意一点相对滑移速度为

$$\begin{aligned} \boldsymbol{v}^{(12)}= & \{-\omega_1(x_1\sin\varphi_1+y_1\cos\varphi_1)-\omega_2[(z_1+l_1)\sin\Sigma-(x_1\sin\varphi_1+y_1\cos\varphi_1)\cos\Sigma]\}\boldsymbol{i} \\ & +[\omega_1(x_1\sin\varphi_1-y_1\cos\varphi_1)-\omega_2(x_1\cos\varphi_1-y_1\sin\varphi_1+a)\cos\Sigma-v_{02}\sin\Sigma]\boldsymbol{j}+ \\ & [\omega_2(x_1\cos\varphi_1-y_1\sin\varphi_1+a)\sin\Sigma+v_{01}-v_{02}\cos\Sigma]\boldsymbol{k} \end{aligned} \tag{1.6}$$

将式（1.4）、式（1.6）代入式（1.3）中，可得坐标系 S_1 中的啮合方程式为

$$\begin{aligned} & \omega_2\cos\varphi_1\left[-(z_1+l_1)\sin\Sigma n_{x1}^{(1)}-\left(a\cos\Sigma+\frac{v_{02}}{\omega_2}\sin\Sigma\right)n_{y1}^{(1)}+x_1\sin\Sigma n_{z1}^{(1)}\right] \\ & +\omega_1\sin\varphi_1\left[-(z_1+l_1)\sin\Sigma n_{x1}^{(1)}-\left(a\cos\Sigma+\frac{v_{02}}{\omega_2}\sin\Sigma\right)n_{y1}^{(1)}+y_1\sin\Sigma n_{z1}^{(1)}\right] \\ & +(\omega_1-\omega_2\cos\Sigma)(-x_1 n_{y1}^{(1)}+y_1 n_{z1}^{(1)})-(a\omega_2\sin\Sigma+v_{01}-v_{02}\cos\Sigma)n_{z1}^{(1)}=0 \end{aligned} \tag{1.7}$$

剃齿加工为双自由度啮合，对剃齿啮合过程作空间几何分析可知，工件齿轮转动的角速度 $\boldsymbol{\omega}_2$ 和剃齿刀的径向进给速度 $\boldsymbol{v}_{01}$ 都可以用剃齿刀转动的角速度 $\boldsymbol{\omega}_1$ 和工件齿轮的轴向进给速度 $\boldsymbol{v}_{02}$ 表示，其关系可表示为

$$\begin{cases} \boldsymbol{\omega}_2=i_{21}\boldsymbol{\omega}_1+i'\boldsymbol{v}_{02} \\ \boldsymbol{v}_{01}=m_1\boldsymbol{\omega}_1+m_1'\boldsymbol{v}_{02} \end{cases} \tag{1.8}$$

式中：i_{21}、i' 为 $\boldsymbol{\omega}_2$ 与 $\boldsymbol{\omega}_1$、$\boldsymbol{v}_{02}$ 的传动比；m_1、m_1' 为 $\boldsymbol{v}_{01}$ 与 $\boldsymbol{\omega}_1$、$\boldsymbol{v}_{02}$ 的传动比。

将式（1.8）代入式（1.7）中，可得剃齿啮合方程式。由于剃齿过程为双自由度啮合，所以剃齿啮合方程式可以简化成两个条件式：

$$\begin{cases} U_1\cos\varphi_1 - V_1\sin\varphi_1 = W_1 \\ U_2\cos\varphi_1 - V_2\sin\varphi_1 = W_2 \end{cases} \tag{1.9}$$

其中：

$$\begin{cases} U_1 = i_{21}\left[-(z_1+l_1)\sin\Sigma n_{x_1}^{(1)} - a\cos\Sigma n_{y_1}^{(1)} + x_1\sin\Sigma n_{z_1}^{(1)}\right] - m_1\sin\Sigma n_{y_1}^{(1)} \\ V_1 = i_{21}\left[-(z_1+l_1)\sin\Sigma n_{y_1}^{(1)} + a\cos\Sigma n_{x_1}^{(1)} + y_1\sin\Sigma n_{z_1}^{(1)}\right] + m_1\sin\Sigma n_{x_1}^{(1)} \\ W_1 = (1-i_{21}\cos\Sigma)(-x_1 n_{y_1}^{(1)} + y_1 n_{x_1}^{(1)}) - (ai_{21}\sin\Sigma - m_1\cos\Sigma)n_{z_1}^{(1)} \end{cases} \tag{1.10}$$

$$\begin{cases} U_2 = i'\left[-(z_1+l_1)\sin\Sigma n_{x_1}^{(1)} - a\cos\Sigma n_{y_1}^{(1)} + x_1\sin\Sigma n_{z_1}^{(1)}\right] - m_1'\sin\Sigma n_{y_1}^{(1)} \\ V_2 = i'\left[-(z_1+l_1)\sin\Sigma n_{y_1}^{(1)} + a\cos\Sigma n_{x_1}^{(1)} + y_1\sin\Sigma n_{z_1}^{(1)}\right] + m_1'\sin\Sigma n_{x_1}^{(1)} \\ W_2 = -i'\cos\Sigma(-x_1 n_{y_1}^{(1)} + y_1 n_{x_1}^{(1)}) - (1-m_1'\cos\Sigma + ai'\sin\Sigma)n_{z_1}^{(1)} \end{cases} \tag{1.11}$$

由式（1.9）、式（1.10）、式（1.11）可知，两个条件式都是φ_1与剃齿刀齿面$\Sigma^{(1)}$的参数（u_1,λ_1）的关系式，则两个条件式均可表示为$\varphi_1=(u_1,\lambda_1)$的形式。对于一个方程式$\varphi_1=(u_1,\lambda_1)$，在一定的$\varphi_1$角时，$\Sigma^{(1)}$上一般能有一系列的（$u_1,\lambda_1$）值满足这个方程，齿面$\Sigma^{(1)}$上有一条接触线。那么，能够同时满足四个方程式的就只有两条线的交点，即只有一组（u_1,λ_1）值。意思就是说，齿面$\Sigma^{(1)}$和由它求得的共轭齿面$\Sigma^{(2)}$是点接触的。在某种特殊情况下，式（1.9）两个条件式的形式相同，式（1.10）、式（1.11）实际上蜕变为同一个条件，此时的剃齿加工运动保持线接触。

$$\frac{U_1}{U_2}=\frac{V_1}{V_2}=\frac{W_1}{W_2} \tag{1.12}$$

联立式（1.7）、式（1.9）与式（1.12），可建立两个未知数i_{21}、i'的唯一解，其化简后的形式如下：

$$\frac{i_{21}}{i'}=\frac{p_1}{\cos\Sigma} \tag{1.13}$$

为了获得剃齿刀与工件齿轮在啮合过程中的线接触，需保证传动比i_{21}与i'之比等于剃齿刀螺旋面$\Sigma^{(1)}$的螺旋参数p_1与轴交角的余弦之比。剃齿时，需要按照一定的要求来调整剃齿机，其中传动比$i_{21}=z_1/z_2$，传动比i'由差动机构实现，其意义为剃齿刀相对工件齿轮移动一个导程$2\pi p_1$，要保证工件齿轮的附加转角φ_2'为

$$\varphi_2'=\frac{2\pi p_1\cos\Sigma}{p_1\cos\Sigma + a\sin\Sigma} \tag{1.14}$$

剃齿加工时，三自由度齿轮啮合方程可以简化成三个条件式，其蜕变成两个条件式之后就是对角滚齿的理论基础。把式（1.13）代入式（1.9），可得

啮合关系式，即

$$x_0'\cos(\lambda_1+\varphi_1)=y_0'\sin(\lambda_1+\varphi_1) \tag{1.15}$$

联立式（1.9）与式（1.15），可以得到关于λ_1的超越方程，由牛顿迭代算法计算结果为发散。若画出相应图形，其有无数个交点。这也与剃齿啮合过程中，点接触蜕变为线接触的条件相一致。其蜕变后啮合面方程可利用坐标转换得到：

$$\begin{cases} x=x_1\cos\varphi_1-y_1\sin\varphi_1=x_0\cos(\lambda_1+\varphi_1)-y_0\sin(\lambda_1+\varphi_1) \\ y=x_1\sin\varphi_1+y_1\cos\varphi_1=x_0\sin(\lambda_1+\varphi_1)+y_0\cos(\lambda_1+\varphi_1) \\ z=z_0=p_1\theta \end{cases} \tag{1.16}$$

1.3.4 剃齿接触迹线方程

在一定的φ_1角时，能够同时满足式（1.9）中两个等式的（u_1,λ_1）值只有一组。联立式（1.9）、式（1.10）与式（1.11），解方程组可得到

$$\frac{-x_1n_{y1}^{(1)}+y_1n_{x1}^{(1)}}{i_{21}}=\frac{\sin\varphi_1\sin\Sigma n_{x1}^{(1)}+\cos\varphi_1\sin\Sigma n_{y1}^{(1)}+\cos\Sigma n_{z1}^{(1)}}{i'} \tag{1.17}$$

式（1.17）也可表示为

$$x_0'\cos(\lambda_1+\varphi_1)-y_0'\sin(\lambda_1+\varphi_1)=\left(\frac{\cos\Sigma}{i'}-\frac{p_1}{i_{21}}\right)\frac{i'n_{z_1}^{(1)}}{p\sin\Sigma} \tag{1.18}$$

式中：$x_0'=r_{b1}u_1\cos u_1$，$y_0'=r_{b1}u_1\sin u_1$，为齿轮端截面渐开线参数方程关于参变数u_1的一阶导数；p_1，Σ，i'，i_{21}为给定的常数。因此可以通过$\lambda_1+\varphi_1$求解u_1的值，即得到$u_1=u_1(\lambda_1+\varphi_1)$。

联立式（1.9）与式（1.18），则有

$$\lambda_1=\frac{[x_0\cos(\lambda_1+\varphi_1)-y_0\sin(\lambda_1+\varphi_1)]-\left(\frac{1}{i_{21}}-\cos\Sigma+\frac{a_Ni'\cos\Sigma}{i_{21}}\right)\frac{p_1}{\sin\Sigma}+\frac{a_N}{\sin^2\Sigma}}{p_1^2[x_0'\sin(\lambda_1+\varphi_1)+y_0'\cos(\lambda_1+\varphi_1)]}n_{z_1}^{(1)} \tag{1.19}$$

式中：$x_0=r_{b1}\cos u_1+r_{b1}u_1\sin u_1$，$y_0=r_{b1}\sin u_1+r_{b1}u_1\cos u_1$；$a_N=a-\frac{f_r}{n}N$，$a$为剃齿刀与工件齿轮的初始中心距，$n$为主轴转速，$N$为自然数。将解得的参变量$u_1$的值代入式（1.19）中，可以解得$\lambda_1$，即解得$\lambda_1=\lambda_1(u_1)$。这表明，在$\varphi_1$角一定时，能同时满足式（1.9）中两个条件式的（$u_1,\lambda_1$）值只有一组。若联立式（1.16）式（1.18）与式（1.19），则此时只有一个参变数u_1，啮合面实际是一条曲线，即啮合线。啮合线是齿廓接触点在绝对坐标系下的运动轨

迹，即两个啮合齿面从开始啮合到脱离，所有的啮合点都在啮合线上。将啮合方程式化简并代入齿面方程中，即得啮合线方程。坐标系 S 中的啮合方程为

$$
\begin{aligned}
& n_{x1}^{(1)}(\omega_1 y-\omega_2\sin\Sigma+\omega_2 y\cos\Sigma)+n_{y1}^{(1)}[\omega_1 x-\omega_2(x+a)\cos\Sigma-v_{02}\sin\Sigma] \\
& +n_{z1}^{(1)}[\omega_2(x+a)\sin\Sigma+v_{01}-v_{02}\cos\Sigma]=0
\end{aligned} \tag{1.20}
$$

联立式（1.18）与式（1.19），则参变数 λ_1 也可表示为

$$
\lambda_1=\frac{r_{b1}^2 u_1}{p_1^2}+\lambda_0 \tag{1.21}
$$

其中：

$$
\lambda_0=\frac{i_{21}a_N(p_1\cos\Sigma\cos(u_1+\lambda_1+\varphi_1)+r_{b1}\sin\Sigma)}{p_1^2 i_{21}\sin(u_1+\lambda_1+\varphi_1)\sin\Sigma}-\frac{r_{b1}(1-i_{21}\cos\Sigma)}{p_1 i_{21}\sin(u_1+\lambda_1+\varphi_1)\sin\Sigma}+\frac{r_{b1}^2\cos(u_1+\lambda_1+\varphi_1)}{p_1^2} \tag{1.22}
$$

瞬时接触点在齿面上的集合称为接触迹线。剃齿加工为交错轴螺旋齿轮啮合，啮合只发生在齿面的接触迹线上，与齿面上的其他点无关。所以在求解接触迹线时，将啮合方程代入剃齿刀齿面方程中，即可得到剃齿刀齿面上的接触迹线方程。联立式（1.1）与式（1.7），得到剃齿刀齿面的接触迹线方程为

$$
\begin{cases}
x_1=-r_{b1}\cos\left(\lambda_1-\dfrac{r_{b1}^2(\lambda_0-\lambda_1)}{p_1^2}\right)+r_{b1}\lambda_1\sin\left(\lambda_1-\dfrac{r_{b1}^2(\lambda_0-\lambda_1)}{p_1^2}\right) \\
y_1=r_{b1}\sin\left(\lambda_1-\dfrac{r_{b1}^2(\lambda_0-\lambda_1)}{p_1^2}\right)+r_{b1}\lambda_1\cos\left(\lambda_1-\dfrac{r_{b1}^2(\lambda_0-\lambda_1)}{p_1^2}\right) \\
z_1=\dfrac{r_{b1}^2(\lambda_0-\lambda_1)}{p_1},\lambda_1\in\left[0,\dfrac{b_1\cos\beta}{r_{b1}\cot\beta_1}\right]\cup\left[\dfrac{[b_1+(t-1)L+k]\cos\beta}{r_{b1}\cot\beta_1},\dfrac{(b_1+tL)\cos\beta}{r_{b1}\cot\beta_1}\right],t\in N
\end{cases} \tag{1.23}
$$

分析式（1.23）可知剃齿啮合接触迹线有如下性质：

（1）齿轮齿面上的接触轨迹形状，仅取决于该齿面的基圆半径、基圆螺旋角，和啮合的另一齿面形状无关。

（2）当 $\lambda_1=0$ 时，式（1.23）为渐开线方程，即在交错轴螺旋齿轮齿轮副中，渐开线齿面上的接触迹线是渐开线，与端截面渐开线平行。

（3）当 $\lambda_1\neq 0$ 时，在交错轴螺旋齿轮副中，螺旋齿轮齿面上的接触迹线不再是渐开线，而是一条倾斜的空间曲线。剃齿刀的模数和螺旋角越大，曲线宽度也越大，此外该宽度还随着剃齿刀的公称直径和变位系数的变化而变化。所以在确定剃齿刀的宽度时，必须考虑齿面接触迹线的宽度。

1.3.5 工件齿轮齿面模型

剃齿为去除材料加工，工件齿轮表面余量在两个进给运动（剃齿刀的径向进给和工件齿轮的轴向进给）的作用下被剃除，此时齿面呈现动态变化。根据啮合原理，可建立工件齿轮时变齿面模型，工件齿轮齿廓变化示意如图 1.9 所示。

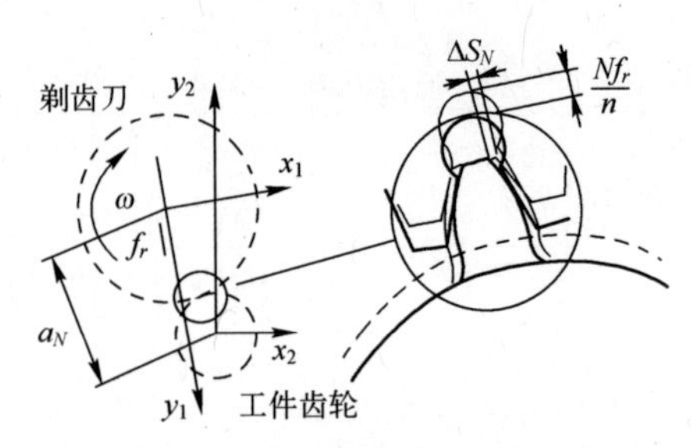

图 1.9 工件齿轮齿廓变化示意图

工件齿轮齿和剃齿刀的两齿面共轭，根据啮合原理可知，将啮合方程式（1.20）通过坐标变换得到坐标系 S 中的齿面方程，坐标变换矩阵为

$$\boldsymbol{M}_{02}=\begin{bmatrix} \cos\varphi_2 & -\sin\varphi_2 & 0 & -a_N \\ \sin\varphi_2\cos\Sigma & \cos\varphi_2\cos\Sigma & \sin\Sigma & l_2\sin\Sigma \\ -\sin\varphi_2\sin\Sigma & -\cos\varphi_2\sin\Sigma & \cos\Sigma & l_2\cos\Sigma \\ 0 & 0 & 0 & 1 \end{bmatrix} \tag{1.24}$$

通过式（1.23）坐标变换所得的工件齿轮齿面方程有一个约束条件，即默认剃齿刀和工件齿轮的中心距不变。在剃齿啮合过程中，当剃齿刀存在径向进给时，工件齿轮的齿面方程随之发生改变。因此，在求解工件齿轮的齿面方程时，需要考虑剃齿啮合的时变中心距。在坐标系 S_2 中，工件齿轮齿面的参数方程可以表示为

$$\begin{cases} x_2=[r_{b1}(\cos(u_1+\lambda_1+\varphi_1)+u_1\sin(u_1+\lambda_1+\varphi_1))+a_N]\cos(i_{21}\varphi_1+i'l_2) \\ +[r_{b1}(\sin(u_1+\lambda_1+\varphi_1)-u_1\cos(u_1+\lambda_1+\varphi_1))\cos\Sigma-p_1\lambda_1\sin\Sigma]\sin(i_{21}\varphi_1+i'l_2) \\ y_2=-[r_{b1}(\cos(u_1+\lambda_1+\varphi_1)+u_1\sin(u_1+\lambda_1+\varphi_1))+a_N]\sin(i_{21}\varphi_1+i'l_2) \\ +[r_{b1}(\sin(u_1+\lambda_1+\varphi_1)-u_1\cos(u_1+\lambda_1+\varphi_1))\cos\Sigma-p_1\lambda_1\sin\Sigma]\cos(i_{21}\varphi_1+i'l_2) \\ z_2=r_{b1}\sin(u_1+\lambda_1+\varphi_1)\sin\Sigma-r_{b1}u_1\sin\Sigma\cos(u_1+\lambda_1+\varphi_1)+p_1\lambda_1\cos\Sigma-l_2 \end{cases} \tag{1.25}$$

式中：l_2为工件齿轮轴向进给的距离；Σ 为剃齿刀和工件齿轮的轴交角。

参考文献

[1] 蔡安江，戴融，郭师虹，等．剃齿加工齿形误差的研究［J］．西安建筑科技大学学报，2007（5）：730-734.

[2] 王彦灵，林彤．用计算啮合节点位置法进行剃齿刀中凹修形［J］．机械传动，2001（4）：51-53.

[3] 商瑞林．剃齿及其误差分析［J］．通用机械，2004（3）：72-75.

[4] 陈世平，王以培．剃齿加工误差分析［J］．机械制造，2000（10）：35-36.

[5] 徐璞，蔺启恒，王力勤．可调叠片式径向剃齿刀的研制［J］．太原工业大学学报，1987（04）：1-10.

[6] 徐璞，冯肇锡，蔺启恒，等．剃齿时齿形中凹误差产生的原因及消除措施［J］．太原工学院学报，1983（1）：18-30.

[7] 徐璞，冯肇锡，蔺启恒，等．可调叠片剃齿刀的性能及受力分析［J］．太原工学院学报，1982（3）：1-18.

[8] 吕明，徐璞，蔺启恒，等．剃齿时齿形中凹现象的形成机理［J］．太原工业大学学报，1987（4）：30-40.

[9] 王国兴，熊焕国，李高敬．剃齿齿形中凹的研究［J］．机械制造，1991（10）：6-8.

[10] 王国兴，熊焕国，李高敬．剃齿齿形的计算机模拟和综合啮合刚度［J］．机械工程学报，1994（12）：109-114.

[11] 王国兴，熊焕国，李高敬．负变位剃齿机理研究［J］．工具技术，1992（5）：23-27.

[12] 姚文席，屈梁生．剃齿加工中齿面“中凹”现象的机理分析［J］．西安交通大学学报，1995（29）：50-58.

[13] 姚文席．剃齿加工中切削力的变化及对齿形误差的影响［J］．北京机械工业学院学报，1993（8）：15-23.

[14] 樊庆文．剃齿过程“中凹”现象产生的原因分析［J］．机械，1997（3）：14-16.

[15] 郭建强，杨津初．剃齿加工过程的研究［J］．工具技术，1997（9）：16-18.

[16] 梁锡昌，吕明，郑晓华．剃齿过程中刀齿与轮齿弯曲变形分析［J］．重庆大学学报，1998（21）：58-62.

[17] ZHANG Y, FANG Z. Analysis of tooth contact and load distribution of helical gears with crossed axes［J］. Mechanism & Machine Theory, 1999, 34（1）：41-57.

[18] 詹东安，任济生，王素玉，等．随机修形剃齿刀消除剃齿齿形中凹的机理研究［J］．西安交通大学学报，1999（08）：47-50.

[19] 詹东安，吴序堂，孙景友，等．“剃齿刀随机修形法”的理论研究与试验［J］．工具技术，1998（03）：6-9.

[20] 杨绪，吕明．非等深容屑槽剃齿刀的设计与制造［J］．现代制造工程，2002（2）：23-25.

[21] 吕明，梁锡昌，郑晓华．刀齿与轮齿变形对剃齿误差的影响［J］．机械工程学报，2000，(5)：76-80.

[22] 陈世平，廖林清，石军，等．剃齿加工齿形中凹误差分析［J］．现代制造工程，2002，10：52-53.

[23] 蔡安江，张振军，阮晓光．基于剃齿修形的啮合角数值计算［J］．中国机械工程，2013（10）：1327-1330.

[24] WANG F，YI C，WANG T，et al. A generating method for digital gear tooth surfaces［J］. Int J Adv Manuf Technol，2006，28：474-485.

[25] 左俊．剃齿加工仿真及齿形中凹误差机理研究［D］．重庆：重庆大学，2012.

[26] 陈厚兵．剃齿中凹误差形成机理及改善措施的研究［D］．重庆：重庆大学，2014.

[27] 唐进元，周炜，陈思雨．齿轮传动啮合接触冲击分析［J］．机械工程学报，2011（7）；22-30.

[28] 刘磊，蔡安江，耿晨，等．基于剃齿啮合传动特性的剃齿刀优化设计［J］．航空动力学报，2018，33（5）：1084-1092.

[29] 蔡安江，刘磊，李玲，等．剃齿啮合的接触特性分析及中凹误差形成机理研究［J］．振动与冲击，2018，37（8）：68-86.

[30] 邱忠良，王思明．多因素影响下刮齿加工齿廓参数研究［J］．机械传动，2020，44（11）：162-165.

[31] KIYONO S，KUBO A. A method for fast estimation of the vibration of spur gears［J］. JSME International Journal，1987，30（260）：400-405.

[32] KUBO A，NAKANO J，CHONG T H. A method of vibration estimation of gear with unknown gear accuracy［J］. JSME International Journal，1988，31（2）：416-422.

[33] UMEZAWA K，HOUJOH H，YOSHIMURA H. The effect of shaft stiffness on the gear vibration［J］. Bulletin of the JSME，1987，54（499）：699-705.

[34] UMEZAWA K. Deflections and moments due to a concentrated load on a rack-shaped cantilever plate with finite width for gears［J］. Bulletin of the JSME，1972，15（79）：116-130.

[35] MORIWAKI I，FUJITA M. Effect of cutter performance on finished tooth form in gear shaving［J］. Journal of Mechanical Design，1994，116（3）：701.

[36] MORIWAKI I，FUJITA M，OKAMOTO T，et al. Numerical analysis of tooth forms of shaved gears［J］. JSME，International Journal Series Ⅲ，1990，33（7）：608-613.

[37] KLIMA C S，ZHANG Y，FANG Z. Analysis of tooth contact and load distribution of helical gears with crossed axes［J］. Mechanism & Machine Theory，1999，34（1）：41-57.

[38] RADZEVICH S P. A Descriptive geometry-based solution to a geometrical problem in rotary shaving of a shoulder pinion［J］. Journal of Manufacturing Science and Engineering，2005，127：893-900.

[39] RADZEVICH S P. Computation of parameters of a form grinding wheel for grinding of

shaving cutter for plunge shaving of topologically modified involute pinion [J]. Journal of Manufacturing Science and Engineering, Transaction of the ASME, 2005, 127: 819-828.

[40] RADZEVICH S P. On Satisfaction of the fifth necessary condition of proper part surface generation in design of plunge shaving cutter for finishing of precision involute gears [J]. Journal of Mechanical Design, 2007, 129: 969-980.

[41] RADZEVICH S P. Design of shaving cutter for plunge shaving a topologically modified involute pinion [J]. Journal of Mechanical Design, 2003, 125 (3): 632.

[42] SHIMPEI N, ICHIRO. M. Numerical analysis of plunge cut shaving (plate model for tooth defection calculation) [J]. Transactions of the Japan Society of Mechanical Engineers, 2009, 75 (754): 1845-1850.

[43] FUENTES A, NAGAMOTO H, LITVIN F L. Computerized design of modified helical gears finished by plunge shaving [J]. Computer Methods in Applied Mechanics and Engineering, 2010, 199 (25/26/27/28): 1677-1690.

[44] LITVIN F L, FAN Q, VECCHIATO D, et al. Computerized generation and simulation of meshing of modified spur and helical gears manufactured by shaving [J]. Computer Methods in Applied Mechanics and Engineering, 2001, 190 (39): 5037-5055.

[45] SHIMPEI N, et al, Numerical analysis of plunge cut shaving (plate model for tooth defection calculation) [J]. Transactions of the Japan Society of Mechanical Engineers, 2009, 75 (754): 1845-1850.

[46] HSU R H, FONG Z H. Serration design for a gear plunge shaving cutter [J]. Journal of Manufacturing Science and Engineering, 2011, 133 (2): 1298-1313.

[47] HSU R H, FONG Z H. Theoretical and practical investigations regarding the influence of the serration's geometry and position on the tooth surface roughness by shaving with plunge gear cutter [J]. Journal of Mechanical Engineering Science, 2006, 220 (2): 223-242.

[48] HSU R, FONG Z. Analysis of auxiliary crowning in parallel gear shaving [J]. Mechanism and Machine Theory, 2010, 45: 1298-1313.

[49] HSU R, FONG Z. Even contact design for the plunge shaving cutter [J]. Mechanism and Machine Theory, 2010, 45: 1185-1200.

[50] GOLOVKO A N. Kinematic calculation of the error in gear shaving [J] . Russian Engineering Research, 2011, 31 (10): 1034-1035.

[51] 吕明，梁锡昌．刀齿与齿轮变形对剃齿误差的影响 [J]. 机械工程学报，2000，36 (5)：76-80.

[52] 郭建强．剃齿加工理论和实验研究 [D]．天津：天津大学，1998.

[53] 洪达．靠模修形剃齿刀克服剃齿中凹 [J]．机械加工：冷加工，1983，(9)：51-53.

[54] 傅国安．剃齿刀修形 [J]．江苏机械，1988，(11)：18-20.

[55] 余远芳．剃齿加工中凹问题与刀具修形 [J]. 企业技术开发，2010，(2)：116-117.

[56] 孙兴伟，张幼君．修形剃齿刀的软件设计［J］．沈阳工业大学学报，2000，22（5）：367-369.
[57] 王彦灵，林彤．用计算啮合节点位置法进行剃齿刀中凹修形［J］. 机械传动，2001（4）：51-53.
[58] 王学莲．齿轮加工中齿形中凹问题研究［D］. 吉林：吉林大学，2012.
[59] 付启明，陈建平．剃齿刀数控对点修形［J］. 工具技术，2012，46（6）：64-66.
[60] 王素玉，于涛，孙景友．径向剃齿刀在机修磨原理解析计算［J］. 机械工程学报，2005（04）：163-167.
[61] 于涛，范云霄，王素玉，等．径向剃齿刀在机修磨法的理论分析及试验［J］. 现代制造工程，2002（03）：10-11.
[62] 鄂中凯，孙福和．剃齿刀变位系数与剃齿重合度的计算［J］．机械设计与制造，1990，（3）：44-46.
[63] 任成勋．剃齿时的理论重迭系数与剃前滚刀设计的探讨［J］．机械科学与技术，1993，（5）：12-17.
[64] 宋建国，汤定国．负变位剃齿刀设计原理分析及其计算［J］．工具技术，1990，24（3）：13-14.
[65] 杨基州，杨有亮．负变位剃齿加工［J］．拖拉机与农用运输车，1989，（4）：32-36.
[66] 王国兴，熊焕国，李高敬．负变位剃齿机理研究［J］. 工具技术，1992，26（5）：23-27.
[67] 戴纬经，朱惠民．平衡剃齿的条件与解法［J］．现代制造工程，1989，（11）：5-7.
[68] 孙春霞．平衡剃齿剃齿刀的设计［J］．机械工人：冷加工，2007，（9）：40-42.
[69] LIU J，HUNG C，CHANG S. Design and manufacture of plunge shaving cutter for shaving gears with tooth modifications［J］. The International Journal of Advanced Manufacturing Technology，2009，43（9-10）：1024-1034.
[70] HUNG C H，LIU J H，CHANG S L，et al. Simulation of gear shaving with considerations of cutter assembly errors and machine setting parameters［J］. The International Journal of Advanced Manufacturing Technology，2007，35：400-407.
[71] SHIMPEI N，ICHIRO. M. Numerical analysis of plunge cut shaving（plate model for tooth defection calculation）［J］. Transactions of the Japan Society of Mechanical Engineers，2009，75（754）：1845-1850.
[72] GOLOVKO A N，GOLOVKO I V. Kinematic calculation of the error in gear shaving［J］. Russian Engineering Research，2011，31（10）：1034-1035.
[73] RADZEVICH S P. On satisfaction of the fifth necessary condition of proper part surface generation in design of plunge shaving cutter for finishing of precision involute gears［J］. Journal of Mechanical Design，2007，129：969-980.
[74] RADZEVICH S P. Computation of parameters of a form grinding wheel for grinding of

shaving cutter for plunge shaving of topologically modified involute pinion [J]. Journal of Manufacturing Science and Engineering, Transaction of the ASME, 2005, 127: 819-828.
[75] FUENTES A, NAGAMOTO H, LITVIN F L. Computerized design of modified helical gears finished by plunge shaving [J]. Computer Methods in Applied Mechanics and Engineering, 2010, 199 (25/26/27/28): 1677-1690.
[76] LV M, YANG X. Design and manufacture of a shaving cutter with unequal depth gashes [J]. Journal of Materials Processing Technology, 2002, 129 (1-3): 193-195.
[77] HSU R H, FONG Z H. Serration design for a gear plunge shaving cutter [J]. Journal of Manufacturing Science and Engineering, 2011, 133 (2): 1298-1313.
[78] FUENTES A, NAGAMOTO H, LITVIN F L. Computerized design of modified helical gears finished by plunge shaving [J]. Computer Methods in Applied Mechanics and Engineering, 2010, (199): 1677-1690.
[79] Wang P, Liu F C, Li J. Analysis and optimization of gear skiving parameters regarding interference and theoretical machining deviation based on chaos map [J]. The International Journal of Advanced Manufacturing Technology, 2021, 112 (7-8): 2161-2175.
[80] 蔡安江，张华，李玲，等．非等边剃齿刀的齿形设计 [J]. 机械工程学报，2018，54 (19): 34-40.
[81] 黄超．面向大平面磨削的修形渐开螺旋面的几何特性研究 [D]. 重庆：重庆大学，2012.
[82] 肖望强，李威，韩建友，等．非对称齿廓齿轮弯曲疲劳强度理论分析与试验 [J]. 机械工程学报，2008，44 (10): 44-50.
[83] 肖望强，段东平，李威，等．双压力角非对称齿轮的接触分析 [J]. 农业机械学报，2010，41 (8): 199-205.
[84] 林超，龚海，侯玉杰．偏心-高阶椭圆锥齿轮副设计与传动特性分析 [J]. 农业机械学报，2011，42 (11): 214-221.

第 2 章　剃齿啮合接触

2.1　概　　述

剃齿过程是无侧隙啮合接触状态，通过依次推导剃齿过程的啮合线方程、接触线方程、接触轨迹方程，可得到剃齿过程啮合接触点数及其分布规律，实现对剃齿过程的解析研究。

2.1.1　齿轮齿面接触的研究

剃齿加工从原理上是两个螺旋齿轮的相互啮合过程，剃齿时剃齿刀与工件齿轮之间的相互接触也可以视为螺旋齿轮齿面间的相互接触，螺旋齿面间的相互接触一般可视为有限长圆柱接触变形，该理论自 1966 年被提出后，现已发展形成几种常用的齿面接触分析方法。针对齿轮接触问题，国内外有很多学者开展了卓有成效的研究。

1. 齿面接触分析技术

齿面接触分析（Tooth Contact Analysis，TCA）技术是通过借助于计算机的一种虚拟滚检技术，是没有考虑热变形、机床误差、加工误差及齿轮副载荷等条件的理想状态下齿轮齿面的接触痕迹。TCA 技术可以预控齿轮的接触迹线，缩短新产品的研发周期，降低企业开发成本。1882 年，Herzt 提出把弹性圆柱体接触表面视为二次曲面，再分析其变形和接触问题。现在大部分齿轮接触应力求解还是以 Herzt 理论为基础，并引入相关系数优化满足工程需求。在此基础上，Gleason 公司在 1978 年提出齿面接触分析技术（TCA 技术），模拟理论螺旋锥齿轮齿面在各种安装位置下，零负载时的齿面接触质量。随后，久保爱三[1]在 TCA 技术的基础上研究了圆柱齿轮的加载接触分析（Loaded Tooth Contact Analysis，LTCA）技术，模型考虑了齿面加工误差、接触和弯曲刚度、接触位置等，计算了多齿接触时接触线上的载荷分布、静态传动误差等。为了更加准确地反映齿面啮合的真实情况，在 LTCA 技术基础上提出了 RTCA（Real Tooth Contact Analysis）技术，如 Zhang 等[2]基于坐标测量转双曲面齿轮的法向误差，叠加理论齿轮齿面来表达真实齿面。Litvin 教授[3-6]是研究 TCA

技术成果最丰富的齿轮专家，提出的局部综合法等方法完善了齿面接触设计 TCA 技术，使得 TCA 技术能够普遍应用于不同齿轮啮合。

国内对 TCA 技术研究比较晚，但是发展很快。重庆大学的郑昌启教授[7]基于局部共轭理论推导了螺旋锥齿轮 TCA 技术的计算公式。西安交通大学的王小椿教授、吴序堂教授[8]、上海工程技术大学的吴训成教授等[9-10]提出了螺旋锥齿轮主动设计方法。西北工业大学的方宗德教授[11-12]对 LTCA 技术开展了大量、全面的研究，取得了丰富的成果，提出了基于有限元柔度矩阵对接触的 LTCA 数值方法，考虑变形协调、非嵌入条件等将轮齿受力问题转化为求解齿面离散点的力学平衡问题，通过非线性规划获得了齿面载荷分布及轮齿弹性变形。西北工业大学的赵宁教授[13]在 LTCA 技术的基础上构造了不完全三次多项式插值函数，完善了直齿面齿轮模型的柔度系数插值，实现了直齿面齿轮的 LTCA 方法。中南大学的唐进元教授等[14]以多体系统误差建模理论为基础提出了齿面误差接触分析（ETCA）技术，并以 SGM 法加工锥齿轮为例，得到了机床运动误差和安装误差对齿面加工质量影响的定量关系，对比 TCA 技术可知，ETCA 技术的分析结果对指导加工更为合理。

2. 有限元法在齿轮齿面接触研究的应用

齿面间的接触具有极其复杂的非线性行为，其计算方法主要有边界元法、数学规划法和有限元法，其中有限元法是目前分析接触问题最有效的方法之一。随着计算机技术的发展，齿面接触分析仿真已普遍应用在各种齿轮研究中，使得齿轮 TCA 技术进一步发展。Kubo[15]和 Gosselin[16]在 Gleason 公司的基础上，结合了有限元法、Herzt 理论建立 LTCA 模型，并分析了重合度对齿轮传动误差的影响。CELIK[17]通过构建三齿模型和全齿模型，考虑了齿廓修形、接触变形、摩擦效应、边界条件、键槽效应及载荷分配等因素对齿轮啮合的影响，比较了二者的 Mises 应力、啮合变形以及拉压应变，试验验证了二者的模型结果相差不大，可用三齿模型代替全齿模型。

在国外学者的基础上，国内学者应用有限元法在齿轮分析上作了大量的工作。重庆大学的李润方教授[18]综合轮齿接触分析及三维有限元分析编写了三维接触数值分析软件。清华大学的黄昌华教授等[19-20]先后构建了不同因素影响下的 TCA 和 LTCA 模型，应用有限元法研究了齿轮齿面接触特性。河南科技大学的邓效忠教授[21]应用有限元法研究了高重合度弧齿锥齿轮齿面设计的啮合性能。华中科技大学的王延忠教授[22]结合可靠性理论与有限元法，研究了含制造误差的 LTCA 方法。辽宁科技大学的李昌教授[23]通过响应面法对齿轮接触应力的可靠性灵敏度进行了分析，并用有限元计算验证了接触应力，得出了各个参数原始制造误差对齿轮接触应力的影响程度。中南大学的唐进元教授[24-25]通过对比有限元方法和 Herzt 理论的计算结果，提出了计算接触应力应变的有限元网格密度的确定方法，并研究了螺旋锥齿轮的啮合刚度。上海理工大学的汪中厚教授[26]建立了基于数字化真实齿面模型，计算了大小轮啮合的接触轨迹与接触斑点，并与 TCA 计算结果相比较，定性地分析了该计算方法能有效反映齿面实际啮合情况。

3. 分形理论在齿轮齿面接触研究的应用

虽然 LTCA 技术引入的边缘接触分析理论，较好地克服了 TCA 技术的不足，但是在两个以上的轮齿啮合时，啮合齿面压力分配及齿面变形大小等问题无法得到解决，需要结合材料力学的莫尔能量法、弹性力学、有限元柔度矩阵法等进一步求解。为了弥补上述不足，国内外学者将分形理论引入齿轮的接触强度分析中。随着分形理论的发展，对齿轮啮合的研究也从微观角度上阐述了两圆柱体的接触作用，使得齿轮接触理论更加深入。

分形理论用于接触强度分析主要通过 M-B（Majumdar-Bhushan）分形接触模型实现。合肥工业大学的陈奇教授[27-28]利用分形理论模拟粗糙表面研究了接触面的变形性质，得出了单个微凸体的半径与分形维数、接触面积的关系，应用 Hertz 弹性接触理论得出了单个微凸体的载荷与微凸体的半径及接触面积的关系，建立了单个微凸体载荷与分形维数 D 之间的关系，并用“岛屿面积分布理论”求出了接触面积分布函数 $n(a)$，用接触面积分布函数 $n(a)$ 和单个微凸体载荷公式推导出粗糙表面的接触载荷公式，即接触载荷与真实接触面积的关系，并通过该关系求出了在一定载荷下的真实接触面积，从而得到了此时的接触应力。四川大学的侯力教授[29]构建了圆弧齿轮的分形接触模型，采用修正系数建立新的微凸体分布函数讨论了载荷、分形维数、特征尺度及摩擦因数对真实接触面积的影响，并用 AWE 分析验证了该模型的正确性。合肥工业大学的赵韩教授[30]在前期研究成果的基础上，对法向接触刚度分形模型进行了合理的扩充，建立了两圆柱体结合面的法向接触刚度模型，探究了平面接触模型和两圆柱体接触模型，两圆柱体内外接触模型对接触表面的法向刚度的关系反映了分形维数、表面粗糙度幅值、材料特性参数和圆柱体半径对法向接触刚度的影响。

基于分形理论的齿轮齿面接触强度研究，将分形理论与传统接触理论有机结合，既保持了原有传统接触理论的优点，又将现代分形理论应用于接触应力计算，通过对现有齿轮进行了合理和准确的承载能力分析，进而为齿轮的优化设计提供了新的理论基础。

2.1.2 接触变形对剃齿齿形中凹误差影响的研究

剃齿时，工件齿轮齿面的接触变形是影响剃齿齿形中凹误差的重要因素。

众多学者作了比较深入的探索与研究。上海第二工业大学的王国兴教授等[31]通过分析、计算负变位剃齿刀在小啮合角剃齿时的工件齿轮齿面的弹塑性变形，阐述了负变位剃齿时工件齿轮齿形的成形规律，揭示了塑性变形系数与啮合刚度对负变位剃齿时工件齿轮齿形成形的影响。太原理工大学的吕明教授等[32]将剃齿刀和工件齿轮抽象简化为力学模型，分析了其受力状态，运用三维有限单元法计算了各节点的弯曲变形量，并计算了各瞬态啮合点的接触变形，定量描述了被剃齿轮齿形的中凹误差。重庆大学的梁锡昌教授等[33]研究归纳了剃齿时剃齿刀与工件齿轮接触点数的啮合规律，运用有限元法仿真了接触点处的接触变形，为深入探索工件齿轮齿面实际的切削量与其接触变形之间的关系提供了途径。国外的 N. Shimpei 等[34]用数值分析的方法求解了工件齿轮轮齿的变形量。

剃齿过程中不同啮合点间的切削力变化和剃齿接触变形有密切关系。剃齿时工件齿轮齿面的接触变形是影响剃齿齿形中凹误差的重要因素。

2.2　剃齿啮合接触状态分析

2.2.1　剃齿啮合接触点数的确定

剃齿时，工件齿轮要建立简化的啮合齿廓模型，首先要确定接触点的个数和位置，以便建立静力学方程组，求解不同接触点上所承受的载荷，因此，根据剃齿啮合关系式以及剃齿啮合线方程，对剃齿啮合截面上的接触点数和位置进行必要的分析。

在节圆 P 点处分别作与剃齿刀和工件齿轮基圆柱 r_{b1}、r_{b2} 相切的平面 V_1 和 V_2；N_1N_2 是剃齿刀和工件齿轮的共有啮合线，如图 2.1（a）所示。

理论上的啮合线 N_1N_2 可由下式进行求解：

$$N_1N_2 = PN_1 + PN_2 = \frac{\sqrt{r_1'^2 - r_{b1}^2}}{\cos\beta_{b1}} + \frac{\sqrt{r_2'^2 - r_{b2}^2}}{\cos\beta_{b2}} \tag{2.1}$$

式中：r_1'、r_2' 分别是剃齿刀和工件齿轮的节圆半径。

剃齿刀和工件齿轮的齿顶圆直径决定了实际啮合线 K_1K_2 的啮入点和啮出点，如图 2.1（b）所示。

$$K_1K_2 = N_1K_1 + N_2K_2 - N_1N_2 = \frac{\sqrt{r_{a1}^2 - r_{b1}^2}}{\cos\beta_{b1}} + \frac{\sqrt{r_{a2}^2 - r_{b2}^2}}{\cos\beta_{b2}} - \frac{\sqrt{r_1'^2 - r_{b1}^2}}{\cos\beta_{b1}} - \frac{\sqrt{r_2'^2 - r_{b2}^2}}{\cos\beta_{b2}} \tag{2.2}$$

式中：r_{a1}、r_{a2} 分别是剃齿刀和工件齿轮的齿顶圆半径。

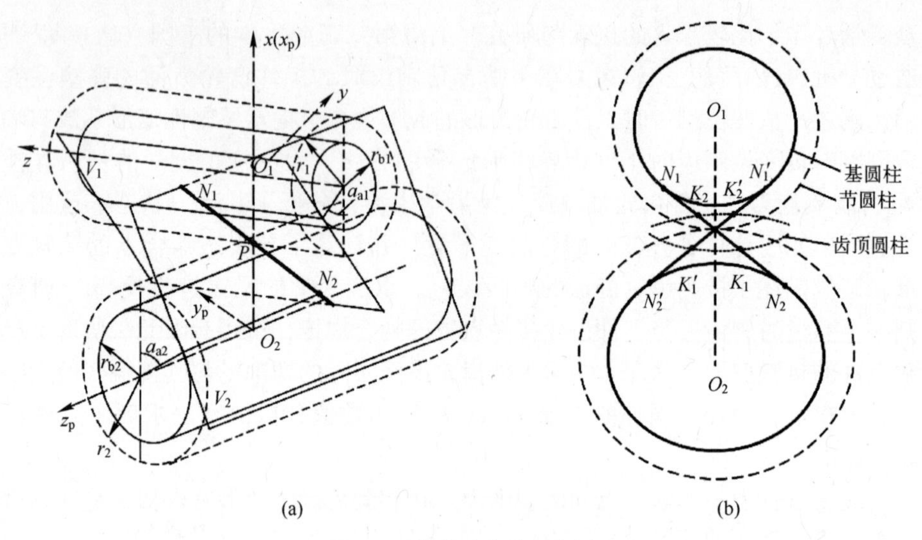

图 2.1　剃齿啮合线示意图

轴向剃齿加工为点接触，其端面重合度、轴向重合度及总重合度是相同的，即为实际上的啮合线长 K_1K_2 与法向基圆齿距 P_{bn} 的比值。

$$\varepsilon_n = K_1K_2 / P_{bn} \tag{2.3}$$

分析剃齿任意时刻接触点数时，必须确定剃齿啮合极限位置的转角，即考虑四个啮合极限位置 K_1、K_2 和 K'_1、K'_2 的情况，如图 2.2 所示。设当啮合点由初始位置转动到 K_2 点时，转角为 φ_{02}，当啮合点由初始位置转动到 K_1 点时，转

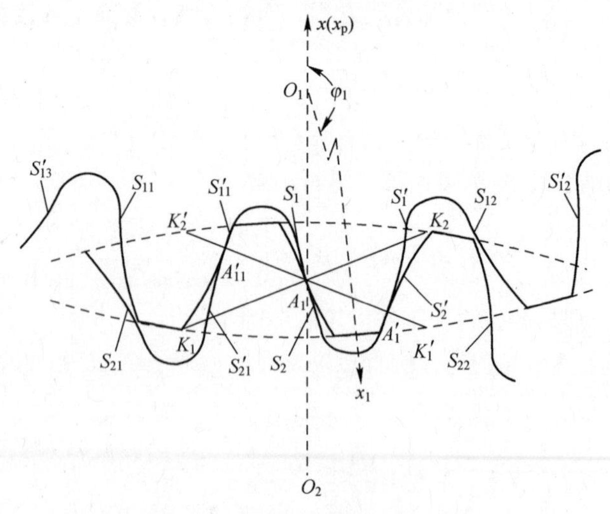

图 2.2　剃齿过程接触状态示意图

角为 φ_{01}；当啮合点由初始位置转动到 K_1'点时，转角为 φ_{01}'，当啮合点由初始位置转动到 K_2'点时，转角为 φ_{02}'。由文献［35］知，若已知展角 θ_1，则 $\boldsymbol{\lambda}_1$ 与 φ_1均可求。

剃齿刀一侧齿面 S_1在 K_2点处啮入，在 K_1点处啮出，如图 2.2 所示，K_1点处的展角 θ_{K1}为

$$\theta_{K1}=\frac{\sqrt{r_{a1}^2-r_{b1}^2}}{r_{b1}} \tag{2.4}$$

通过剃齿过程中的啮合线 N_1K_2，可求解 K_2点处的展角 θ_{K2}：

$$\begin{cases} N_1K_2=\dfrac{\sqrt{r_1'^2-r_{b1}^2}}{\cos\beta_{b1}}+\dfrac{\sqrt{r_2'^2-r_{b2}^2}}{\cos\beta_{b2}}-\dfrac{\sqrt{r_{a2}^2-r_{b2}^2}}{\cos\beta_{b2}} \\ \theta_{K2}=\dfrac{N_1K_2\cos\beta_{b1}}{r_{b1}} \end{cases} \tag{2.5}$$

同理可求 K_1'、K_2'点处的展角，则四个转角 φ_{01}、φ_{02}、φ_{01}'、φ_{02}'的值可求解得出。

工件齿轮的接触载荷及变形求解时，则可选取齿面 S_1从啮入点 K_2处直到啮出点 K_1处的啮合转动过程为例进行分析，其他过程类似，此过程中接触点数的判断如下：

取实际啮合线 K_1K_2上的任意点 A_1，K_2点为其啮合的初始位置。当啮合点由 K_2啮合转动到 A_1点时，此过程剃齿刀转动的角度记为 φ_1，则 $\varphi_1\in[\varphi_{02},\varphi_{01}]$。

取 φ_1为区间$[\varphi_{02},\varphi_{01}]$的任意角度，如图 2.2 所示，分别分析六个剃齿刀齿面 S_1、S_{11}、S_{12}、S_1'、S_{11}'、S_{12}'的啮合状态，得出如下结论：

剃齿刀齿面 S_1的啮合状态：因为 $\varphi_1\in[\varphi_{02},\varphi_{01}]$，故剃齿刀该侧齿面 S_1上必定有接触点；

剃齿刀齿面 S_{11}的啮合状态：剃齿刀面 S_1顺时针转动角 $2\pi/z_1$后与剃齿刀齿面 S_{11}重合，因此，若 $\varphi_1+2\pi/z_1\in[\varphi_{02},\varphi_{01}]$，则剃齿刀该侧齿面 S_{11}上有接触点；

剃齿刀齿面 S_{12}的啮合状态：同理，若 $\varphi_1-2\pi/z_1\in[\varphi_{02},\varphi_{01}]$，则剃齿刀齿面 S_{12}上有接触点；

剃齿刀齿面 S_1'的啮合状态：若 $\varphi_1\in[\varphi_{01}',\varphi_{02}']$，则剃齿刀齿面 S_1'上有接触点；

剃齿刀齿面 S_{11}'的啮合状态：若 $\varphi_1+2\pi/z_1\in[\varphi_{01}',\varphi_{02}']$，则剃齿刀齿面 S_{11}'上有接触点；

剃齿刀齿面 S'_{12} 的啮合状态：若 $\varphi_1 - 2\pi/z_1 \in [\varphi'_{01}, \varphi'_{02}]$，则剃齿刀齿面 S'_{12} 上有接触点。

基于以上理论，大量实例计算可得，剃齿刀与工件齿轮齿面间接触点数在2、3、4之间大致呈现 3—4—3—2—3—4 的循环变化，而两点接触的位置多分布于工件齿轮齿面节圆附近，可称为单齿啮合区，而三、四点接触多发生于工件齿轮齿顶和齿根附近，可称为双齿啮合区，如图 2.3 所示。剃齿加工时，剃齿刀与工件齿轮两轴间的径向力理论上是不变的，但实际剃齿加工中剃齿刀与工件齿轮同时参与啮合的齿面对数却是不断变化的，因此，单齿啮合区中的啮合剃齿刀与工件齿轮齿面间的压力和挤压强度明显远大于比双齿啮合区中的啮合剃齿刀与工件齿轮齿面间的压力和挤压强度，这就使得剃齿刀在工件齿轮齿面节圆附近压切深度比较大，以致剃齿刀在该处多切削了一部分工件齿轮齿面的金属材料，造成剃齿齿形中凹误差。

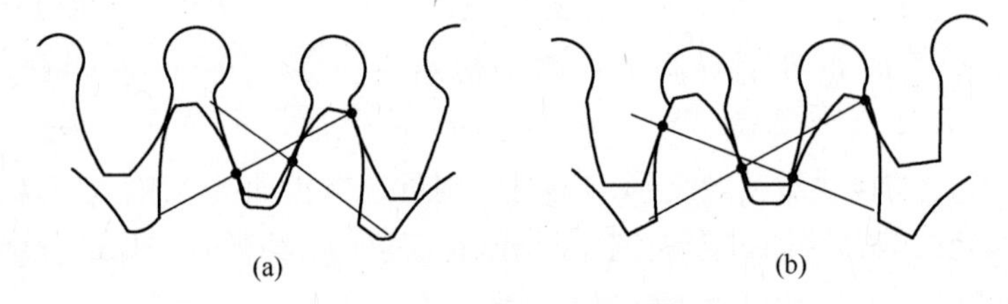

图 2.3　接触点分布示意图

剃齿加工时，剃齿刀与工件齿轮互相啮合，剃齿刀带动工件齿轮转动，随着径向力的加大，工件齿轮实现剃削加工。如果忽略工件齿轮的角加速度，则总接触力的切向分量在左、右两侧相等，总接触力的径向分量等于径向预紧力 $P\left(P = \sum_{1,2} F_i \sin\alpha_{on}\right)$，如图 2.4 所示。当左、右两侧的接触点对等时，由于 $F_1\cos\alpha_{on} = F_3\cos\alpha_{on} = F_2\cos\alpha_{on} = F_4\cos\alpha_{on}$，因此在每一个接触点的接触力几乎是相同的。在这种情况下，接触点的总数是偶数，如图 2.4（a）所示。如果在右侧面的接触点的数量和左侧面不相等，则总接触点的个数为奇数，此时，较少接触点侧面的接触力大于较多接触点侧面的接触力，且 $F_2\cos\alpha_{on} = F_1\cos\alpha_{on} + F_3\cos\alpha_{on} = 2F_1\cos\alpha_{on}$，如图 2.4（b）所示，则这种不平衡的接触力会导致工件齿轮齿面上不相同的切削深度，进而导致工件齿轮的齿形中凹误差。

2.2.2　剃齿啮合接触点上载荷的确定

剃齿加工时，剃齿刀与工件齿轮齿面间接触点数是不断变化的，因此有必要分析每个瞬时接触点的受力情况，以便求解分析该瞬时工件齿轮面接触点上的载荷。

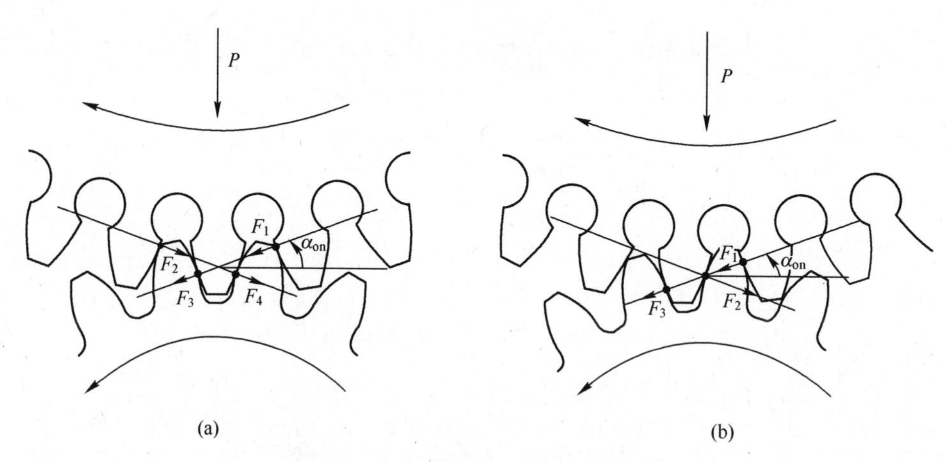

图 2.4　不同接触点受力分析示意图

众所周知，在重合度小于 2 的情况下剃齿时所产生的剃齿齿形中凹误差比较明显，因此需要重点分析重合度小于 2 的情况下的剃齿刀与工件齿轮接触点受力情况，即分析总接触点个数 $M \in [2,4]$的情况。

图 2.5（a）所示，该啮合状态下剃齿刀与工件齿轮存在两个接触点数，欲求解 F_1、F_2，仅需建立两个静力学方程。从静力学角度来求解，可知$\sum F_x=0$，$\sum F_y=0$，从而建立方程组

$$\begin{cases} F_1\cos\alpha_y = F_2\cos\alpha_y \\ F_1\cos\alpha_x + F_2\cos\alpha_x = F_r \end{cases} \tag{2.6}$$

式中：α_x、α_y 分别为 F_1、F_2 与固定坐标系 $O-xyz$ 下 x 轴、y 轴的夹角；F_r 为剃齿轴间径向力。

图 2.5（b）所示，该啮合状态下剃齿刀与工件齿轮存在三个接触点时，类似地有$\sum F_x=0$，$\sum F_y=0$，$\sum M=0$，建立方程组

$$\begin{cases} F_1\cos\alpha_x + F_2\cos\alpha_x + F_3\cos\alpha_x = F_r \\ F_1\cos\alpha_y + F_2\cos\alpha_y = F_3\cos\alpha_y \\ F_1\cos\alpha_y L_1 + F_2\cos\alpha_y L_2 = F_3\cos\alpha_y L_3 \end{cases} \tag{2.7}$$

图 2.5（c）所示，该啮合状态下剃齿刀与工件齿轮存在四个总接触点时，有$\sum F_x=0$，$\sum F_y=0$，$\sum M=0$，同理可以建立联立的三个静力学方程，但若想求解出 F_1、F_2、F_3、F_4，需要有第四个方程。对于这样的超静定问题，一般的求解方法是添加一个变形协调条件。这里添加的条件是使沿剃齿刀两侧齿面上的两条啮合线上的工件齿轮齿面的接触变形量之和相等。若 F_1、F_2、F_3、F_4 所产生的变形量分别为 δ_{e1}、δ_{e2}、δ_{e3}、δ_{e4}，则有 $\delta_{e1}+\delta_{e2}=\delta_{e3}+\delta_{e4}$，建立方程组

$$\begin{cases} F_1\cos\alpha_x+F_2\cos\alpha_x+F_3\cos\alpha_x+F_4\cos\alpha_x=F_r \\ F_1\cos\alpha_y+F_2\cos\alpha_y=F_3\cos\alpha_y+F_4\cos\alpha_y \\ F_1\cos\alpha_y L_1+F_2\cos\alpha_y L_2=F_3\cos\alpha_y L_3+F_4\cos\alpha_y L_4 \\ \delta_{e1}+\delta_{e2}=\delta_{e3}+\delta_{e4} \end{cases} \tag{2.8}$$

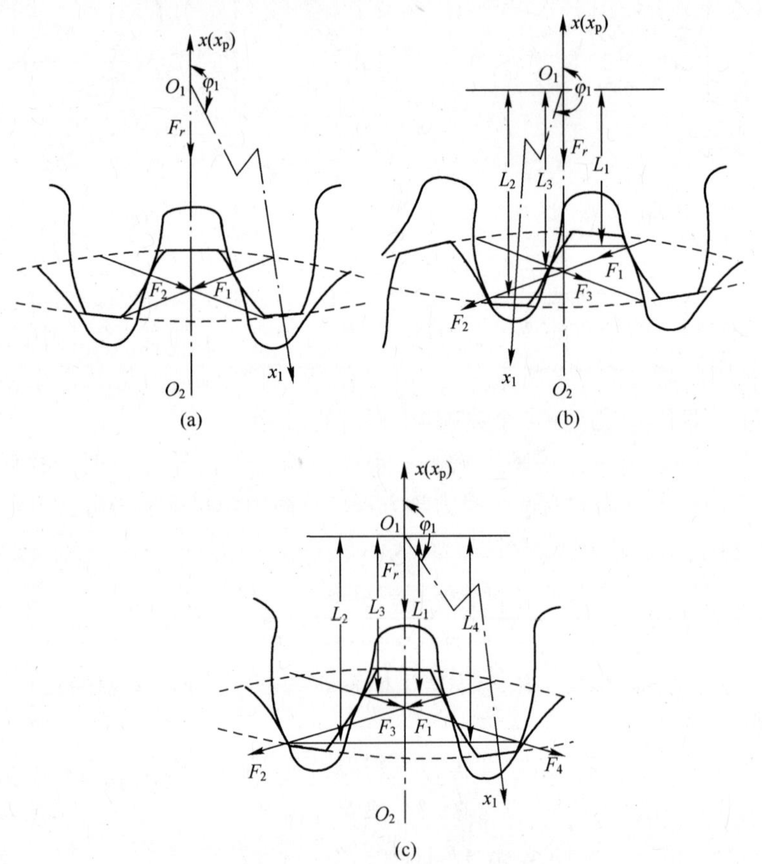

图 2.5 不同接触点的受力图

求解剃齿时剃齿刀与工件齿轮齿面间各接触点处的载荷，即可求解工件齿轮齿面各接触点处的接触变形。此方法虽不足够精确，但可以得出剃齿加工时剃齿刀与工件齿轮齿面间挤压力的分布状况及大小范围，得出结论：剃齿加工时，剃齿刀与工件齿轮的接触齿面间的挤压力范围大致为 $1700\text{N}\leqslant N\leqslant 2500\text{N}$；在工件齿轮某一个轮齿的一侧齿面齿顶啮入该侧齿面齿根啮出的过程中，该齿一侧齿顶齿面附近所受挤压力越来越小，啮合到齿面节圆时，所受齿面挤压力最大，到该侧齿面齿根啮出前后，该侧齿面挤压力又逐渐变小，直至该侧齿面完全啮出。

2.3　剃齿啮合接触变形分析

剃齿加工过程中的变形问题比较复杂，既有工件齿轮的齿形弯曲变形，又有剃齿齿形中凹误差区域的接触弹塑性变形，它们都是影响剃齿齿形中凹误差的重要因素。

2.3.1　工件齿轮齿面接触应力的分析

1. 赫兹接触应力

1882 年，Hertz 在其著作《弹性接触问题》一书中，就系统阐述了两物体间的弹性接触问题，并提出了经典的 Hertz 弹性接触理论，后来 Buossinegs 等进一步发展和完善了这一经典理论。西北工业大学的田锡天教授等[36]指出，对于工程实际中形状简单、接触面规整的弹性接触问题，可以用 Hertz 公式计算弹性接触部件的最大接触应力和应变。

弹性接触问题大致分为有摩擦接触和无摩擦接触两种。有摩擦接触时，摩擦系数大于零，当切向力加大到其临界值时，两接触部件表面出现滑动的情况，因此，切向力则与载荷加载路径有关，此过程是一个不可逆的变化过程。无摩擦接触时，摩擦系数等于零，切向力与载荷加载路径无关，仅与当前所受载荷的状态有关，此过程为可逆变化过程。赫兹公式仅适用于无摩擦的弹性接触问题，所以，它只能计算接触部件间的法向应力。虽然有这些假设与限制，但因其公式简单和方便有效，在分析与计算某些典型的接触问题时还是会被经常使用。剃齿加工时的啮合接触理论上可以简单视为无摩擦的弹性接触。

西南交通大学的廖海平教授等[37]基于 Hertz 接触理论和齿轮局部坐标下的弹塑性接触模型，分析了直齿圆柱齿轮啮合过程中的弹性接触应力、残余应力及弹塑性接触应力，研究认为：当压力 P 沿 z 轴加载将两曲面接触并压紧时，在最开始的接触点的附近，材料将会发生局部的弹性变形，在接触点上产生微小的椭圆形平面，该椭圆的长半轴 a 在 x 轴上，短半轴 b 在 y 轴上。椭圆接触面上各点处的单位压力与接触部件材料的变形量有关，其 z 轴上的变形量大，最大的单位压力 P_0发生在 z 轴上。接触面上其他各点处的 P_0沿着椭圆球呈规律性分布。其方程为

$$\frac{p^2}{p_0}+\frac{x^2}{a^2}+\frac{y^2}{b^2}=1 \tag{2.9}$$

单位压力：

$$p=p_0\sqrt{1-\frac{x^2}{a^2}-\frac{y^2}{b^2}} \tag{2.10}$$

总压力：

$$p_{\text{sum}}=\int p\mathrm{d}F \tag{2.11}$$

$\int \mathrm{d}F$ 从几何意义上来讲其相当于半椭球的体积，故

$$p_{\text{sum}}=\frac{2\pi abP_0}{3} \tag{2.12}$$

可称最大的单位压力 P_0 为接触应力 σ_{H}，故此

$$\sigma_{\text{H}}=P_0=\frac{3P_{\text{sum}}}{2\pi ab} \tag{2.13}$$

式中：a、b 分别是该接触椭圆面的长、短半轴，其大小与两个接触部件表面的形状和材料属性有关。

由于工件齿轮的轮齿接触为线接触，轮齿的初始接触应力值一般总是大于齿轮材料的弹性极限值，因此工件齿轮齿面在初始啮合阶段将会发生微小的塑性变形。随着初始啮合阶段齿面塑性变形的发生，轮齿的接触情况将得到改善，接触应力将趋于稳定并稍微减小，工件齿轮内部将产生相应的残余应力，残余应力的产生有利于提高工件齿轮的疲劳强度。

工件齿轮长期工作在低速重载以及频繁启动等状态时，传递的扭矩较大，此时其齿面的接触应力也较大，容易形成齿面塑性变形失效。判断齿面塑性变形的许用值应选取齿轮材料的安定极限值，其比相应的弹性极限值提高约50%。大部分工件齿轮处于弹塑性工作状态，因此在齿轮接触计算中采用弹塑性接触理论更加符合实际工作情况。

2. 工件齿轮的弹性接触应力

剃齿接触变形区域的接触弹塑性变形是影响剃齿齿形中凹误差的重要因素，而弹塑性应力分析是分析其接触区域弹塑性变形的重要基础。由于工件齿轮的轮齿轴向尺寸比其轮齿齿顶高和齿厚的尺寸大得多，且工件齿轮轴向方向不受约束，因此剃齿刀与工件齿轮在啮合线上的接触理论上虽是点接触，但实际剃削加工时，有接触变形的存在且剃齿刀刃要压切进工件齿轮齿面一定深度才能完成切削加工，实际上剃齿刀与工件齿轮的啮合接触并非点接触，而是在工件齿轮齿廓表面微小面积上的面接触，因此可以将剃齿加工中的啮合点处的接触简化为端面二维接触模型，即平面应变问题，如图 2.6 所示。

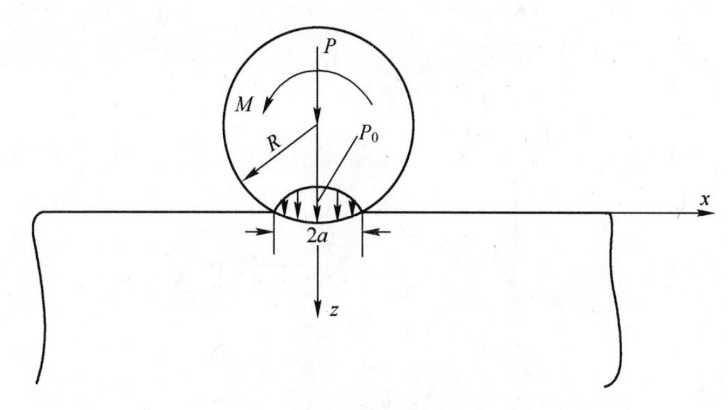

图 2.6　圆柱接触坐标示意图

根据 Hertz 接触理论，可得到剃齿加工过程中接触区域的法向载荷，即

$$p(x)=p_0\sqrt{1-\frac{x^2}{a^2}} \tag{2.14}$$

式中：a 为接触区域端面半宽，且

$$a=\sqrt{\frac{4p}{\pi}\left(\frac{1}{r_1}+\frac{1}{r_2}\right)^{-1}\left(\frac{1-v_1^2}{E_1}+\frac{1-v_2^2}{E_2}\right)} \tag{2.15}$$

$$p_0=\sqrt{\frac{pE_v}{2\pi aR}} \tag{2.16}$$

$$\frac{1}{R}=\frac{1}{r_1}+\frac{1}{r_2} \tag{2.17}$$

$$\frac{1}{E_v}=\frac{(1-v_1^2)}{E_1}+\frac{(1-v_2^2)}{E_2} \tag{2.18}$$

式中：r_1、r_2为两接触体在接触区域的曲率半径；E_1、E_2和 v_1、v_2分别为剃齿刀和工件齿轮的弹性模量和泊松比；p 为接触区域的法向总载荷，最大单位压力 p_0即工件齿轮的表面接触应力。工件齿轮齿面接触区域的载荷分布状态可由式（2.14）计算得出。

在整个剃齿加工啮合过程中，由于剃齿刀的刀齿比工件齿轮的轮齿硬得多，切削时，剃齿刀的刀齿势必嵌入工件齿轮齿面，工件齿轮齿面的接触变形比剃齿刀齿面的变形要大得多，因此，可忽略剃齿刀变形，只考虑工件齿轮的接触变形，可将剃齿刀视为刚体，而将工件齿轮视为柔性体，但对工件齿轮不考虑其他诸如弯矩、润滑及温度等因素对接触应力的影响。建立如图 2.7 所示的坐标系，分析工件齿轮接触区内部的应力，在工件齿轮接触界面上，$\sigma_x=\sigma_z=-p(x)$，而在接触区外，由圣维南原理可知，其表面的应力分量均为零。

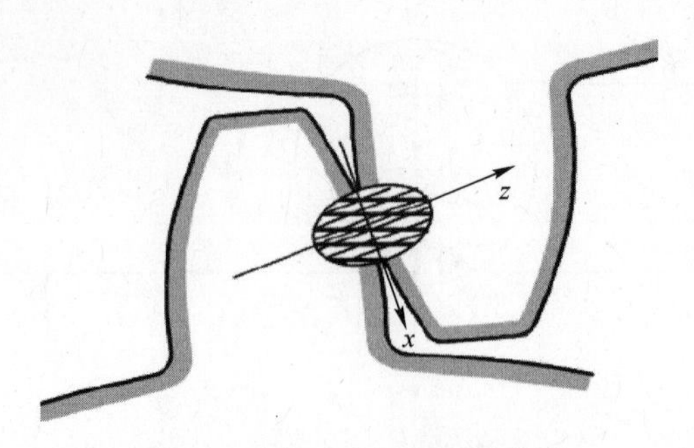

图 2.7　接触应力坐标系示意图

工件齿轮的轮齿内部各主应力为

$$\begin{cases}\sigma_x=-\dfrac{p_0}{a}\left[m\left(1+\dfrac{z^2+n^2}{m^2+n^2}\right)-2z\right]\\ \sigma_z=-\dfrac{p_0}{a}m\left[1-\dfrac{z^2+n^2}{m^2+n^2}\right]\\ \tau_{zx}=\dfrac{p_0}{a}n\left[\dfrac{m^2-z^2}{m^2+n^2}\right]\end{cases}\tag{2.19}$$

式中：σ、τ 是相对应的主应力与剪应力；m、n 是与 x、z、a 有关的参数，

$$\begin{cases}m^2=\dfrac{1}{2}\{[(a^2-x^2+z^2)+4x^2z^2]^{1/2}+(a^2-x^2+z^2)\}\\ n^2=\dfrac{1}{2}\{[(a^2-x^2+z^2)+4x^2z^2]^{1/2}-(a^2-x^2+z^2)\}\end{cases}\tag{2.20}$$

通过式（2.15）~式（2.20）可以求解得出剃齿加工过程中不同啮合点处的工件齿轮齿面表层的弹性应力分布状态，为划分工件齿轮的齿面弹性变形和塑性变形的理论判据提供依据。

3. 工件齿轮轮齿的弹性极限

Johnson 给出了圆柱体在半无限大平面里的残余应力分布情况，即

$$\begin{cases}\sigma_{rx}=f_1(z),\sigma_{ry}=f_2(z)\\ \sigma_{rz}=\tau_{rxz}=\tau_{rzy}=\tau_{ryz}\end{cases}\tag{2.21}$$

$$\begin{cases}\varepsilon_{rz}=f_3(z)\\ \gamma_{rxz}=f_4(z)\\ \varepsilon_{rx}=\varepsilon_{ry}=\gamma_{rzy}=\gamma_{ryx}=0\end{cases}\tag{2.22}$$

式中：ε 和 γ 是线应变和角应变；下标 r 是相应的残余应力或残余应变。

当工件齿轮轮齿表面附近产生了塑性变形之后，再进行啮合剃削时，工件

齿轮轮齿由塑性变形产生的残余应力和接触挤压力产生的接触应力就会叠加，因此工件齿轮的啮合接触点处的弹塑性接触状态的主应力为

$$\begin{cases}\sigma_1=\frac{1}{2}(\sigma_x+\sigma_{rx}+\sigma_z)+\frac{1}{2}\{[\sigma_x+(\sigma_{rx}-\sigma_z)]^2+4\tau_{zx}^2\}^{1/2}\\ \sigma_2=\frac{1}{2}(\sigma_x+\sigma_{rx}+\sigma_z)-\frac{1}{2}\{[\sigma_x+(\sigma_{rx}-\sigma_z)]^2+4\tau_{zx}^2\}^{1/2}\\ \sigma_3=v(\sigma_x+\sigma_{rx}+\sigma_z)+\sigma_{ry}\end{cases} \tag{2.23}$$

剃齿加工时，剃齿刀与工件齿轮齿面间的点接触，由于工件齿轮的齿面弹性变形，可以被认为是 Hertz 理论面接触，但齿面接触区域面积很小，一般认为在局部坐标下的工件齿轮轮齿的接触区域残余应力符合 Johnson 的假设，因此，工件齿轮轮齿接触区局部坐标下由塑性变形产生的残余应力应变可由式（2.21）、式（2.22）和式（2.23）求得。

剃齿过程的每次啮合剃削，剃齿刀与工件齿轮啮合齿面间挤压力超过工件齿轮材料的弹性极限时，工件齿轮齿面就会发生微小的塑性变形，卸载后，工件齿轮轮齿内部会出现残余的应力和应变。工件齿轮齿面有了首次残余应力应变后，再多次进行啮合剃削，残余应力应变就会积累叠加，这也会对剃齿齿形中凹误差产生一定影响，以式（2.21）、式（2.22）和式（2.23）为基础，可进一步定量研究残余塑性应力应变对剃齿中凹误差的影响规律。

由弹塑性力学理论可知，对于单向拉压，当最大剪应力达到极限值 k 时，材料将发生屈服，产生塑性变形。剃齿加工过程中的齿面接触，可以被看作平面应力应变状态，工件齿轮接触区轮齿内部各点的最大剪应力可以用三向摩尔应力圆的半径表示：

$$\tau_{\max}=\left[\left(\frac{\sigma_x-\sigma_z}{2}\right)^2+\tau_{zx}^2\right]^{1/2} \tag{2.24}$$

通过求解工件齿轮齿面接触区轮齿内部各点的最大剪应力，可得知 $\tau_{\max}$ 的最大值在轮齿接触表面下方 $0.7a$ 处，且随着齿面间挤压力的增大，当 $p_0=3.1k$ 时，该点的 $\tau_{\max}$ 将达到 k 值，此时的 k 值是纯剪切时的屈服应力。由屈雷斯卡（Tresca）屈服条件即第三强度理论有

$$\tau_{\max}=\frac{\sigma_1-\sigma_3}{2}=k=\frac{\sigma_s}{2} \tag{2.25}$$

式中：σ_s 为工件齿轮的单向拉伸屈服极限。

由式（2.24）、式（2.25）联立可解得齿轮材料的弹性极限

$$p_e=\frac{3.1}{2}\sigma_s \tag{2.26}$$

由式（2.26）可知，工件齿轮材料的弹性极限状态下的应力是材料简单拉伸屈服极限应力的1.6倍。

剃齿加工过程中，剃齿刀与工件齿轮啮合齿面间的挤压力会造成工件齿轮轮齿表面下方约0.7a处的弹性应力达到工件齿轮材料的弹性极限，工件齿轮该齿表面层就会产生塑性变形。剃齿加工过程中接触点数变化和齿面间挤压力的变化定性分析得知，工件齿轮齿面节圆附近受到的挤压力和挤压强度都是最大的，因此，工件齿轮在节圆附近的齿面最有可能产生塑性变形，即产生和影响剃齿齿形中凹误差。

4. 实验验证

某齿轮制造企业在剃齿加工中，剃齿刀和工件齿轮基本参数见表2.1，工件直齿轮材料采用20CrMnTi低碳合金钢，渗碳处理，屈服强度σ_s=685.0MPa。

表2.1　剃齿刀和工件齿轮基本参数

	剃　齿　刀	工件齿轮
法向模数	5.35	5.35
齿数	43	12
压力角	20°	20°
分圆螺旋角（旋向）	11°（右）	0°
分圆法向弧齿厚	6.60mm	10.54mm
基圆直径	219.737mm	60.328mm
外径	240.5mm	80.12mm
最小曲率	26	7.21

由式（2.16）可计算出工件齿轮端面齿廓上不同啮合点处的p_0，然而工件齿轮齿面不同啮合接触点处的齿面受到的挤压力是不同的，节圆附近的挤压力最大，齿根和齿顶附近的挤压力比较小，工件齿轮材料的弹性极限值是不变的，因此只需要计算比较节圆附近与齿顶附近的某啮合点处的p_0进行验证即可。依据上述齿面挤压力的相关结论，这里选取工件齿轮一侧齿顶附近及节圆附近的齿面挤压力为例，齿顶附近工件齿轮某啮合点瞬时齿面所受挤压力为1800N，节圆附近为2200N，由式（2.16）可计算出工件齿轮一侧齿面节圆处的p_0为1286.3MPa，齿顶附近的p_0为963.8.2MPa，由式（2.26）可计算出工件齿轮材料的屈服应力p_e为1096MPa。

以上计算结果可以表明在设定的工况下，理论上剃齿加工时工件齿轮节圆附近的齿面极易在接触表面下方约0.7a处产生塑性变形（a是接触椭圆面的长半轴），由于塑性变形影响剃齿齿形中凹误差，因此，剃齿加工时应采取适当措施避免工件齿轮节圆附近齿面受力过大。

由以上计算可知，工件齿轮齿面节圆附近区域，其齿面弹性应力超出了材料的屈服点，该区域极易产生塑性变形，加剧剃齿齿形中凹误差。事实上，该区域确有剃齿齿形中凹误差。因此，以式（2.26）的应力值作为区分工件齿轮齿面弹性变形和塑性变形的理论判据是准确的。

2.3.2　工件齿轮齿面接触变形的分析

1. 主曲率及曲率线方向之间的夹角

剃齿加工时，剃齿刀与工件齿轮轮齿间的啮合接触可以看作两个弹性体之间的接触，且其接触并非点接触，而是在一个微小面积上的面接触，因此，剃齿时的压切量与接触面积的大小取决于剃齿时的径向力、剃齿刀与工件齿轮的几何性质等诸参数[32]。在求解其瞬时接触面积的大小及工件齿轮齿面上的压切量之前，必须确定剃齿刀齿面和工件齿轮轮齿面的主曲率和与其各自相对应的主方向之间的夹角。

剃齿刀为渐开线斜齿轮，求解得到其两个主曲率为

$$\begin{cases} k_1^{\mathrm{I}} = -\dfrac{\sin\lambda_{01}}{\sqrt{x_1^2+y_1^2+z_1^2}} \\ k_2^{\mathrm{II}} = 0 \end{cases} \tag{2.27}$$

式中：λ_{01}是剃齿刀的基圆柱螺旋线升角。

对于工件直齿轮，其两个主曲率为

$$\begin{cases} k_2^{\mathrm{I}} = -\dfrac{1}{\sqrt{x_1^2+y_1^2+z_1^2}} \\ k_2^{\mathrm{II}} = 0 \end{cases} \tag{2.28}$$

齿轮啮合原理可知，当确定剃齿刀的齿面方程以后，由啮合方程就可同时限定工件齿轮的齿面方程。因此式（2.27）中的 x_1，y_1，z_1可由矩阵等式求得，即

$$\boldsymbol{r}_2 = \boldsymbol{M}_{21}\boldsymbol{r}_1 \tag{2.29}$$

式中：$\boldsymbol{r}_2$，$\boldsymbol{r}_1$分别是剃齿时的啮合接触点在坐标系 1 与坐标系 2 的矢径；$\boldsymbol{M}_{21}$是坐标系 1 到坐标系 2 的转换矩阵。

由 Rodriques 方程 $\mathrm{d}n = -K_n \mathrm{d}r$，可求得曲率线之一特征线，然后由剃齿刀和工件齿轮齿面上的特征线确定其各自的方向系数，进而得到剃齿刀齿面与该工件齿轮齿面上的主方向之间夹角 σ 的计算公式：

$$\cos\sigma = \cos\lambda_{01}\sin\Sigma\cos\alpha_{t1} - \sin\lambda_{01}\cos\Sigma \tag{2.30}$$

式中：Σ 是轴交角；α_{t1}是节圆端面压力角。

2. 工件齿轮齿面的压切量

由 Hertz 接触理论可知，工件齿轮齿面上的压陷量，即其接触变形量为

$$\delta_e=\frac{3P}{2a}(k_1+k_2)K(e) \tag{2.31}$$

进一步推导出

$$\delta_e=D[3\pi p\lambda/2k]^{2/3} \tag{2.32}$$

式中：$D=MN\sqrt{|bc|}$，M、N 为两接触体的泊松比。

$$b=\{k_1^{\mathrm{I}}-k_2^{\mathrm{I}}+[(k_1^{\mathrm{I}})^2+(k_2^{\mathrm{I}})^2-2k_1^{\mathrm{I}}k_2^{\mathrm{I}}\cos2\sigma]^{1/2}\}/4$$

$$c=\{k_1^{\mathrm{I}}-k_2^{\mathrm{I}}-[(k_1^{\mathrm{I}})^2+(k_2^{\mathrm{I}})^2-2k_1^{\mathrm{I}}k_2^{\mathrm{I}}\cos2\sigma]^{1/2}\}/4$$

剃齿加工时，剃齿刀与工件齿轮的啮合接触齿面对数是不断变化的，所以直接简单地应用上述系列公式是不行的。剃齿是无侧隙啮合，剃齿刀与工件齿轮啮合齿的两个侧面的受力状态与接触性质是相同的，这里只求解其中一组。

假设剃齿重合度为 $\varepsilon=k+\Delta$（k 是正整数，Δ 是小于或等于 1 的正数），设剃齿刀和工件齿轮剃齿时同时参与啮合的轮齿对数为 n，则有 $k\leqslant n\leqslant k+1$。假定同名齿面的接触点数为 m，则有 $k\leqslant m\leqslant k+1$。

根据剃齿平衡条件和叠加原理，则作用在工件齿轮齿面的法向合力为

$$P_\Sigma=\sum_{i=1}^{m}p_i=\frac{F_r}{2\sin\alpha_n} \tag{2.33}$$

式中：F_r是剃齿径向力；α_n是工件齿轮齿面节圆处的法向压力角。

由式（2.31）得工件齿轮任一啮合齿面上的压切量：

$$\delta_{ei}=D_i[3\pi p_i\lambda/(2k_i)]^{2/3},\quad i=1,2,\cdots,m \tag{2.34}$$

鉴于只考虑局部接触变形，因此有 $\delta_{e1}=\delta_{e2}=\cdots=\delta_{em}$，则任一对齿面间的压力为

$$P_j=P_\Sigma\left[1+\sum_{i=1,i\neq j}^{m}\left(\frac{D_j}{D_i}\right)^{3/2}\frac{k_j}{k_i}\right],\quad 1\leqslant j\leqslant m \tag{2.35}$$

联立式（2.32）、式（2.33）、式（2.34）可求得

$$\delta_e=\left[\left(\frac{3\pi\lambda F_\tau}{4\sin\alpha_n}\right)\bigg/\sum_{i\neq1}^{m}\frac{k_i}{D_i^{3/2}}\right]^{2/3} \tag{2.36}$$

实际上，剃齿刀齿面上设计有容屑槽，其齿面并不是连续的，且剃齿刀刃较锋利，所以当剃齿刀作用在工件齿轮齿面上相同的压力时，工件齿轮齿面的实际压切量要稍大于理论值。因此可设一个修正系数 e，则工件齿轮齿面的实际压切量为 $\delta_f=e\delta_e$时；一般可取剃齿刀的容屑槽距与其宽度之比作为 e 值，则实际压切量为

$$\delta_f=e\left[\left(\frac{3\pi\lambda F_\tau}{4\sin\alpha_n}\right)\bigg/\sum_{i\neq1}^{m}\frac{k_i}{D_i^{3/2}}\right]^{2/3} \tag{2.37}$$

从工件齿轮齿面实际变形的角度来讲，此压切量即为剃齿时工件齿轮齿面的弹性接触变形量。

2.3.3　工件齿轮齿形弯曲变形的分析

分析不同啮合接触状态的工件齿轮齿形弯曲变形是研究剃齿齿形中凹误差的重要方面之一。根据材料力学的基本理论，把工件齿轮的齿轮简化为变截面的悬臂梁模型，对剃齿时工件齿轮啮合轮齿的弯曲变形进行推导及计算。

剃齿时，若工件齿轮某一个轮齿只有一个齿面进入啮合时，则该齿面只受一个载荷作用，该轮齿的悬臂梁模型如图 2.8 所示。

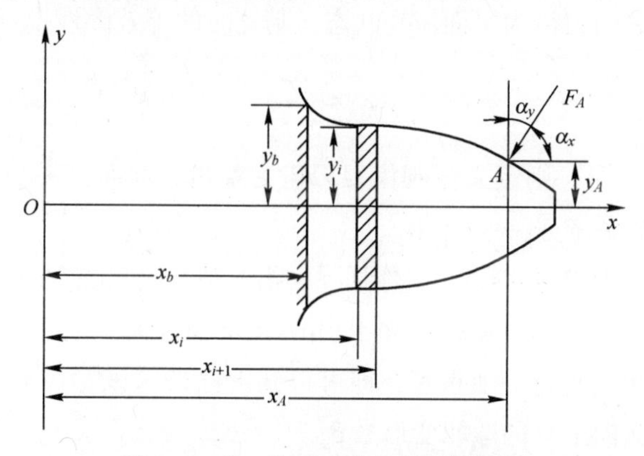

图 2.8　单一齿面啮合的悬臂梁模型

先将该轮齿截面进行微分，分成若干段，则每段可近似为一矩形块，计算每段矩形块的弯曲变形之后，对其进行线性叠加，即可求得该轮齿只在 A 点有载荷作用时的弯曲变形。假设该轮齿齿宽为 b_2。

该轮齿的图中阴影部分在 y 轴方向上的轮齿弯曲变形量 δ_{wi}，由卡氏定理可知

$$\delta_{wi} = \int \frac{M(x)}{E_e I_i} \frac{\partial M(x)}{\partial F} dx \tag{2.38}$$

其中各参数表达式如下：

$$\begin{cases} M(x) = F_A \cos\alpha_y (x_A - x) - M, M = F_A \cos\alpha_x y_A \\ \dfrac{\partial M(x)}{\partial F} = \cos\alpha_y (x_A - x), I_i = \displaystyle\int_{-y_i}^{y_i} y^2 b dy = \frac{2}{3} y_i^3 b_2 \end{cases} \tag{2.39}$$

式中：$M(x)$是 F_A沿 y 方向上的分力引起的弯矩；I_i是阴影部分的截面惯性矩；E_e是等效弹性模量。

将式（2.38）代入式（2.37），可求解得出该轮齿阴影部分的弯曲变形：

$$\delta_{wi}=\int_{x_i}^{x_{i+1}}\frac{3[F_A\cos\alpha_y(x_A-x)-F_A\cos\alpha_x y_A]\cos\alpha_y(x_A-x)}{2E_e y_i^3 b_2}dx$$
$$=\frac{F_A\cos^2\alpha_y[(x_A-x_i)^3-(x_A-x_{i+1})^3]}{2E_e y_i^3 b_2}-\frac{3F_A y_A\cos\alpha_y\cos\alpha_x[(x_A-x_i)^2-(x_A-x_{i+1})^2]}{4E_e y_i^3 b_2} \tag{2.40}$$

在式（2.40）中，等效弹性模量 E_e 由工件齿轮轮齿的几何参数所确定。当其齿宽 b_2 与节圆齿厚 S'_{n2} 的比值 $b_2/S'_{n2}>5$ 时，可定义该剃齿刀的刀齿为宽齿，此时剃齿刀的刀齿为平面应变状态，则此时的等效弹性模量 E_e 为

$$E_e=\frac{E_2}{1-v_2^2} \tag{2.41}$$

当 $b_2/S'_{n2}<5$ 时，则定义该剃齿刀刀齿为窄齿，此时其刀齿为平面应力状态，等效弹性模量 E_e 直接等于 E_2。

工件齿轮阴影部分在载荷 F_A 作用下，沿 y 轴方向上的弯曲变形量 δ_{wi} 之后，同理可求解得出其他各段在载荷 F_A 作用下沿 y 轴方向上的弯曲变形量，然后对这些弯曲变形量进行叠加求解，即可得到工件齿轮该轮齿只有一个载荷 F_A 作用下沿 y 轴方向上总的弯曲变形量 δ_w。

$$\delta_w=\sum_{i=1}^{n}\delta_{wi} \tag{2.42}$$

剃齿时，工件齿轮某一个齿两侧齿面均参与啮合时，该轮齿有两个接触点时的悬臂梁模型，如图 2.9 所示。若求工件齿轮该轮齿 A 点处的弯曲变形量，可先分别求解载荷 F_A 和 F_B 对 A 点处所造成的弯曲变形量，然后进行叠加法求解。先计算图 2.9（a）所示的变形，由材料力学理论可知，A 点处的弯曲变形为

$$\delta_w=\delta_{F_AAw}-\delta_{F_BBw}-\theta_{F_BB}(x_A-x_B) \tag{2.43}$$

式中：δ_{F_AAw} 为载荷 F_A 沿 y 轴的分力对 A 点处的弯曲变形量；θ_{F_BB}、δ_{F_BBw} 分别为载荷 F_B 沿 y 轴的分力对 B 点处的转角及弯曲变形量。

载荷 F_A 沿 y 轴的分力对点 A 处所造成的弯曲变形量 δ_{F_AAw} 的解算方法与上面的相似，此处不再论述。下面对载荷 F_B 沿 y 轴的分力对点 A 处所造成的弯曲变形 δ_{F_BBw} 进行求解。

先求解载荷 F_B 沿 y 轴的分力对该齿阴影部分的弯矩以及该截面的惯性矩：

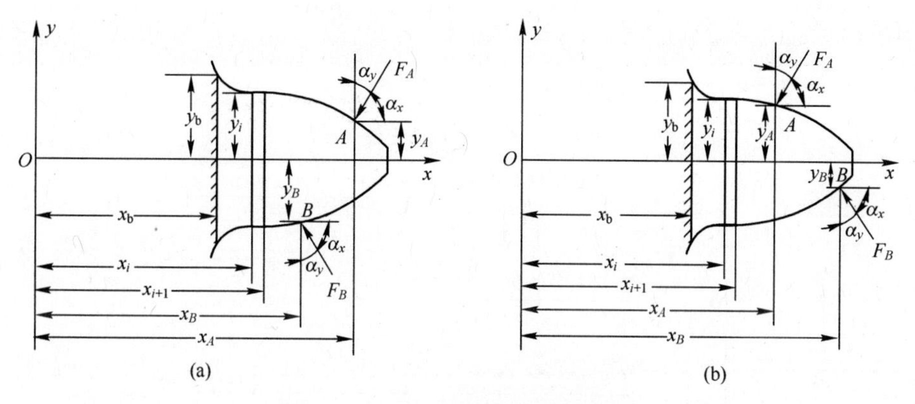

图 2.9　双齿面啮合的悬臂梁模型

$$\begin{cases}M(x)=F_B\cos\alpha_y(x_B-x)-M,\ M=F_B\cos\alpha_x y_B\\ \dfrac{\partial M(x)}{\partial F}=\cos\alpha_y(x_B-x),\ I_i=\dfrac{2}{3}y_i^3 b_2\end{cases} \tag{2.44}$$

载荷 F_B 沿 y 轴的分力对阴影部分的转角及其弯曲变形如下：

$$\begin{cases}\theta_{F_BBi}=\displaystyle\int\frac{M(x)}{E_e I_i}\mathrm{d}x\\ \delta_{F_BBwi}=\displaystyle\int\frac{M(x)}{E_e I_i}\frac{\partial M(x)}{\partial F}\mathrm{d}x\end{cases} \tag{2.45}$$

将式（2.44）代入式（2.45），得

$$\begin{cases}\theta_{F_BBi}=\dfrac{3F_B\cos\alpha_y[(x_B-x_i)^2-(x_B-x_{i+1})^2]-6F_B y_B\cos\alpha_x(x_{x+1}-x_i)}{4E_e y_i^3 b_2}\\ \delta_{F_BBwi}=\dfrac{F_B\cos^2\alpha_y[(x_B-x_i)^3-(x_B-x_{i+1})^3]}{2E_e y_i^3 b_2}-\\ \qquad\dfrac{3F_B y_B\cos\alpha_y\cos\alpha_x[(x_B-x_i)^2-(x_B-x_{i+1})^2]}{4E_e y_i^3 b_2}\end{cases} \tag{2.46}$$

则 A 点处的工件齿轮轮齿的总弯曲变形为

$$\delta_w=\sum_{i=1}^{n_1}\delta_{F_AAwi}-\sum_{i=1}^{n_2}\delta_{F_BBwi}-(x_A-x_B)\sum_{i=1}^{n_2}\theta_{F_BBi} \tag{2.47}$$

如图 2.9（b）所示，此 A 点处的弯曲变形为

$$\delta_w=\delta_{F_AAw}-\delta_{F_BAw} \tag{2.48}$$

式中：δ_{F_AAw}、δ_{F_BAw} 分别是 F_A，F_B 沿 y 轴的分力对 A 点处的弯曲变形量。

两个载荷对阴影部分弯曲变形 δ_{F_AAwi} 和 δ_{F_BAwi} 的解法与上面的方法相似，可

得出两者的变形量表达式如下:

$$
\begin{cases}
\delta_{F_A Awi}=\dfrac{F_A\cos^2\alpha_y[(x_A-x_i)^3-(x_A-x_{i+1})^3]}{2E_e y_i^3 b_2}-\\
\qquad\dfrac{3F_A y_A\cos\alpha_y\cos\alpha_x[(x_A-x_i)^2-(x_A-x_{i+1})^2]}{4E_e y_i^3 b_2}\\
\delta_{F_B Awi}=\dfrac{F_B\cos^2\alpha_y[(x_B-x_i)^3-(x_B-x_{i+1})^3]}{2E_e y_i^3 b_2}-\\
\qquad\dfrac{3F_B y_B\cos\alpha_y\cos\alpha_x[(x_B-x_i)^2-(x_B-x_{i+1})^2]}{4E_e y_i^3 b_2}
\end{cases}
\tag{2.49}
$$

则 A 点的总弯曲变形为

$$
\delta_w=\sum_{i=1}^{n}(\delta_{F_A Awi}-\delta_{F_B Awi}) \tag{2.50}
$$

综上研究与计算，剃齿时工件齿轮齿面存在弹性接触变形及塑性变形，并且还存在一定量的工件齿轮齿形的弯曲变形，这些变形量对剃齿齿形中凹误差有很大的影响作用。剃齿齿形中凹区域的塑性变形加剧了误差的程度，该工件齿轮的齿形弯曲变形由于其齿顶处受载荷小且弯曲变形量大，导致其齿面压切量小，剃齿刀切削量小，而在工件齿轮齿面节圆附近，受载荷大并由于剃齿的无侧隙啮合导致的齿形弯曲变形量小，进而剃齿刀在该处切削量较大，就形成了剃齿齿形中凹误差。

2.4 剃齿啮合接触应力有限元分析

剃齿加工是一个无侧隙啮合接触、挤压切削的过程。目前，就众多学者的研究结果而言，造成剃齿齿形中凹误差的重要原因是工件齿轮齿面节圆附近所受载荷比较大，且齿面啮合接触线上的载荷分布变化波动比较大。

2.4.1 几何模型的建立

运用 CATIA 建立剃齿啮合时剃齿刀与工件齿轮的三维几何模型。剃齿刀为斜齿轮，工件齿轮为直齿轮，二者的齿廓均由标准渐开线和齿根过渡曲线等组成[38]。输入剃齿刀和工件齿轮的基本参数数据，如齿顶圆、齿根圆和齿数等，根据剃齿刀和工件齿轮齿廓方程建立齿形，进行横向拉伸，构成一个轮齿的实体，再进行环形阵列，得出剃齿刀和工件齿轮完整的三维几何模型，最后进行剃齿刀和工件齿轮的啮合得出剃齿加工过程的啮合接触状态模型。

为保证计算精度及运算速度，选取剃齿刀与工件齿轮参与啮合的齿数进行建模分析。重点分析工件齿轮齿面的接触应力和接触变形，由于剃齿刀齿面存在容屑槽，剃齿刀切削刃上极易产生应力集中的现象，影响整体的分析，这里没有考虑剃齿刀切削刃，因此模型上没有容屑槽。以表 2.1 的剃齿刀和工件齿轮的基本数据来建立模型。图 2.10 所示为剃齿有两个接触点时的啮合模型。

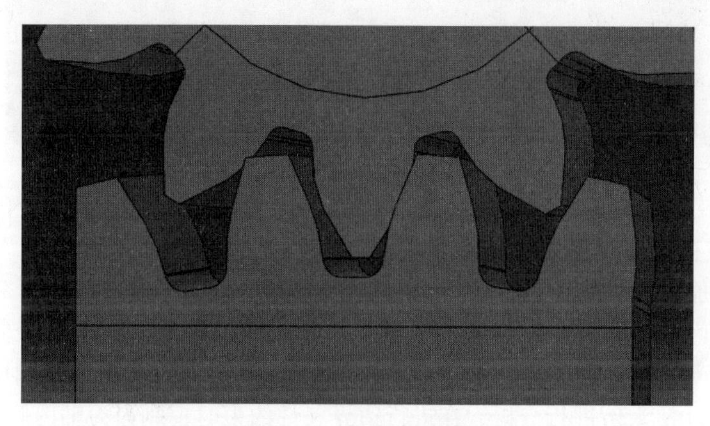

图 2.10　剃齿啮合模型

2.4.2　ABAQUS 有限元分析

1. 网格的划分

需要在网格划分之前定义剃齿刀和工件齿轮的材料属性，即定义剃齿刀和工件齿轮的杨氏模量和泊松比。鉴于剃齿时的齿轮材料与齿面接触分析相关的物性参数变化较小，其变化通常会小于 1%，因此，这里分别选用 W18Cr4V 高速钢和 20CrMnTi 低碳合金钢作为对剃齿刀与工件齿轮的材料进行定义，其物性参数为：剃齿刀的材料为 W18Cr4V，弹性模量为 218000MPa，泊松比为 0.3；工件齿轮的材料为 20CrMnTi，弹性模量为 207000MPa，泊松比为 0.25。

在保证计算效率及计算精度的基础上，选用六面体单元对剃齿刀与工件齿轮模型进行整体的网格划分。剃齿的啮合接触区域附近，由于工件齿轮轮齿面的应力变化比较剧烈，同时会直接影响工件齿轮齿面的接触应力计算结果，因此为保证计算精度，经多次试验对比后，设定参与啮合接触的剃齿刀和工件齿轮齿面部分的单元边长大小为 0.3mm，将其余单元边长设定为 1～2mm。该模型网格共计节点数为 390917，单元总数为 360304。两点啮合接触时的网格划分图如图 2.11 所示。

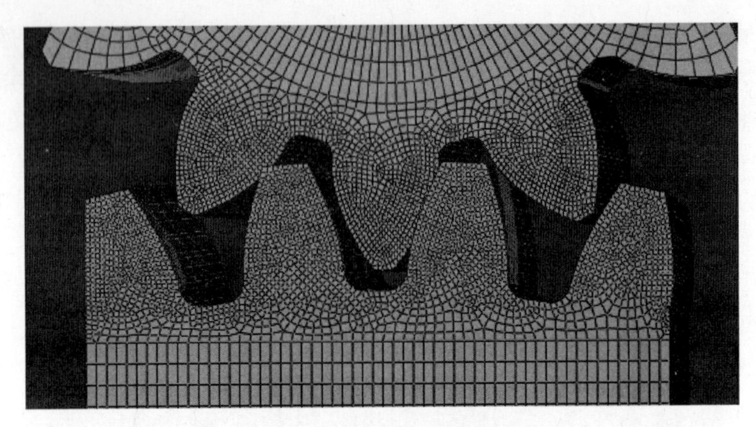

图 2.11　两点啮合接触时的网格划分

2. 载荷及边界条件的确定

剃齿加工时，两轴间的径向力一般为 700～2000N，通过分析研究大量的加工数据可以确定径向力主要集中于 1700N 附近，以及对比不同径向力的仿真结果后可以得知径向力选取 1700N 时结果也较清晰，因此这里选取较大的径向力 1700N 为例进行分析。在进行边界条件约束时，剃齿刀轴内侧面上沿 *Y* 轴负方向施加 1700N 的面力。剃齿刀沿轴内侧面上施加 *UZ*、*UX* 的约束；工件齿轮下部的截面上施加 *UX*、*UY*、*YZ* 的全约束，让其只能进行上下移动。两点接触时的边界约束情况如图 2.12 所示，同理可进行其他两种啮合位置的边界约束。

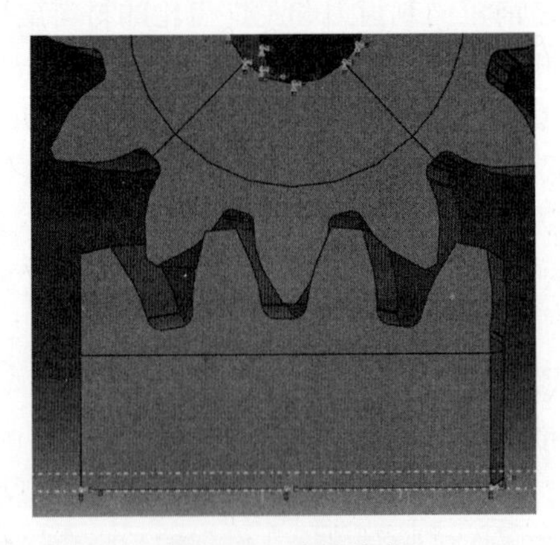

图 2.12　边界约束

3. 运算及结果分析

网格划分和边界条件施加完成后，需检测模型设定，检测无误后便可以进行 ABAQUS 的提交作业，进行求解运算。由于有三种不同啮合点数的啮合情况，所以要进行三次求解运算。为了便于观察，这里给出了工件齿轮端面方向上的视图。

剃齿加工过程中啮合接触点数主要有三种情况，即两点接触状态、三点接触状态和四点接触状态，这三种接触状态是有规律进行变化的。

（1）两点接触。图 2.13 所示为工件齿轮轮齿端面方向上两点接触时的接触应力云图，图 2.13 可知，该工件齿轮轮齿左右两个侧面上的啮合点位于该工件齿轮齿面的节圆附近区域，两侧接触点处的最大接触应力比较接近，最大接触应力为 5.711×10^9Pa，位置位于该齿面节圆附近区域，这说明此区域的接触弹性变形较大，且剃齿刀压切量也较大，有可能造成剃齿齿形中凹误差。

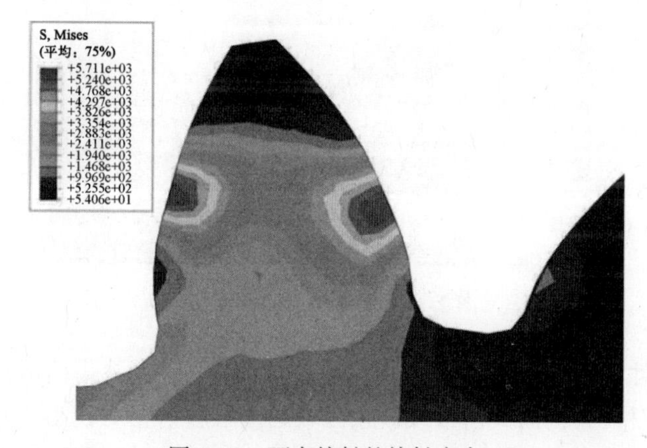

图 2.13　两点接触的接触应力

（2）三点接触。图 2.14 所示为工件齿轮轮齿端面方向上三点接触时的接触应力云图，图 2.14 可知，在工件齿轮左侧的啮合齿有一个接触点，位于该工件齿轮齿面节圆下方，靠近其齿根处；该工件齿轮右侧齿的两侧齿面均参与了啮合。最大接触应力位于左侧齿面齿根处，基本不产生剃齿齿形中凹误差，而右侧齿的两个侧面的接触应力也相对较小。

（3）四点接触。图 2.15 所示为工件齿轮轮齿端面方向上四点接触时的接触应力云图，图 2.15 可知，工件齿轮的左右两个轮齿均是两个齿面参与啮合，其中两个接触点位于各自齿面节圆区域上方靠近齿顶处，另外两个接触点位于各自齿面节圆区域下方靠近齿根处，其接触区域内的接触应力均不大。

对比分析上面三种啮合状态的仿真结果可得出：剃齿刀与工件齿轮在剃齿啮合过程中，双齿啮合区基本均在工件齿轮的齿顶或齿根区域，而单齿啮合区

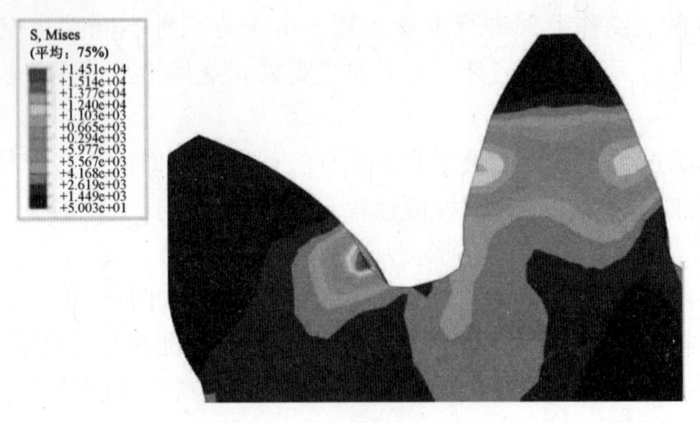

图 2.14　三点接触的接触应力

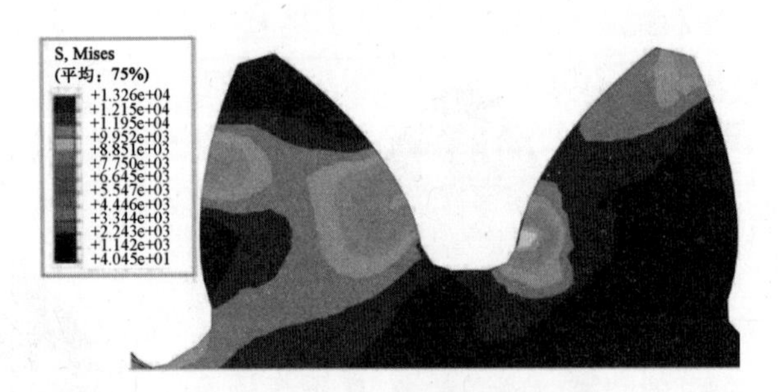

图 2.15　四点接触的接触应力

一般位于工件齿轮齿面的节圆区域附近。因此，工件齿轮齿面节圆附近区域的接触应力相对较大，而其齿根或齿顶区域的接触应力相对较小，其规律与剃齿时啮合接触点的变化规律相一致，不同的是接触点少时其接触应力较大，而接触点多时其接触应力相应较小。因此，剃削结果就是在工件齿轮的齿面节圆附近区域剃齿刀切削较多的金属，且极易产生塑性变形，在此区域就有可能会形成剃齿齿形中凹误差。

2.5　剃齿平衡接触的建模与分析

剃齿加工时，剃齿刀与工件齿轮啮合齿面间剃削力的不均匀导致工件齿轮齿面上各啮合点处发生接触应力变化，工件齿轮齿面节圆处切削力和接触应力比较大，最终产生剃齿齿形中凹误差。平衡接触状态是指在剃齿加工过程的每一瞬时都能保持工件齿轮有相同数量的左右侧齿廓与剃齿刀齿廓啮合接触，使工件齿轮左右齿廓上所受的切削力较均匀。

1. 剃齿刀的基本几何数据

基于 Litvin[39] 的研究，若保证渐开线齿轮紧密啮合，下面四个方程是必需的：

$$Y_o = (\beta_{o1} \pm \beta_{o2}) \tag{2.51}$$

$$\tan\alpha_{on} = \tan\alpha_{ot1}\cos\beta_{o1} = \tan\alpha_{ot2}\cos\beta_{o2} \tag{2.52}$$

$$p_{on} = \frac{m_{pt1}\cos\alpha_{pt1}}{\cos\alpha_{ot1}}\cos\beta_{o1} = \frac{m_{pt2}\cos\alpha_{pt2}}{\cos\alpha_{ot2}}\cos\beta_{o2} \tag{2.53}$$

$$N_1 \operatorname{inv}\alpha_{ot1} + N_2 \operatorname{inv}\alpha_{ot2} = N_1\left(\frac{s_{pt1}}{2r_{p1}} + \operatorname{inv}\alpha_{pt1}\right) + N_2\left(\frac{s_{pt2}}{2r_{p2}} + \operatorname{inv}\alpha_{pt2}\right) - \pi \tag{2.54}$$

式中：N_1、N_2为齿数；S_{pn1}、S_{pn2}为弧齿厚；β_{p1}、β_{p2}为螺旋角；m_{pn}为模数；α_{pn}为剃齿刀与工件齿轮的压力角。

以上四式中：

$$m_{pt1} = m_n/\cos\beta_{p1},\ m_{pt2} = m_n/\cos\beta_{p2}$$

$$\tan\alpha_{pt1} = \tan\alpha_{pn}/\cos\beta_{p1}$$

$$\tan\alpha_{pt2} = \tan\alpha_{pn}/\cos\beta_{p2}$$

$$s_{pt1} = s_{pn1}/\cos\beta_{p1},\ s_{pt2} = s_{pn2}/\cos\beta_{p2}$$

$$r_{p1} = m_{pt1}N_1/2,\ r_{p2} = m_{pt2}N_2/2$$

式中：下标带 1 的是指剃齿刀的参数，下标带 2 的是指工件齿轮的参数，字母 o 表示切削圆、t 表示切平面、n 表示法平面、p 表示节圆、b 表示基圆、a 表示齿顶圆、f 表示渐开线终止圆。

式（2.51）~式（2.54）对应的螺旋角、压力角、中心距和齿厚出自法平面。式（2.51）中的“±”表示为剃齿刀与工件齿轮的螺旋线的相同或相反的方向。而四个变量α_{ot1}、α_{ot2}、β_{o1}和β_{o2}可由式（2.51）~式（2.54）求得，剃齿刀与工件齿轮的中心距E_o用以下方程求解：

$$E_o = r_{o1} + r_{o2} \tag{2.55}$$

式中：

$$r_{o1} = r_{p1}\cos\alpha_{pt1}/\cos\alpha_{ot1}$$

$$r_{o2} = r_{p2}\cos\alpha_{pt2}/\cos\alpha_{ot2}$$

而有效齿廓起始直径（S. A. P）和有效齿廓终止直径（E. A. P）[40]可分别由以下两个公式计算得出：

$$\text{S. A. P} = \frac{2r_{b1}}{\cos\left\{\tan^{-1}\left[\dfrac{\tan\alpha_{ot1} - r_{b2}(\tan\alpha_{f2} - \tan\alpha_{ot2})\cos\beta_{b1}}{\cos\beta_{b2}r_{b1}}\right]\right\}} \tag{2.56}$$

$$\mathrm{E.A.P}=\frac{2r_{b1}}{\cos\left\{\tan^{-1}\left[\frac{\tan\alpha_{ot1}-r_{b2}(\tan\alpha_{a2}-\tan\alpha_{ot2})\cos\beta_{b1}}{\cos\beta_{b2}r_{b1}}\right]\right\}} \tag{2.57}$$

式中：

$$\alpha_{a2}=\cos^{-1}(r_{b2}/r_{a2}),\ \alpha_{f2}=\cos^{-1}(r_{f2}/r_{a2})$$

2. 剃齿刀的数学模型

理论上，剃齿刀的齿面是一个空心齿形双曲面。剃齿刀的齿面通常由锥形砂轮在剃齿刀磨床上制造完成。采用由 Fong 和 Hsu 提出的带有锥形磨轮的剃齿刀磨刀机，该坐标系统的 S_g 和 S_s 分别固定在砂轮与剃齿刀上，如图 2.16 所示。坐标 S_m 是刚性连接在研磨机机架。对剃齿刀磨刀机的设置包括设置剃齿刀切削节圆的半径 r_o、剃齿刀的横移 $r_{o\phi}$、剃齿刀的旋转角 ϕ、从锥形砂轮中心到剃齿刀的切削圆的最短距离 R_c，以及对剃齿刀的切削圆的螺旋升角 β 和砂轮的压力角 α。

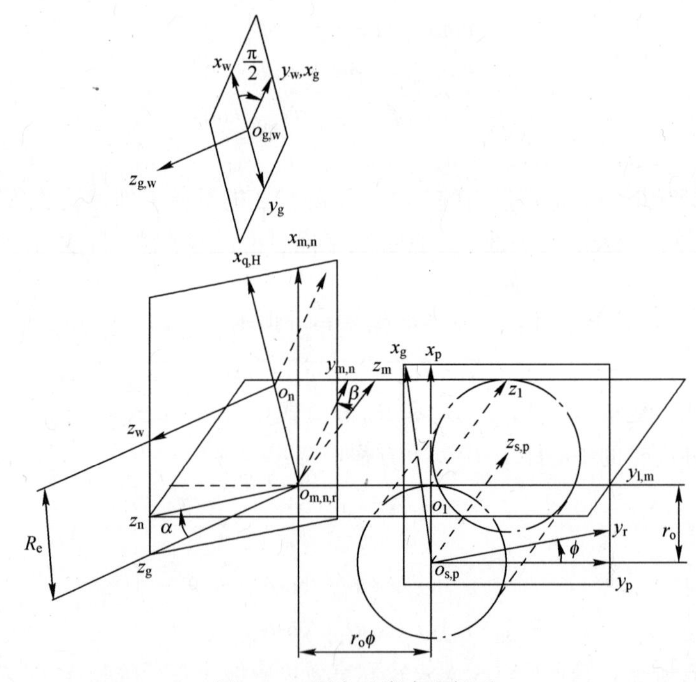

图 2.16　剃齿刀磨床坐标系

锥形砂轮边缘的位置向量和单位法向量可由式（2.58）和式（2.59）给出：

$$\begin{aligned}\boldsymbol{r}_{g} &= [x_{g}, y_{g}, z_{g}, 1]^{T} \\ &= [(R_{c}-u_{g}\cos\theta_{c})\sin\theta_{g}, (R_{c}-u_{g}\cos\theta_{c})\cos\theta_{g}, u_{g}\sin\theta_{c}, 1]^{T}\end{aligned} \tag{2.58}$$

$$\boldsymbol{n}_{g} = [n_{xg}, n_{yg}, n_{zg}]^{T} = [\sin\theta_{g}\sin\theta_{c}, \cos\theta_{g}\sin\theta_{c}, \cos\theta_{c}]^{T} \tag{2.59}$$

此处的 μ_{g} 和 θ_{g} 是图 2.17 所示的参数，如果锥角 θ_{c} 不为零，则剃齿刀齿面将趋近一个中空双曲面，然而，如果锥角 θ_{c} 等于零，则剃齿刀的齿面是一个渐开线齿形。计算砂轮的锥角 θ_{c} 是为了减小剃齿刀的切削圆的法向偏差。

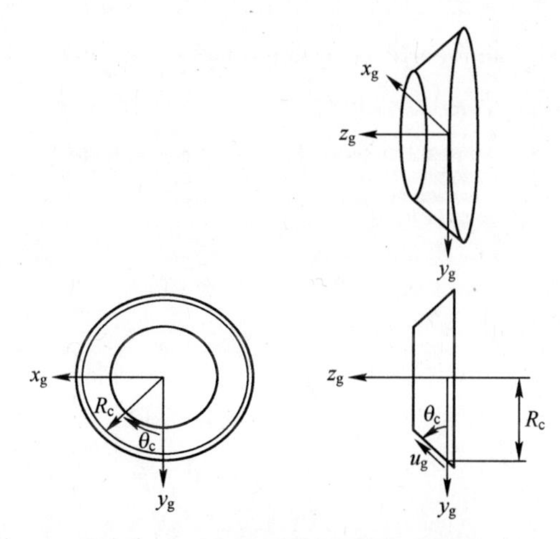

图 2.17　锥形砂轮的表面参数

剃齿刀的坐标系 S_{s} 中的锥形砂轮的中心可由下式得出：

$$r_{s} = \boldsymbol{M}_{sm}\boldsymbol{M}_{sm}r_{g} \tag{2.60}$$

式中：

$$\boldsymbol{M}_{sm} = \begin{bmatrix} \cos\phi & -\sin\phi & 0 & r_{o}(\cos\phi+\phi\sin\phi) \\ \sin\phi & \cos\phi & 0 & r_{o}(\sin\phi-\phi\cos\phi) \\ 0 & 0 & 1 & 0 \\ 0 & 0 & 0 & 1 \end{bmatrix}$$

$$\boldsymbol{M}_{mg} = \begin{bmatrix} 0 & -\cos\alpha & -\sin\alpha & R_{c}\cos\alpha \\ -\sin\beta & \cos\beta\sin\alpha & -\cos\beta\cos\alpha & -R_{c}\cos\beta\sin\alpha \\ \cos\beta & \sin\beta\sin\alpha & -\sin\beta\cos\alpha & -R_{c}\sin\beta\sin\alpha \\ 0 & 0 & 0 & 1 \end{bmatrix}$$

则式（2.60）可简化如下：

$$\boldsymbol{r}_{s} = [x_{s}, y_{s}, z_{s}, 1]^{T} \tag{2.61}$$

式中：

$$x_s = r_o(\cos\phi + \phi\sin\phi) + u_g\sin\theta_c(\cos\alpha\cos\beta\sin\phi - \cos\phi\sin\alpha)$$
$$-\cos\theta_g(R_c - u_g\cos\theta_c)(\cos\phi\cos\alpha + \cos\beta\sin\alpha\sin\phi)$$
$$+\sin\beta\sin\phi\sin\theta_g(R_c - u_g\cos\theta_c) + R_c(\cos\phi\cos\alpha + \cos\beta\sin\alpha\sin\phi)$$
$$y_s = r_o(\sin\phi - \phi\cos\phi) - u_g\sin\theta_c(\cos\alpha\cos\beta\cos\phi + \sin\phi\sin\alpha)$$
$$+\cos\theta_g(R_c - u_g\cos\theta_c)(\cos\phi\cos\beta\sin\alpha - \cos\alpha\sin\phi)$$
$$-\sin\beta\cos\phi\sin\theta_g(R_c - u_g\cos\theta_c) + R_c(\sin\phi\cos\alpha - \cos\beta\sin\alpha\cos\phi)$$
$$z_s = (R_c - u_g\cos\theta_c)(\sin\theta_g\cos\beta + \sin\alpha\sin\beta\cos\theta_g)$$
$$-u_g\cos\alpha\sin\theta_c\sin\beta - R_c\sin\alpha\sin\beta$$

由式（2.61）可得出锥形砂轮和剃齿刀的啮合方程为

$$f_1(u_g, \theta_g, \phi) = n_m \cdot v_m^{(sg)} = 0 \tag{2.62}$$

式中：

$$n_m = L_{mg} \cdot n_g$$
$$= \begin{bmatrix} 0 & -\cos\alpha & -\sin\alpha \\ -\sin\beta & \cos\beta\sin\alpha & -\cos\alpha\cos\beta \\ \cos\beta & \sin\alpha\sin\beta & -\sin\beta\cos\alpha \end{bmatrix} \cdot \begin{bmatrix} n_{xg} \\ n_{yg} \\ n_{zg} \end{bmatrix}$$

$$v_m^{(sg)} = v_m^{(s)} - v_m^{(g)} = -r_o\dot{\phi} j_m - [\phi k_m \times (\dot{r}_m - R_m)]$$

$$r_m = \begin{bmatrix} 0 & -\cos\alpha & -\sin\alpha & R_c\cos\alpha \\ -\sin\beta & \sin\alpha\cos\beta & -\cos\alpha\cos\beta & -R_c\sin\alpha\cos\beta \\ \cos\beta & \sin\alpha\sin\beta & -\sin\beta\cos\alpha & -R_c\sin\alpha\sin\beta \\ 0 & 0 & 0 & 1 \end{bmatrix} \begin{bmatrix} x_g \\ y_g \\ z_g \\ 1 \end{bmatrix}$$

$$R_m = -r_o \quad r_o\phi \quad 0^T$$

式中：$V_m^{(sg)}$ 是剃齿刀在坐标系 S_m 中相对于锥形砂轮的相对速度。式（2.62）可简化为

$$\begin{aligned} & f_1(u_g, \theta_g, \phi) \\ & = \cos\theta_g(u_g\cos\beta + r_o\phi\sin\theta_c\cos\alpha) - \\ & \quad \sin\alpha(u_g\sin\theta_g\sin\beta - r_o\phi\cos\theta_c) + \\ & \quad R_c[(\cos\theta_g - 1)\cos\theta_c\sin\beta + \sin\theta_g\sin(\alpha + \theta_c)\sin\beta] \\ & = 0 \end{aligned} \tag{2.63}$$

剃齿刀的齿面方程可通过联立求解式（2.61）和式（2.63）来确定。

3. 接触瞬时线的数学模型

剃齿过程可以简化如图 2.18 所示。S_1和 S_2分别固定在剃齿刀和工件齿轮上。坐标系 S_f固定于剃齿机上。剃齿刀在工件齿轮 z_t轴横移，剃齿刀垂直于工件齿轮 y_t轴的横移，最大角为 ψ_t，从剃齿刀中心到切削凸面中心的距离为 C，剃齿刀与工件齿轮轴之间的交叉角为 γ，工件齿轮与剃齿刀的中心距为 $(C+x_t)$。$\phi_1(\phi_2)$和 ϕ_2分别是剃齿刀和工件齿轮的旋转角度。

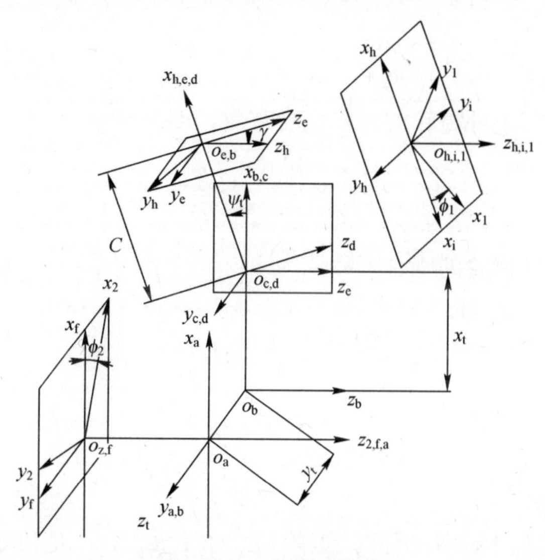

图 2.18　剃齿机坐标系

假设位置向量 $\boldsymbol{r}_1[x_1,y_1,z_1,1]^T$定义在坐标系 S_1中，则剃齿刀定义在坐标系 S_2中的位置 $\boldsymbol{r}_2$可以由式（2.64）得出。

$$\boldsymbol{r}_2=\boldsymbol{M}_{21}(\phi_2)\cdot\boldsymbol{r}_1 \tag{2.64}$$

式中：

$$\boldsymbol{M}_{21}=\boldsymbol{M}_{2d}\cdot\boldsymbol{M}_{d1}$$

$$\boldsymbol{M}_{2d}=\begin{bmatrix}\cos\psi_t\cos\phi_2 & -\sin\phi_2 & \sin\psi_t\cos\phi_2 & x_t\cos\phi_2+y_t\sin\phi_2\\ \cos\psi_t\sin\phi_2 & \cos\phi_2 & \sin\psi_t\sin\phi_2 & x_t\sin\phi_2-y_t\cos\phi_2\\ -\sin\psi_t & 0 & \cos\psi_t & z_t\\ 0 & 0 & 0 & 1\end{bmatrix}$$

$$\boldsymbol{M}_{d1}=\begin{bmatrix}-\cos\phi_1 & \sin\phi_1 & 0 & C\\ -\cos\gamma\sin\phi_1 & -\cos\gamma\cos\phi_1 & \sin\gamma & 0\\ \sin\gamma\sin\phi_1 & \sin\gamma\cos\phi_1 & \cos\gamma & 0\\ 0 & 0 & 0 & 1\end{bmatrix}$$

图 2.18 所示，将参数 Z_T、Y_T和 ψ_t设置为零，剃齿刀轨迹 $\boldsymbol{r}_2$可简化为

$$\boldsymbol{r}_2=[x_2,y_2,z_2,1]^{\mathrm{T}} \tag{2.65}$$

式中：

$x_2=\cos\phi_2[(C+x_t)-x_1\cos\phi_1+y_1\sin\phi_1]+\sin\phi_2[-z_1\sin\gamma+\cos\gamma(y_1\cos\phi_1+x_1\sin\phi_1)]$

$y_2=\sin\phi_2[(C+x_t)-x_1\cos\phi_1+y_1\sin\phi_1]+\cos\phi_2[z_1\sin\gamma-\cos\gamma(y_1\cos\phi_1+x_1\sin\phi_1)]$

$z_2=(y_1\cos\phi_1+x_1\sin\phi_1)\sin\gamma+z_1\cos\gamma$

假设剃齿刀与工件齿轮的齿轮比为常数，即

$$m_{12}=\frac{\dot{\phi}_1}{\dot{\phi}_2}=\frac{N_2}{N_1}=\frac{\omega_1}{\omega_2} \tag{2.66}$$

剃齿刀与工件齿轮的啮合方程式为

$$f_2=n_2\cdot v_2^{(12)}=n_2\cdot(\phi_2\partial_{\phi_2}\{x_2,y_2,z_2\})=0 \tag{2.67}$$

式中：

$$n_2=\boldsymbol{L}_{21}\cdot\begin{bmatrix}n_{x1}\\n_{y2}\\n_{z2}\end{bmatrix}$$

$\boldsymbol{L}_{21}$是矩阵 $\boldsymbol{M}_{21}$左上 3×3 的子阵，矩阵$[n_{x1},n_{y2},n_{z2},1]^{\mathrm{T}}$是位置向量 $\boldsymbol{r}_1$的法线向量。

将式（2.65）和式（2.66）代入式（2.67），即可得啮合方程式：

$$f_2=(n_{y1}x_1-n_{x1}y_1)N_2+\sin\gamma\left[\begin{array}{l}n_{z1}(C+x_t)-(n_{z1}x_1-n_{x1}z_1)\cos\left(\dfrac{\phi_2N_2}{N_1}\right)+\\(n_{z1}y_1-n_{y1}z_1)\sin\left(\dfrac{\phi_2N_2}{N_1}\right)+(n_{z1}y_1-n_{y1}z_1)\sin\left(\dfrac{\phi_2N_2}{N_1}\right)\end{array}\right]+$$

$$N_1\cos\gamma\left[n_{y1}x_1-n_{x1}y_1-(C+x_t)\left(n_{y1}\cos\left(\frac{\phi_2N_2}{N_1}\right)+n_{x1}\sin\left(\frac{\phi_2N_2}{N_1}\right)\right)\right]\dot{\phi}_2/N_1$$

$$=0 \tag{2.68}$$

假设 ϕ_2是一个定值，$\boldsymbol{r}_s=[x_s,y_s,z_s,1]^{\mathrm{T}}$替换 $\boldsymbol{r}_1=[x_1,y_1,z_1,1]^{\mathrm{T}}$后，则联立求解式（2.65）和式（2.68）即可得到工件齿轮瞬时啮合线。当工件齿轮的旋转角 ϕ_2为零时，接触线将在工件齿轮齿面宽中间越过切削圆。

4. 剃齿平衡接触

如果忽略工件齿轮的角加速度，则工件齿轮啮合齿的左、右两侧齿面切削

力的切向分量必定平等。通过分析工件齿轮的左右侧瞬时接触线的长度，可以近似地预测工件齿轮的切削深度。若右边的总长度等于左边的总长度，则切削力均匀分布在两侧。剃齿刀和工件齿轮的瞬时接触线如图 2.19 所示，则右边的瞬时接触线总长度等于$(L_{r1}+L_{r2}+L_{r3})$，左边的瞬时接触线总长度等于$(L_{l1}+L_{l2}+L_{l3})$。如果$(L_{r1}+L_{r2}+L_{r3})$与$(L_{l1}+L_{l2}+L_{l3})$相等，则剃齿刀与工件齿轮可以被看作平衡接触状态。

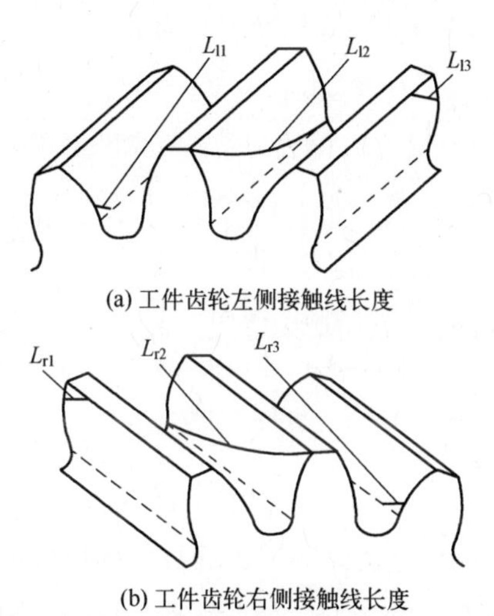

(a) 工件齿轮左侧接触线长度

(b) 工件齿轮右侧接触线长度

图 2.19　工件齿轮的接触线

假设当旋转角 $\phi_2=\phi_{20}$，瞬时啮合线将在工件齿轮右侧第一个齿的切削节圆柱面上越过齿宽中间线，在工件齿轮右侧下（上）一个齿上瞬时接触线将越过相同位置的旋转角 ϕ_2为 $\phi_{20}+2\pi/N_2(\phi_{20}-2\pi/N2)$，则接触旋转角可以被定义为 $\phi_{2c}=\phi_2-\phi_{20}$。在工件齿轮右侧某个齿上的瞬时啮合线的长度可以被定义为 L_{ri}（ϕ_{2c}），它可以通过确定旋转角 $\phi_2(\phi_{2c}=\phi_2-\phi_{20})$和求解工件齿轮的接触线来计算。假设工件齿轮的右侧第一个齿的啮合旋转角 ϕ_{2c}的范围为 $\phi_{2\min}$至 $\phi_{2\max}$，工件齿轮的右侧的瞬时接触线的总长度为

$$L_{tr}(\phi_{2c})=\sum_{i=-4}^{i=5}L_{ri}\left(\phi_{2c}-\frac{2(i-1)\pi}{N_2}\right) \tag{2.69}$$

当

$$\phi_{2\min}+\frac{2(i-1)\pi}{N_2}\leqslant\phi_{2c}\leqslant\phi_{2\max}+\frac{2(i-1)\pi}{N_2}$$

则

$$L_{ri}\left(\phi_{2c}-\frac{2(i-1)\pi}{N_2}\right)\neq 0$$

式中：i 是剃齿刀与工件齿轮可能接触的齿的数量。

旋转角为 $\phi_2=\phi_{20}-s_{ot2}/r_{o2}$ 时的瞬时啮合线将在工件齿轮左侧第一个齿的切削节圆柱面上越过齿宽中间线，因此，值 s_{ot2}/r_{o2} 指工件齿轮从左侧到右侧的各自第一个齿的切削节圆柱面上的齿宽中间线的旋转角度。工件齿轮的左侧接触路径和其右侧的相反，左侧接触线长度定义为 $L_{li}(\phi_{2c})$，可以写成

$$\begin{cases} L_1(\phi_{2c})=L_r\left(-\phi_{2c}-\dfrac{s_{ot2}}{r_{o2}}\right), & -\phi_{2max}-s_{ot2}/r_{o2}\leqslant\phi_{2c} \\ & \leqslant-\phi_{2min}-s_{ot2}/r_{o2} \\ L_1(\phi_{2c})=L_r\left(-\phi_{2c}-\dfrac{s_{ot2}}{r_{o2}}-\dfrac{2\pi}{N_2}\right), & \phi_{2c}\leqslant--\phi_{2max}-s_{ot2}/r_{o2} \\ L_1(\phi_{2c})=L_r\left(-\phi_{2c}-\dfrac{s_{ot2}}{r_{o2}}+\dfrac{2\pi}{N_2}\right), & \phi_{2c}\geqslant-\phi_{2min}-s_{ot2}/r_{o2} \end{cases} \tag{2.70}$$

此时左侧的啮合线的总长度，可以写成

$$L_{t1}=\sum_{i=-5}^{5}L_1\left(\phi_{2c}+\frac{2\pi i}{N_2}\right) \tag{2.71}$$

基于式（2.69）和式（2.71），可以计算工件齿轮的左右两侧的啮合线总长度的差异。定义在啮合角 ϕ_{2c} 范围 ϕ_{2min} 至 ϕ_{2max} 内工件齿轮的啮合线的平均长度为 L_{av}。工件齿轮的左右两侧瞬时啮合线长度的变化率 $c_{vr}(\phi_{2c})$ 则可以由如下公式计算得出：

$$c_{vr}(\phi_{2c})=\frac{L_r(\phi_{2c})-L_l(\phi_{2c})}{L_{av}} \tag{2.72}$$

而变化率 $c_{vr}(\phi_{2c})$ 可用于评估工件齿轮的左右两侧啮合接触点上的切削力的平衡状况。

由于剃齿刀与工件齿轮的接触状态近似于线接触，且接触状况时刻在变，因此，研究剃齿加工误差及剃齿刀的设计都应考虑剃齿刀与工件齿轮的线接触及瞬时接触状态。剃齿过程的平衡线接触分析、研究及设计应随着工件齿轮切削范围的变化而变化。由于剃齿刀可多次修磨，因此，剃齿刀的研究、设计过程中应该使用接触长度的合理变化率找到剃齿刀的修磨范围。

参考文献

[1] KIYONO S, KUBO A. A method for fast estimation of the vibration of spur gears [J]. JSME

International Journal, 1987, 30 (260): 400-405.

[2] ZHANG Y, LITVIN F L, MARUYAMA N. computerized analysis of meshing and contact of gear real tooth surface [J]. Journal of Mechanical Design, 1994, 116 (3): 667-682.

[3] LITIVIN F L. Design generation and stress analysis of face gear drive with helical pinion [J]. Computer Methods in Applied Mechanics and Engineering, 2005, 194 (36/37/38): 3870-3901.

[4] LITVIN F L. Modified involute helical gears computerized design simulation of meshing and stress analysis [J]. Computer Methods in Applied Mechanics and Engineering, 2003, 192 (33/34): 3619-3655.

[5] LITVIN F L. Gear geometry and applied theory [M]. Cambrige: Cambrige University Press, 2004.

[6] LITVIN F L, GUTMAN Y. Methods of synthsis and analysis of hypoid gear drives of 'Formate' and 'Helixform' [J]. NASA CR4342, 1981: 83-113.

[7] 郑昌启. 弧齿锥齿轮和准双曲面齿轮的齿面接触分析计算原理 [J]. 机械工程学报, 1981, 17 (2): 1-12.

[8] 王小椿, 吴序堂. 点啮合齿面三阶接触分析的进一步探讨 V/H 检验法的理论 [J]. 西安交通大学学报, 1987, 21 (2): 1-14.

[9] 吴训成, 毛世民, 吴序堂. 点啮合齿轮主动设计研究 [J]. 机械工程学报, 2000, 36 (4): 70-73.

[10] 吴训成, 胡宁, 陈志恒. 准双曲面齿轮点接触齿面啮合分析的理论公式 [J]. 机械工程学报, 2005, 12 (3): 1-7.

[11] 方宗德. 齿轮轮齿承载接触分析 (LTCA) 的模型和方法 [J]. 机械传动, 1998, 13 (9): 1-3.

[12] 方宗德. 修形斜齿轮的承载接触分析 [J]. 航空动力学报, 1997, 12 (3): 251-254.

[13] 赵宁, 郭辉, 方宗德. 直齿面齿轮修形及承载接触分析 [J]. 航空动力学报, 2008, 23 (11): 2142-2146.

[14] 唐进元, 卢延峰, 周超. 有误差的螺旋锥齿轮传动接触分析 [J]. 机械工程学报, 2008, 44 (7): 16-23.

[15] KUBO A, TARUTANI I, GOSSELIN C, et al. A computer based approach for evaluation of operating performance of bevel and hypoid gears [J]. Japanese Society of Mechanical Engineers International Journal, 1997, 40 (4): 749-758.

[16] GOSSELIN C. A General formulation for the calculation of the load sharing and transmission error under load of spiral bevel and hypoid gears [J]. Mechanism and Machine Theory, 1995, 30 (3): 433-450.

[17] CELIK M. Comparison of three teeth and whole body models in spur gear analysis [J]. Mechanism and Machine Theory, 1999, 34 (8): 1227-1235.

[18] 李润方, 黄昌华, 郑昌启. 弧齿锥齿轮和准双曲面齿轮轮齿接触有限元分析 [J]. 机

械工程学报，1995，82-86（1）.
[19] 黄昌华，温诗铸，李润方．弧齿锥齿轮和准双曲面齿轮轮齿接触有限元分析［J］．清华大学学报，1996（4）：48-53.
[20] 郑昌启，黄昌华，吕传贵．螺旋锥齿轮加载接触分析计算原理［J］．机械工程学报，1993，29（4）：50-54.
[21] 邓效忠．高重合度弧齿锥齿轮的设计理论及试验研究［D］．西北工业大学，2002.
[22] 王延忠，周云飞，周济．考虑轮齿制造误差的螺旋锥齿轮加载接触分析［J］．机械科学与技术，2002，21（2）：224-227.
[23] 李昌，韩兴．基于响应面法齿轮啮合传动可靠性灵敏度分析［J］．航空动力学报，2011，26（3）：711-715.
[24] 唐进元，刘艳平．直齿面齿轮加载啮合有限元仿真分析［J］．机械工程学报，2012，48（5）：124-131.
[25] 唐进元，蒲太平．基于有限元法的螺旋锥齿轮啮合刚度计算［J］．机械工程学报，2011，47（11）：23-29.
[26] 汪中厚，李刚，久保爱三．基于数字化真实齿面的螺旋锥齿轮齿面接触分析［J］．机械工程学报，2014，50（15）：1-11.
[27] 陈奇，赵韩，黄康．齿轮结合面切向接触刚度分形计算模型研究［J］．农业机械学报，2011，42（2）：203-206.
[28] 陈奇．基于分形理论的汽车变速箱齿轮接触强度研究［D］．合肥：合肥工业大学，2010.
[29] 马登秋，侯力，魏永峭，等．基于分形理论的圆弧齿轮滑动摩擦接触力学模型［J］．机械工程学报，2016，52（15）：121-127.
[30] 赵韩，陈奇，黄康．两圆柱体接合面的法向接触刚度分形模型［J］．2011，47（7）：53-58.
[31] 王国兴，熊焕国，李高敬．剃齿齿形中凹的研究［J］．机械制造，1991，（10）：6-8.
[32] 吕明，梁锡昌，郑晓华，等．刀齿与轮齿变形对剃齿误差的影响［J］．机械工程学报，2000，（05）：76-80.
[33] 梁锡昌，吕明，郑晓华．剃齿过程中刀齿与轮齿弯曲变形分析［D］．重庆：重庆大学，1998.
[34] SHIMPEI N，ICHIRO M，Numerical analysis of plunge cut shaving（plate model for tooth defection calculation）［J］．Transactions of the Japan Society of Mechanical Engineers，2009，75（754）：1845-1850.
[35] 左俊．剃齿加工仿真及齿形中凹误差机理研究［D］．重庆：重庆大学，2012.
[36] 高啸，田锡天，朱军，等．基于弹性接触的销轴结构应力分析［J］．机械科学与技术，2014，（03）：322-325.
[37] 廖海平，刘启跃．齿轮塑性变形失效的安定极限分析［J］．西南交通大学学报，2010，（05）：676-679+750.

[38] 王健力，毕合春．滚齿加工的齿轮齿根过渡曲线 [J]．机械传动，2013，37（1）：82-86.
[39] LITVIN F L. Gear geometry and applied theory [J], PTR Prentice Hall, Englewood Cliffs, NJ (1994): 412-468.
[40] FONG Z H, HSU R H. Topographic error analysis of a gear plunge shaving cutter finished by a cone grinding wheel [J]. Journal of the Chinese Institute of Engineers, 2005, 29 (3): 481-492.

第3章　剥齿加工特性

3.1　概　　述

剥齿加工特性是指在剥齿过程中考虑加工因素并能准确反映剥齿刀与工件齿轮轮齿间接触和传动的特性。剥齿加工接触特性研究剥齿刀和工件齿轮齿面间的接触应力和变形，主要包括法向作用力 F_n、接触应力 σ_H、接触变形 δ_E；剥齿加工传动特性研究剥齿刀和工件齿轮在加工过程中的振动和平稳性，主要包括传递误差、传动效率、传递能力、传动比等。

3.1.1　剥齿加工接触特性

研究剥齿加工接触特性是改善剥齿齿面误差的重要一环。

剥齿加工过程中，剥齿刀与工件齿轮之间的啮合点随着啮合的深入不断变化。在任一啮合状态的瞬时，工件齿轮轮齿在啮合点处不仅受到齿面接触应力的作用，同时受到弯曲应力的作用。剥齿齿形中凹误差发生在工件齿轮齿面节圆附近，而轮齿弯曲变形对齿面影响较小，故这里主要研究齿面接触应力所引起的齿面接触变形。

当剥齿重合度小于2时，剥齿的整个啮合过程中会有三种啮合状态，分别为两点接触状态、三点接触状态以及四点接触状态，如图3.1所示。图3.1中，L_1、L_2、L_3、L_4为各啮合点到S_2动坐标系y_2轴的距离，K_1、K_2、K_3、K_4为有效啮合线的各极限接触点，F_1、F_2、F_3、F_4为各法向作用力，F_r为径向力。在一个啮合周期中，同一个轮齿左右两侧齿廓具有相同的接触性质和受力状态[1]，这里以工件齿轮右齿廓为例进行说明。

根据静力学理论，剥齿刀和工件齿轮两点接触和三点接触区域，其啮合点的法向作用力可通过静力学方程求解。如图3.1（a）所示，在径向力F_r的作用下，两点接触的法向力为F_1与F_2，刀齿接触产生相应的摩擦力f_1、f_2的值远远小于法向力，为了简化力学模型，忽略摩擦力使力F_1、F_2的方向沿齿廓法向，即啮合线方向。

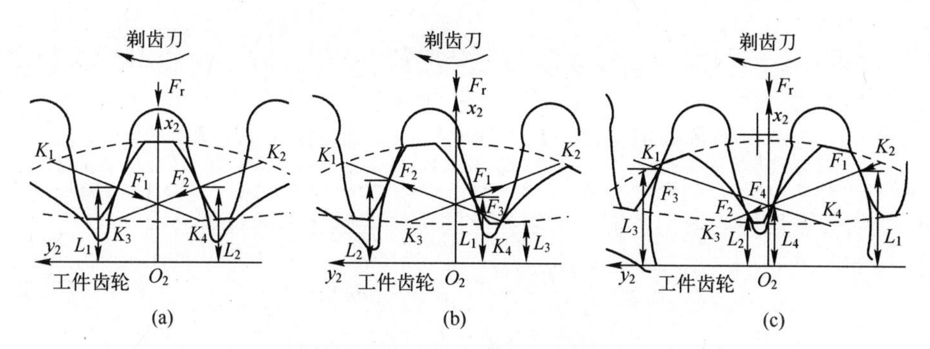

图 3.1　剃齿啮合状态及力学模型

齿面上法向作用力随啮合状态的改变而改变，现对三种啮合状态进行详细的力学分析。根据静力学方程建立下列方程组求解其力的大小，对于图 3.1（a）两点接触而言，平衡状态时只有 F_1、F_2未知，需建立两个方程来求解：

$$\begin{cases} F_1\cos\alpha' = F_2\cos\alpha' \\ F_1\sin\alpha' + F_2\sin\alpha' = F_r \end{cases} \tag{3.1}$$

式中：α'为啮合线与齿轮节点处的速度方向的夹角。对于图 3.1（b）三点接触而言，系统保持平衡状态 F_1、F_2、F_3未知，需建立三个方程求解：

$$\begin{cases} F_1\cos\alpha' = F_2\cos\alpha' + F_3\cos\alpha' \\ F_1\sin\alpha' + F_2\sin\alpha' + F_3\sin\alpha' = F_r \\ F_1\cos\alpha' L_1 = F_2\cos\alpha' L_2 + F_3\cos\alpha' L_3 \end{cases} \tag{3.2}$$

由式（3.1）与式（3.2）可以看出，式（3.1）其实是式（3.2）的特殊情况。如图 3.1（c）所示，在四点接触区域，系统若保持平衡状态，则需求解 F_1、F_2、F_3、F_4四个未知量，而通过力和力矩平衡只能建立三个方程，不足以解每个法向作用力的大小。此时引入协调方程，建立第四个方程：

$$\begin{cases} F_1\cos\alpha' + F_2\cos\alpha' = F_3\cos\alpha' + F_4\cos\alpha' \\ F_1\sin\alpha' + F_2\sin\alpha' + F_3\sin\alpha' + F_4\sin\alpha' = F_r \\ F_1\cos\alpha' L_1 + F_2\cos\alpha' L_2 = F_3\cos\alpha' L_3 + F_4\cos\alpha' L_4 \\ \dfrac{F_1}{b_1} + \dfrac{F_2}{b_2} = \dfrac{F_3}{b_3} + \dfrac{F_4}{b_4} \end{cases} \tag{3.3}$$

式中：b 为各接触点接触椭圆的长轴长。协调方程的含义为任意瞬间两条啮合线上的接触变形之和相等。

在获得各个接触点的法向作用力后，根据 AGMA 标准给出斜齿轮齿面接触应力计算公式为[2]

$$\sigma_H = Z_H Z_e Z_E Z_\beta \sqrt{\frac{\cos\alpha_t \cos\beta(i_{21}+1)}{d_1 bu} F_{nc} K_H} \tag{3.4}$$

式中：i_{21}为剃齿啮合的传动比；F_{nc}为啮合点的法向作用力；Z_H、Z_e、Z_E、Z_β为剃齿啮合对的相关系数，可查表得到；实际载荷系数 $K_H = K_A K_V K_{H\alpha} K_{H\beta}$。

啮合点接触变形的求解，适用弹性圆柱体接触变形的计算公式[3]：

$$\delta_E = \frac{4(1-\mu_2)^2 F_{nc}}{E_2 \pi}(InB_2 - Inb + 2In2) \tag{3.5}$$

式中：E_2为工件齿轮的弹性模量；μ_2为工件齿轮的泊松比；B_2为工件齿轮齿宽。

3.1.2 齿轮传动特性

齿轮啮合的传动误差是产生振动噪声的一项非常重要的激励源[4]。在剃齿精加工齿面过程中，弹塑性变形及系统误差的存在会使加工过程传动不平稳而引起振动，影响工件齿轮齿面成形质量，进而导致齿轮应用的传动性能下降。研究剃齿啮合传动特性对提高工件齿轮的齿面成形质量有重要的理论和实践意义。

中南大学的唐进元教授等[5]通过构建机床机床运动的误差模型及 ETCA 算法，分析了机床运动误差和系统误差对齿面加工质量及传动误差的影响，并与 TCA 分析结果进行比较，结果表明 ETCA 分析调整齿面加工参数更接近实际工况。上海理工大学的汪中厚教授等[6-7]基于数字化真实齿面模型，计算了啮合接触轨迹与接触斑点，考虑了齿轮的支撑系统对传动误差的影响，提出了一种分析真实齿面的传动误差方法。河南科技大学的邓效忠教授等[4,8,10]通过对直齿轮的三种传动误差曲线的仿真及时域上的谱分析，指出了误差曲线的总体偏差、单齿偏差、周期分量组成的频率特征与偏差值，通过双曲面锥齿轮的传动误差测量试验验证了该方法的正确性，研究了齿距偏差对传动齿轮传动性能的影响，并基于传动误差设计分析了弧齿锥齿轮的啮合。西北工业大学的方宗德教授[11-13]延续并发展了 Litvin[14-16]的研究，基于几何传动误差及承载传动误差，结合提出的 LTCA 等技术，分析研究了弧齿锥齿轮的啮合特性，并提出了高阶传动误差设计改善齿轮传动性能。西北工业大学的蒋进科[17]采用抛物线和直线构造了齿轮修形曲线，并与理论齿面叠加构造了修形齿面，将修形与 LTCA 技术相结合，以传动误差幅值为目标函数，应用遗传算法确定了最优解，用实例计算了齿廓修形、齿向修形和三维修形的传动误差曲线，验证了该优化设计的效果明显。重庆大学的林超教授等[18]构建了偏心-高阶椭圆锥齿轮副传动的数学模型，提出了一种偏心-高阶椭圆锥齿轮副的设计方法，并分别研究了偏心率、阶数和初始角速度对该齿轮副的传动特性（传动比、从动轮角速度和角加速度）的影响规律，最后通过实验验证了该设计方法的可行性。西南交通大学的郭栋等[19]进行了多级齿轮传动特性研究，得出了切片法可以快速、近似地计算多级齿轮传动系统传动误差的结论，为多级齿轮传动误差快速预测提供了一种参考方法。长安大学的常乐浩等[20]基于切片法理论提出了一种快速计算斜齿轮副传递误差和啮合刚度的改进方法，得到了齿面载荷分布、传递误差和啮合刚度等，适合于齿轮传动系统振动和噪声的快速预测。中南大学的邵文等[21]利用单面啮合测试和虚拟仪器原理，构建了传动误差检测系统，研究了传动误差与齿距与齿廓偏差数据的关系，找到了一种将齿距与齿廓偏差计算出来的方法。重庆大学的何泽银[22]综合考虑轮齿修形、齿轮加工及安装误差等，提出了多因素耦合的齿轮副有限元建模方法，研究了多因素对齿轮传动系统静态传动误差的综合影响，计算了齿轮传动系统的动态传动误差。福州大学的陈琴等[23]借助齿面接触分析（TCA）获得了齿轮副的齿面接触迹线和几何传动误差，探讨了内、外锥齿轮锥点误差及齿轮副轴线交角误差对双圆弧弧齿锥齿轮副齿面接触特性的影响规律，正的安装误差比负的安装误差对齿轮副传动误差影响更大。

Simon 等[24-25]为降低弧齿锥齿轮传动误差，提出了一种小齿轮精加工中机床参数优化的多项式函数方法，研究了由机床设置和刀头数据变化引起的齿形变化对载荷和压力分布、传动误差的影响，同时将锥齿轮的齿面接触压力和传动误差降到最低。G. V. Tordion 等[26]考虑刚度变化，分析了两级斜齿轮传动平稳性的变化规律。Sweeney[27]考虑了啮合刚度及齿形误差，建立了一对齿轮传动误差的数学模型，并研究了二者对齿轮传动误差的影响规律。Fuentes 等[28]的研究表明可以使用径向剃齿方法进行齿轮齿面修型，从而降低传动误差和齿面误差，避免边缘接触。Bibel 等[29]利用有限元分析法，对弧齿锥齿轮的传动规律进行了分析研究。

3.1.3 剃齿加工传动特性

齿轮加工中的系统振动是引起齿面误差的重要原因，剃齿加工越平稳，系统振动就越小，而剃齿加工传动特性能准确地反应剃齿过程的系统平稳性。在剃齿加工中，剃齿刀和工件齿轮之间存在切削和挤压过程，激振源比齿轮啮合更多，振动情况也更为复杂。研究剃齿加工传动特性对于提高齿面成形质量、减少啮入啮出冲击、降低传动系统振动与噪声有着重要的指导意义。

剃齿加工传动特性主要包括传递误差、传动效率、传递能力、传动比等，传动误差与传动比能更加精确地反映剃齿加工的传动特性，传动误差是产生振动噪声的重要激励源，是描述齿轮传动性能最重要的参数之一。针对剃齿齿面成形质量问题，选取传动误差及瞬时传动比考察剃齿啮合传动的振动和冲击。由于工件齿轮剃前误差、安装误差和重合度等，工件齿轮的实际转角与理论转角不相等，实际转角与理论转角之差即为传动误差，理论上对于大多数渐开线齿廓齿轮传动，瞬时传动比是不变的。但正是由于从动齿轮的实际转角与理论转角不相等，才使得瞬时传动比为变化值。

剃齿加工过程可以看成是斜齿轮与直齿轮的交错轴啮合，因此，剃齿加工符合经典啮合原理，故齿轮间传动误差的定义同样适用于剃齿加工传动误差，即剃齿刀转过一定的角度时，工件齿轮对于理想转动角度的偏移。其计算公式[30]为

$$\Delta\varphi=(\varphi_2-\varphi_2^{(0)})-\frac{z_1}{z_2}(\varphi_1-\varphi_1^{(0)}) \tag{3.6}$$

式中：$\Delta\varphi$ 为传动误差；φ_1 与 φ_2 为剃齿刀与工件齿轮的实际转角；$\varphi_1^{(0)}$ 与 $\varphi_2^{(0)}$ 为剃齿刀与工件齿轮的初始转角。

传动比计算公式为

$$i_{21}=\frac{\omega_2}{\omega_1} \tag{3.7}$$

式中：ω_1 与 ω_2 分别表示剃齿刀和工件齿轮角速度。

3.2 剃齿重合度对剃齿加工特性的影响

3.2.1 剃齿重合度

剃齿重合度是剃齿加工重要的啮合参数，直接影响加工平稳性和工件齿轮齿形质量，而齿数、螺旋角、法向弧齿厚、有效啮合线超越量、啮合角等参数均会引起重合度的改变，从而直接影响整个剃齿过程的啮合状态，剃齿加工特性也会发生不同程度的变化，最终影响剃削效果。为了简化剃齿参数，可以把所有剃齿刀和工件齿轮参数等效为重合度 ε_α 的改变。重合度表示齿轮啮合过程中同时参与啮合的轮齿对数，渐开线齿轮重合度的定义为实际啮合线长度与齿轮的法向齿距的比值，即

$$\varepsilon_\alpha=\frac{\overline{B_1B_2}}{p_b} \tag{3.8}$$

式中：$\overline{B_1B_2}$ 是齿轮啮合对实际啮合线段长度；p_b 为齿轮的法向齿距。

剃齿加工可视为螺旋齿轮交错轴啮合过程中的切削行为，故剃齿重合度与渐开线齿轮传动重合度定义一致。重合度增大意味着啮合过程中同时啮合的轮齿越多，每个轮齿的受力更均匀，有助于提高齿轮间传动的平稳性和接触寿

命。根据啮合原理，重合度有设计（最大）重合度及实际重合度之分，其中设计重合度计算公式[18]如式（3.9）所示，而实际重合度因误差及载荷的不同而不同，一般会小于设计重合度，需根据实际工况计算求知。

$$\varepsilon=\frac{1}{2\pi}[Z_1(\tan(\alpha'_{t1})-\tan(\alpha_{at1}))+z_2(\tan(\alpha'_{t2})-\tan(\alpha_{at2}))] \tag{3.9}$$

式中：α'_{t1}、α'_{t2}表示剃齿刀和工件齿轮的端面啮合角；α_{at1}、α_{at2}为剃齿刀和工件齿轮的齿顶圆端面压力角。

可以看出，在设计剃齿刀参数时，可通过调整齿轮端面有效啮合线超越量获得合理的重合度。

3.2.2 剃齿重合度对剃齿加工接触特性的影响

剃齿齿形中凹误差易发生在低重合度（LCR，重合度小于 2）的剃齿加工中，基于《齿轮刀具设计与选用手册》中剃齿刀设计的原理与方法，根据表 3.1 工件齿轮参数设计 4 把剃齿刀，并根据建立的剃齿加工运动模型，考虑剃齿刀齿面容屑槽和切削刃的存在以及工件齿轮齿面余量的动态变化，分别建立四组不同重合度的剃齿加工模型。

表 3.1　剃齿刀和工件齿轮基本设计参数

参数	齿数	模数	压力角	螺旋角	变位系数	设计重合度
工件齿轮	17	4.2333	20°	—	0.0468	—
剃齿刀 1	53	4.2333	20°	15°	-0.3793	1.8294
剃齿刀 2	52	4.2333	20°	15°	-0.3744	1.7712
剃齿刀 3	53	4.2333	20°	10°	-0.3649	1.7133
剃齿刀 4	52	4.2333	20°	10°	-0.3603	1.6548

分别对上面四组模型进行完整齿廓的接触分析，并得到相应的剃齿加工接触特性曲线和传动特性曲线，如图 3.2 所示。从工件齿轮齿顶到齿根完整齿廓的啮合，剃齿刀和工件齿轮接触点数变化均为 3(AB 段)—4(BC 段)—3(CD 段)—2(DE 段)—3(EF 段)—4(FG 段)，接触点数变化规律一致。但随着重合度减小，四组剃齿模型的啮合接触分区大小发生了变化：剃齿刀 1 和剃齿刀 2 的剃齿过程中，四点接触的啮合时间最长；而剃齿刀 3 和剃齿刀 4 的剃齿啮合时间最长的则为两点接触；在四组剃齿啮合对中，三点接触的啮合时间随着重合度减小依次增大。

图 3.2 表明：不同重合度下的法向接触力、接触应力和变形量变化趋势大体一致，随着接触点数的变化，剃齿加工接触特性曲线表现出明显的阶跃特性，这是因为剃齿啮合状态发生改变，接触点数突变导致法向作用力产生阶

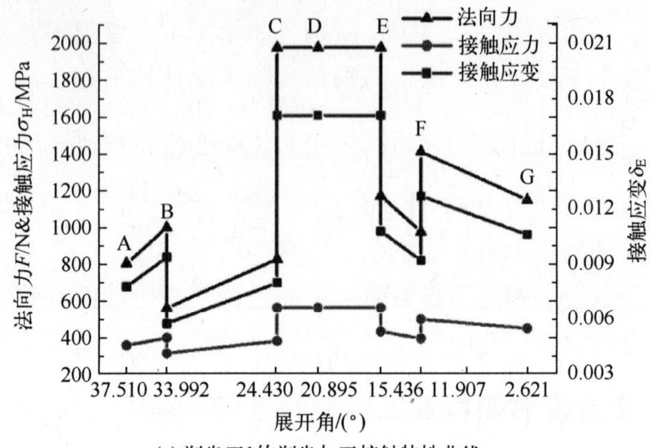

(a) 剃齿刀1的剃齿加工接触特性曲线

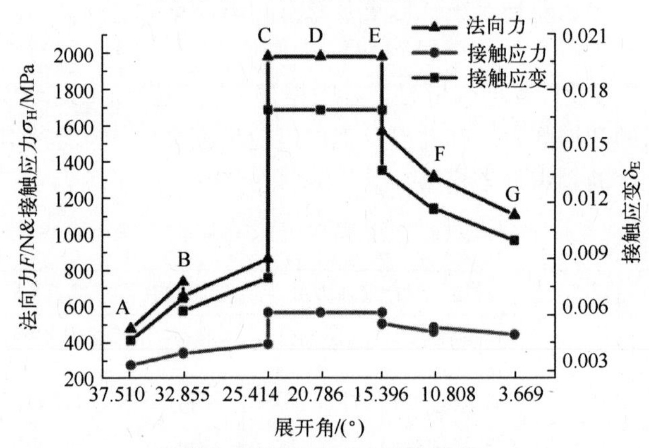

(b) 剃齿刀2的剃齿加工接触特性曲线

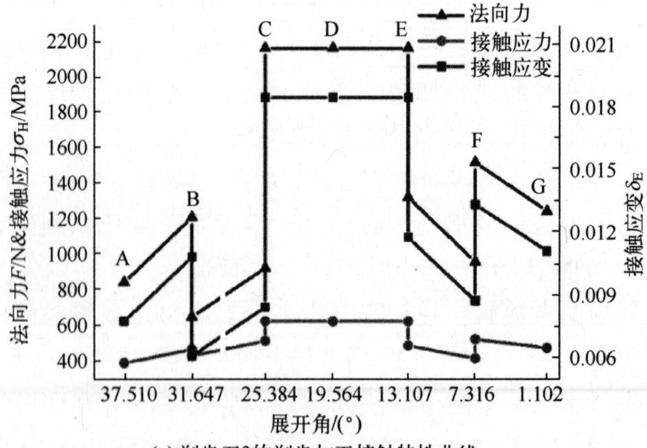

(c) 剃齿刀3的剃齿加工接触特性曲线

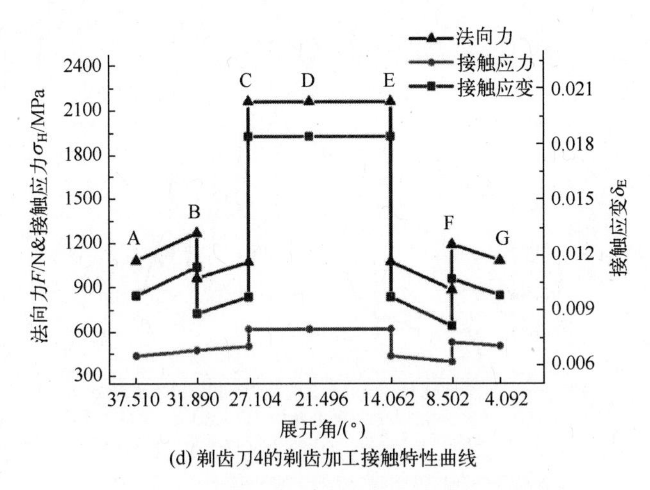

(d) 剃齿刀4的剃齿加工接触特性曲线

图 3.2　不同重合度下剃齿加工接触特性曲线

跃；但在实际生产中，力的阶跃现象意味着剧烈的振动或工艺系统结构的破坏，在正常的剃齿加工过程中是不存在的，剃齿加工的实际接触特性曲线是平滑的。

图 3.2 中径向力不变的情况下，由于接触点数减少，两点接触部分（DE 段）的齿面接触点所承受的法向接触力和齿面变形量都会增大。CD 段为三点接触，这一段齿廓的受力和变形与 DE 段基本相同，虽然接触点数多，但单点接触受力不平衡，故更容易出现塑性形变。EF 段为三点接触区域，但其法向作用力、接触应力和变形量均小于四点接触区域的 FG 段，这是因为在图 3.2（b）中，AB 段和 CD 段分别对应 F_1和 F_3，EF 段对应 F_2，此时大部分作用力由 F_1和 F_3平衡。

图 3.2（a）（b）中接触应力与应变变化趋势大致相同，各项数值相差很小，表明当重合度足够大（针对该组剃齿参数，其重合度为 1.7712）时，继续增大对齿面接触应力的影响很小（在节圆附近的二、三点接触区域接触应力数值只相差 1.81%,)，反而重合度过大、剃齿中心距减小容易造成沉割、根切等不良影响。剃齿齿形中凹误差出现在节圆位置附近，通过比较该位置的不同重合度的分析结果，随着重合度从 1.8294 减小到 1.6548，工件齿轮齿廓中部区域（即节圆附近）的两点和三点接触区域（CD 段和 DE 段）法向作用力从 1976N 到 2160.89N，增大了 9.8%，接触应力从 564.25MPa 到 620.932MPa，增大了 10.05%，接触应变量从 0.0169 到 0.0182 增大了 7.69%，且各项数据在该位置处均达到峰值，可见节圆附近的两点和三点接触区域极易产生塑性形变，并随着剃齿的进行，误差不断复映，最终呈现出明显的齿形中凹误差。

选取上述剃齿参数，分别对不同重合度的剃齿分析模型进行仿真及数据处理，接触应力仿真结果如图 3.3 所示。

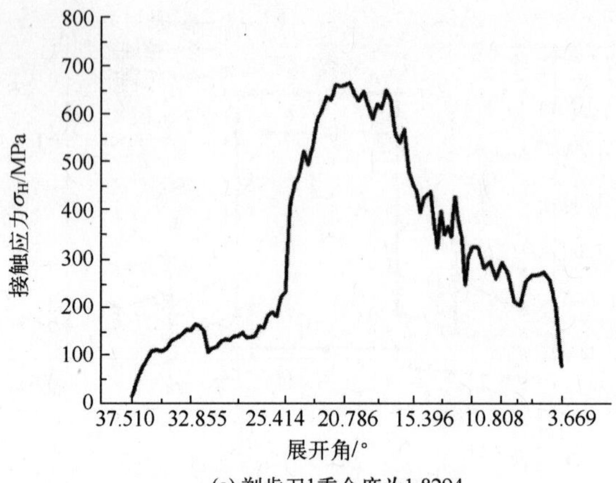

(a) 剃齿刀1重合度为1.8294

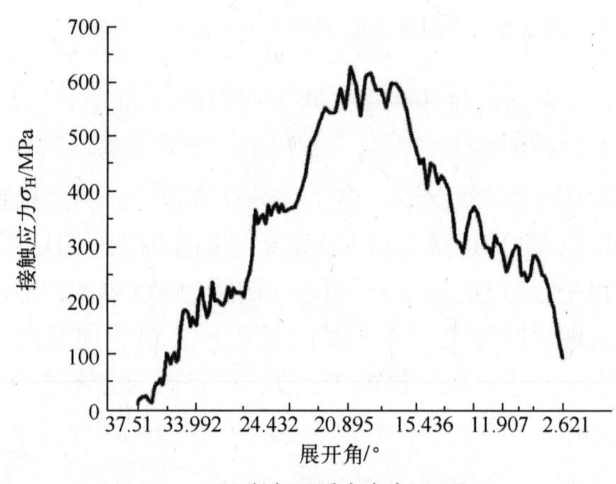

(b) 剃齿刀2重合度为1.7712

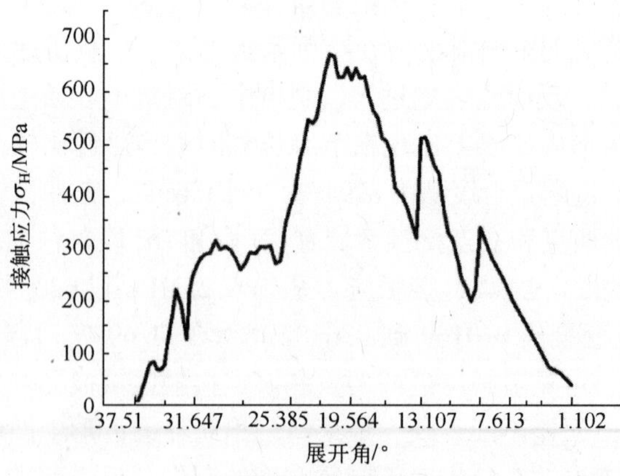

(c) 剃齿刀3重合度为1.7133

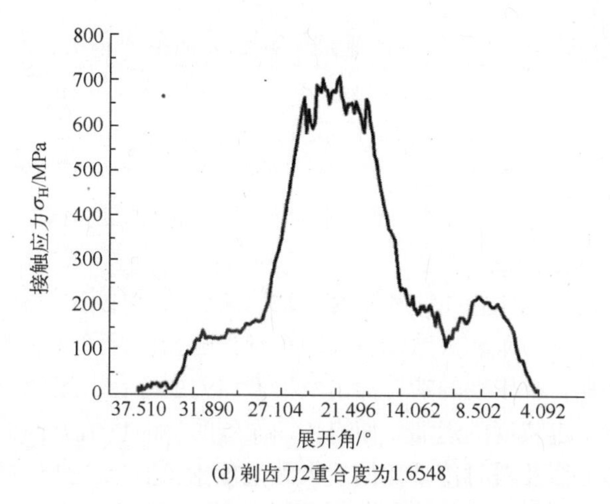

(d) 剃齿刀2重合度为1.6548

图 3.3　不同重合度下的剃齿加工接触特性仿真曲线

图 3.2 与图 3.3 表明：有限元法计算的完整齿廓上接触应力曲线变化规律与图 3.2 理论计算的一致，均在节圆位置附近达到峰值。不同重合度会使得接触特性曲线发生显著变化，且不同重合度的变化趋势也与图 3.2 理论计算的结果大体一致。图 3.3 中接触应力曲线并未表现出理论计算结果的阶跃现象，而是相对平滑连续。有限元法计算的接触应力比理论计算的值要大，而且对比图 3.2 理论计算的接触应力，其误差随着重合度的减小而呈现增大的趋势，其误差产生的可能原因：有限元软件应用准静态动态仿真，故系统动态质量导致轮齿仿真变形会大于理论计算变形[31]。

3.2.3　剃齿重合度对剃齿加工传动特性的影响

研究重合度对于剃齿啮合传动特性的影响，在分析过程中需尽量保持除重合度外的其他参数一致。剃齿仿真加工过程中对模型的剃齿刀和工件齿轮均施加了刚体约束，从而忽略了齿面间的接触变形对传动特性的影响，以不同重合度分析剃齿加工传动特性。刚体约束下的剃齿加工传动特性曲线如图 3.4 所示。

图 3.4 表明：在刚体约束下，不同重合度之间的剃齿加工传动误差曲线和瞬时传动比曲线变化不大，重合度的改变并不能较大程度地改变传动误差的幅值，只能改变传动误差的周期变化趋势。而重合度作为最重要的剃齿参数，在刚体约束下并不发生较大程度的变化，该现象不符合常理及实际观测结果，表明重合度改变引起的其他变化才是影响剃齿过程的主要因素。去除有限元模型的刚体约束，参照先前的数据处理得到考虑齿面间接触变形的剃齿加工传动特性曲线，如图 3.5 所示。

图3.5对比图3.4可知，相比施加刚体约束后的剃齿分析模型，考虑了接触变形的剃齿加工传动特性变化很大。可见，单一因素重合度的改变并不能较大程度地改变传动误差的幅值，只能改变传动误差的周期变化趋势；不同重合度通过改变剃齿啮合状态使得工件齿轮齿面接触变形发生较大变化，从而影响剃齿传动。即不同重合度的剃齿啮合状态引起的接触变形才是影响剃齿加工传动特性的主要因素。

图3.5所示的传动误差曲线和瞬时传动比曲线随重合度的不同而不同，且均在剃齿啮合初始阶段产生较大波动，表明在剃齿啮合初始阶段的振动较大，传动不平稳。啮合初期会有较大的啮合冲击及模型误差的存在，接触变形会导致工件齿轮的角速度有一定程度的迟滞，使得传动误差明显向负值方向偏移。趋于稳定之后的传动误差曲线及瞬时传动比曲线大致呈现正弦变化，且随着重合度的不断增大，其对应收敛后的误差幅值逐渐减小，波动周期增大，表明剃齿啮合传动误差变化越来越小，剃齿加工状态平稳，如图3.5（b）、（c）、（d）所示。若此时重合度继续增大，则传动误差波动幅值增大，如图3.5（a）所示，可能的原因如下：当重合度增大到一定程度后，随着局部受力增大，会出现较大的接触变形，从而产生局部振动，导致啮合更加不平稳，最终在传动误差曲线上表现为局部振荡。

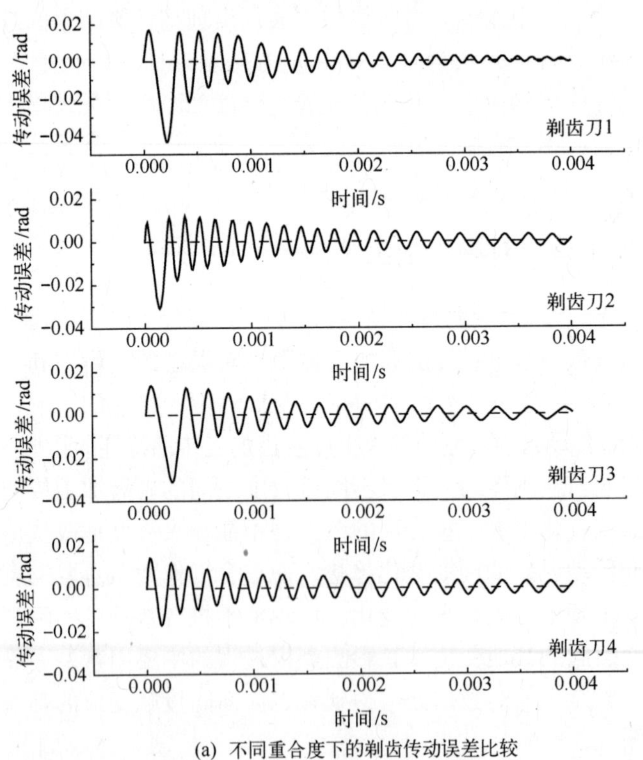

(a) 不同重合度下的剃齿传动误差比较

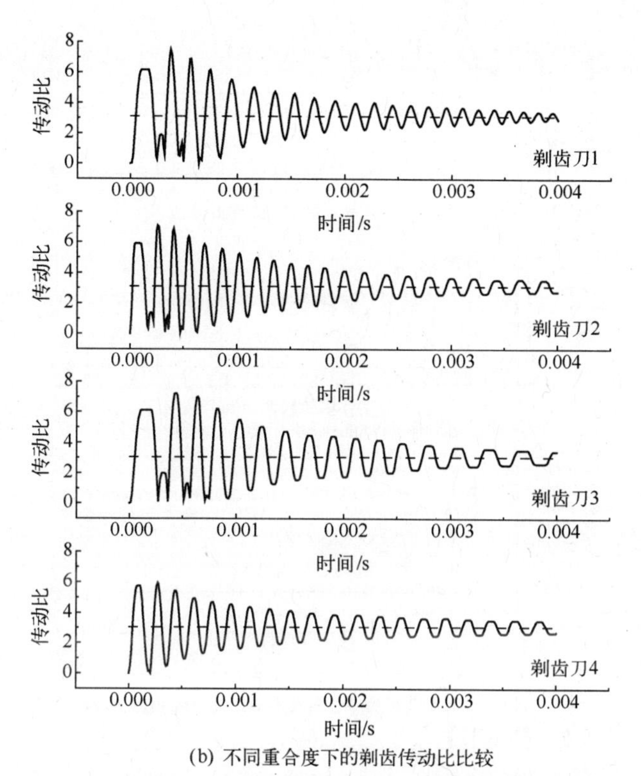

(b) 不同重合度下的剃齿传动比比较

图 3.4　刚体约束下不同重合度的剃齿加工传动特性曲线

结合图 3.4 和图 3.5 可知，减小剃齿过程的振动，才能使工件齿轮获得更高的齿面成形质量。因此，适当地增大剃齿重合度，有利于改善剃齿加工的平稳性和齿间载荷分配，减小齿间的传动误差，提高剃齿啮合对的动态性能和强度性能。

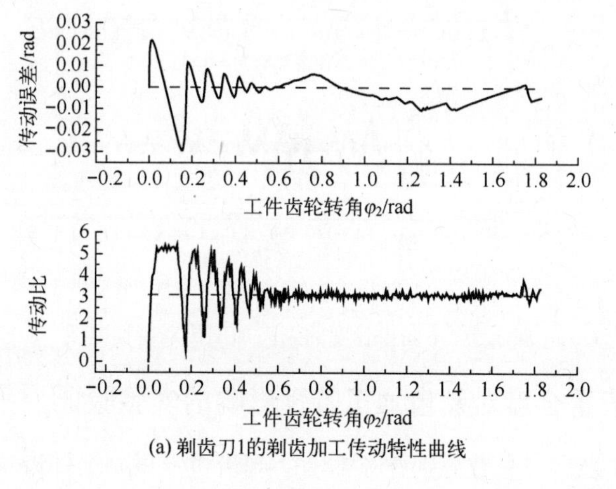

(a) 剃齿刀1的剃齿加工传动特性曲线

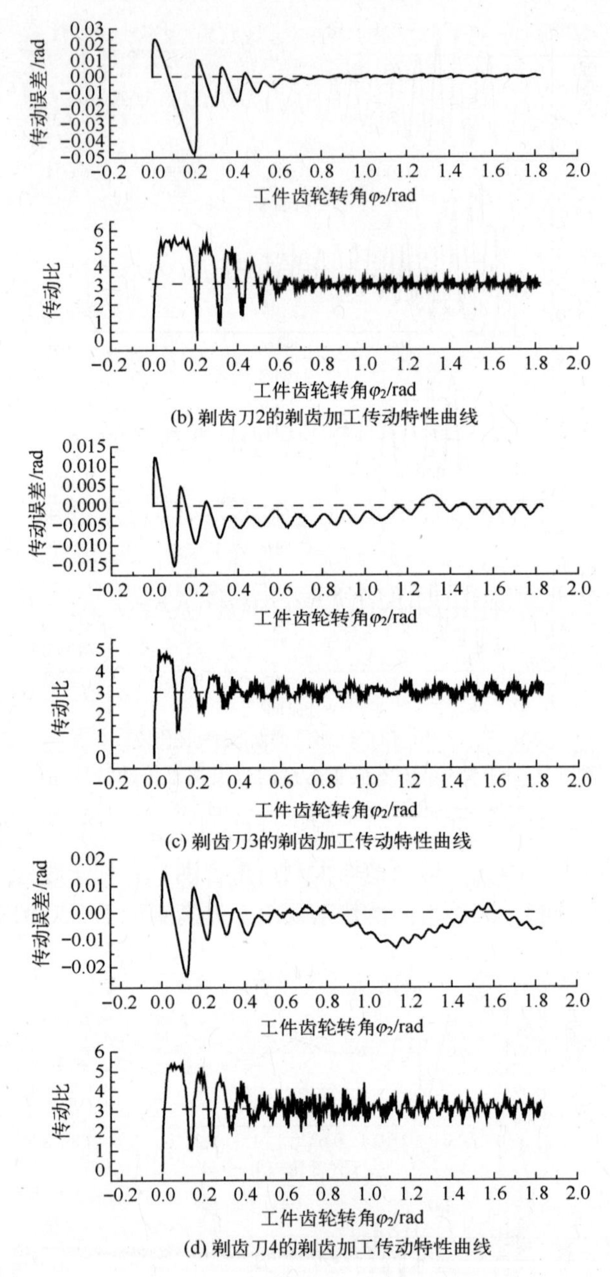

(b) 剃齿刀2的剃齿加工传动特性曲线

(c) 剃齿刀3的剃齿加工传动特性曲线

(d) 剃齿刀4的剃齿加工传动特性曲线

图 3.5 不同重合度的剃齿加工传动特性曲线

3.2.4 剃齿重合度对剃齿加工特性影响的实验验证

选取上述剃齿刀参数分别在 YW4232 剃齿机上试剃工件齿轮，应用万能齿轮测量仪 GM3040a 对剃后工件齿轮进行齿形齿向检测，选取工件齿轮左齿面齿形图，如图 3.6 所示。齿廓形状偏差是指计值范围内，包括实际齿廓迹线的两条与平均齿廓迹线完全相同的曲线间的距离，且两条曲线与平均齿廓迹线的

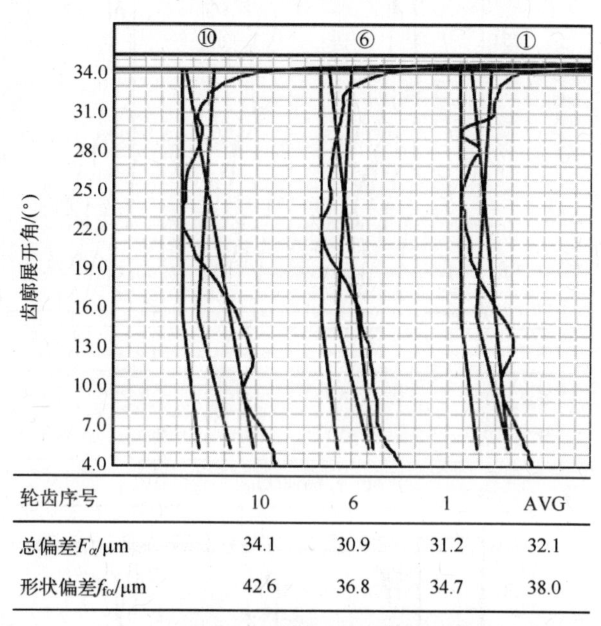

轮齿序号	10	6	1	AVG
总偏差F_{α}/μm	34.1	30.9	31.2	32.1
形状偏差$f_{f\alpha}$/μm	42.6	36.8	34.7	38.0

(a) 剃齿刀1剃削的工件齿轮齿形图

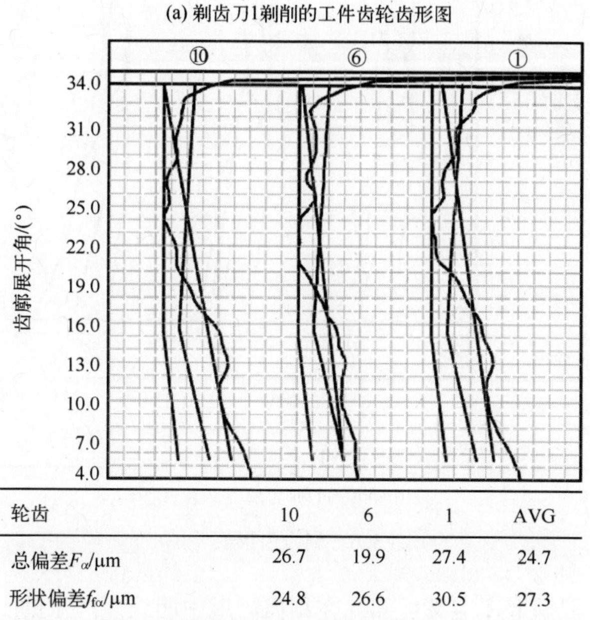

轮齿	10	6	1	AVG
总偏差F_{α}/μm	26.7	19.9	27.4	24.7
形状偏差$f_{f\alpha}$/μm	24.8	26.6	30.5	27.3

(b) 剃齿刀2剃削的工件齿轮齿形图

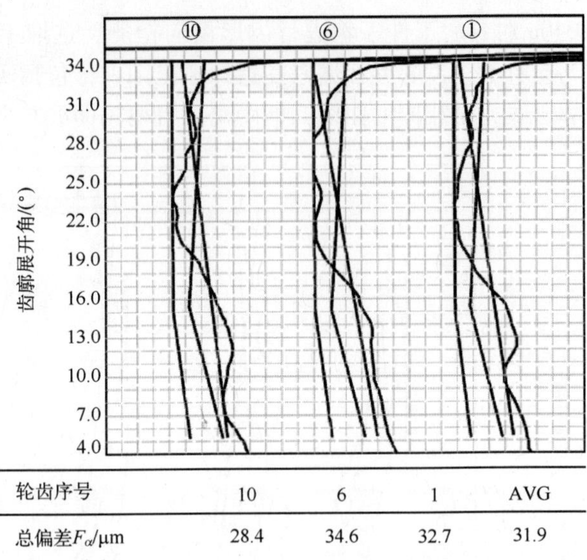

轮齿序号	10	6	1	AVG
总偏差F_{α}/μm	28.4	34.6	32.7	31.9
形状偏差$f_{f\alpha}$/μm	33.1	43.1	39.3	38.5

(c) 剃齿刀3剃削的工件齿轮齿形图

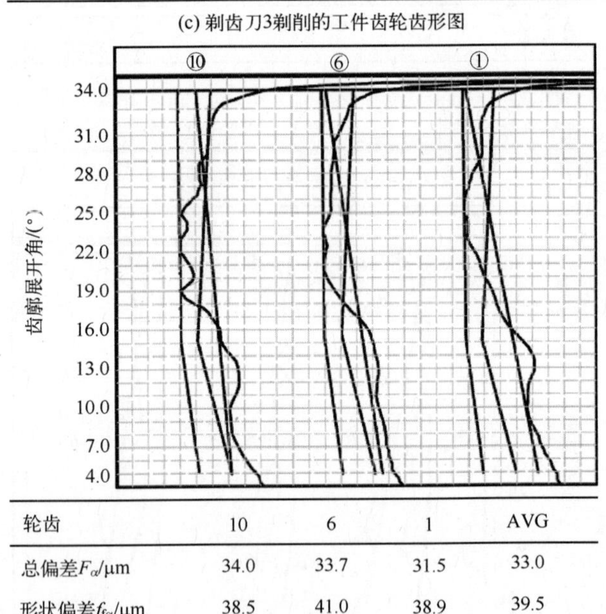

轮齿	10	6	1	AVG
总偏差F_{α}/μm	34.0	33.7	31.5	33.0
形状偏差$f_{f\alpha}$/μm	38.5	41.0	38.9	39.5

(d) 剃齿刀4剃削的工件齿轮齿形图

图 3.6　剃齿齿形实验图

距离为常数。根据上述定义可知，在剃齿齿形中凹误差严重的工件齿轮中，齿廓形状偏差可作为衡量齿形中凹误差的参数。

结合图 3. 2 和图 3. 3，图 3. 5 和图 3. 6，可得剃齿啮合加工特性对工件齿轮齿面成形质量的影响：不同重合度的剃齿刀和工件齿轮参数产生不同的剃削效果，且均产生不同程度的剃齿齿形中凹误差。由图 3. 6（a）、（c）、（d）可知，重合度越大，啮合越稳定，剃齿齿形偏差就越小，这也符合工程实际应用中剃齿刀设计的经验。图 3. 6（b）剃齿刀 2 的试剃结果较其余剃齿刀剃削数据更为理想，其重合度（1. 7712）却比剃齿刀 1（1. 8294）要小。

对比图 3. 4 和图 3. 5 可知，随着重合度增大，有效啮合线上双啮合区变大，使得啮合接触位置受力更加平衡，剃齿过程传动更加稳定，工件齿轮齿面成形质量提高。当重合度增大到一定程度后，其局部接触位置受力会过大，导致剃齿啮合不平稳，从而在工件齿轮齿面上表现为更大的剃齿齿形中凹误差。此外，重合度过大会导致剃齿啮合初始阶段的传动误差及瞬时传动比波动幅值过大，剃齿刀与工件齿轮间振动剧烈，最终在工件齿轮齿面上表现为不可修复的其他齿面误差。

3. 2. 5　剃齿重合度对剃齿齿形中凹误差的影响

剃后工件齿轮齿形质量通过剃齿加工特性作为中间变量来研究是解决剃齿齿形中凹误差问题的主要研究思路之一。以剃齿加工接触特性和传动特性作为剃齿加工特性曲线为衡量标准，包括剃齿加工接触特性曲线的峰值大小、各接触状态对应的数值大小、各接触状态的啮合时间，接触状态的弹、塑性变形量大小，剃齿加工传动特性曲线的收敛时间、收敛前后的幅值大小、收敛前后的周期大小及啮合初期的峰值大小等。剃齿加工接触应力越小，两点接触区域越大接触时间越长、单点接触区域越小接触时间越短，齿廓塑形变形越小，表明剃齿加工的接触性能越好；剃齿加工传动误差峰值越小，收敛时间越短，收敛前后的幅值越小，表明剃齿加工传动性能越好。

结合图 3. 6，由图 3. 2 和图 3. 5 可知，不同重合度下的剃齿加工接触特性与剃齿加工传动特性呈现一致的规律，而剃齿加工特性的接触特性和传动特性两者之间相互耦合影响剃后工件齿轮齿面成形，因此，研究剃齿齿形中凹误差形成机理时，不能单独分析一种剃齿加工特性的影响，应考虑剃齿加工特性的整体性能。

由图 3. 2（b）、（c）、（d）可知，随着重合度不断减小（从 1. 7712 减小到 1. 6548），节圆附近（在重合度小于 2 的情况下，一般位于 DE 段或 EF 段）两点接触区域的应力值逐渐增大（从 564. 25MPa 增大到 620. 932MPa），而三点接触区域却不断减小。其对应的接触应变量也随着应力曲线变化，最终在齿面上呈现的齿面误差由弹塑性变形量决定。因此，剃齿刀设计时需考虑节圆位置的状况才有可能确定最佳的剃齿参数，同时也进一步表明对剃齿加工进行接触特性的分析是十分必要的。

图 3.5（b）、（c）、（d）可知，随着重合度的减小，剃齿加工传动误差曲线和瞬时传动比曲线也呈现一致的趋势，其收敛时长逐渐增大，收敛后的波动幅值也变大。可见，剃齿加工传动性能随着重合度减小而变差，同时也表明重合度的增大或减小可以改变剃齿加工的平稳性，影响剃齿工艺效果。但是，当重合度增大到 1.7712 时，剃齿加工接触特性的峰值应力、应变不再显著变化，而剃齿加工传动特性的曲线呈现反向趋势，传动误差增大，曲线收敛时间增大，波动周期减小，表明剃齿加工的振动变大，传动不平稳。

综上所述，重合度直接影响剃齿加工特性，从而影响剃齿加工后的工件齿轮齿形质量。增大重合度能显著改善剃齿加工性能，减小剃齿齿形中凹误差，表 3.1 所列的数据中，剃齿啮合的重合度从 1.6548 增加到 1.7712 时，齿廓总偏差和形状偏差均减小，剃齿齿形中凹误差得到明显的改善。但是当重合度继续增大（从 1.7712 增大到 1.8294）时，虽然能适当提高剃齿加工接触性能，但是使得剃齿过程产生较大的振动，传动平稳性显著下降，从图 3.6 所示的剃齿实验结果可知，此时并未改善剃齿加工后的工件齿轮齿形质量，反而增大了剃齿齿形中凹误差。在剃齿刀设计中，重合度过大会导致有效啮合线超越量减小，使得剃齿刀重磨次数减少，影响其使用寿命。选择合适的重合度作为剃齿参数才能有效地改善剃齿工艺效果。表 3.1 所列的该组剃齿参数中，选取重合度 1.7712 为最佳剃削工艺效果的重合度。

参 考 文 献

[1] 吕明，轧刚，张华，等．被剃齿面中凹误差的分析计算［J］. 太原工业大学学报，1995（03）：1-7.

[2] JOHNSON K. Contact mechanics［M］. Combridge：Combridge University Press，1985.

[3] UMEZAWA K. Deflections and moments due to a concentrated load on a rack-shaped cantilever plate with finite width for gears［J］. Bulletin of the JSME，1972，15（79）：116-130.

[4] 邓效忠，徐爱军，张静，等．基于时标域频谱的齿轮传动误差分析与试验研究［J］. 机械工程学报，2014，50（1）：85-90.

[5] 唐进元，卢延峰，周超．有误差的螺旋锥齿轮传动接触分析［J］. 机械工程学报，2008，44（7）：16-23.

[6] 汪中厚，王杰，马鹏程，等．真实齿面的螺旋锥齿轮动传动误差研究［J］. 振动与冲击，2014（15）：138-143，156.

[7] 汪中厚，王杰，王巧玲，等．基于有限元法的螺旋锥齿轮传动误差的研究［J］. 振动

与冲击，2014，33（14）：165-170.

[8] 邓效忠，徐爱军，张静，等．齿距啮合偏差对准双曲面齿轮传动误差的影响［J］．航空动力学报，2013，28（3）：597-602.

[9] 邓效忠，方宗德，任东锋，等．弧齿锥齿轮的齿距误差传动性能的影响研究［J］．航空动力学报，2002，17（2）：268-272.

[10] 方宗德，刘涛，邓效忠．基于传动误差设计的弧齿锥齿轮啮合分析［J］．航空学报，2002，23（3）：226-230.

[11] 蒋进科，方宗德，苏进展．高阶传动误差斜齿轮修形设计与加工［J］．哈尔滨工业大学学报，2014（9）：43-49.

[12] JIANG J，FANG Z. Design and analysis of modified cylindrical gears with a higher-order transmission error［J］. Mechanism and Machine Theory，2015，88：141-152.

[13] FUENTES A，NAGAMOTO H，LITVIN F L. Computerized design of modified helical gears finished by plunge shaving［J］. Computer Methods in Applied Mechanics and Engineering，2010，199（25/26/27/28）：1677-1690.

[14] LITVIN F L，GONZALEZ P I，YUKISHIMA K，et al. Design，simulation of meshing，and contact stresses for an improved worm gear drive［J］. Mechanism and Machine Theory，2007，42（8）：940-959.

[15] LITVIN F L，VECCHIATO D，YUKISHIMA K，et al. Reduction of noise of loaded and unloaded misaligned gear drives［J］. Computer Methods in Applied Mechanics and Engineering，2006，195（41-43）：5523-5536.

[16] LITVIN F L，De DONNO M. Computerized design and generation of modified spiroid worm-gear drive with low transmission errors and stabilized bearing contact［J］. Computer Methods in Applied Mechanics and Engineering，1998，162（1-4）：187-201.

[17] 蒋进科．高速渐开线圆柱齿轮齿面设计及数控加工技术研究［D］．西安：西北工业大学，2015.

[18] 林超，龚海，侯玉杰．偏心-高阶椭圆锥齿轮副设计与传动特性分析［J］．农业机械学报，2011，42（11）：214-221.

[19] 郭栋，石晓辉，施全，等．多级齿轮传动系统传动误差快速预测［J］．四川大学学报（工程科学版）．2012，44（3）：224-228.

[20] 常乐浩，贺朝霞，刘岚，等．一种确定斜齿轮传递误差和啮合刚度的快速有效方法［J］．振动与冲击．2017，36（6）：157-162.

[21] 邵文，唐进元，李松．基于传动误差数据的齿轮误差检测方法与系统［J］．测控技术．2011，30（11）：5.

[22] 何泽银．齿轮系统传动误差耦合分析与振动噪声优化研究［D］．重庆：重庆大学，2015.

[23] 陈琴，黄银坤，贾超，等．安装误差对双圆弧弧齿锥齿轮章动传动齿面接触特性的影响［J］．机械传动．2021，45（12）：91-95.

[24] SIMON V. Design and manufacture of spiral bevel gears with reduced transmission errors [J]. Journal of Mechanical Design. 2015, 131 (4): 41007-41017.

[25] SIMON V. Design of face-hobbed spiral bevel gears with reduced maximum tooth contact pressure and transmission errors [J]. Chinese Journal of Aeronautics. 2013, 26 (3): 777-790.

[26] TORDION G V, GAUVIN R. Dynamic stability of a two-stage gear train under the influence of variable meshing stiffnesses [J]. Transactions of Asme Journal of Engineering for Industry, 1977, 99 (3): 785.

[27] SWEENEY P J. Transmission error measurement and analysiS [D]. Sydney: University of New South Wales, 1995.

[28] FUENTES A, NAGAMOTO H, LITVIN F L, et al. Computerized design of modified helical gears finished by plunge shaving [J]. Computer Methods in Applied Mechanics & Engineering. 2010, 199 (25): 1677-1690.

[29] BIBEL G, KUMAR A, REDDY S, et al. Contact stress analysis of spiral bevel gears using nonlinear finiteelement static analysis [J]. Journal of Mechanical Design. 1995, 117 (2A): 235-240.

[30] LITVIN F L, FUENTES A. Gear geometry and applied theory [M]. Cambridge: Cambridge University Press, 2004.

[31] 王峰，方宗德，李声晋．斜齿轮动力学建模中啮合刚度处理与对比验证 [J]. 振动与冲击，2014，33 (6): 13-17.

第4章　剃齿切削运动

4.1　概　　述

剃齿加工本质上是材料去除过程，剃齿机床主轴的圆周运动使剃齿刀与工件齿轮之间的啮合点沿着齿轮齿廓方向运动，而径向进给运动则将剃齿刀切削刃压入工件齿轮齿面内部，轴向进给运动是剃齿刀剃除工件齿轮全齿宽的保证。

剃齿刀切削刃由剃齿刀齿面的容屑槽和渐开面相交而成，并不涉及刀尖形状、刀刃和刃口形状等，剃齿刀的刀刃由容屑槽槽型决定，在剃齿刀具设计时，一般只采用三种基本型式，如图4.1所示。

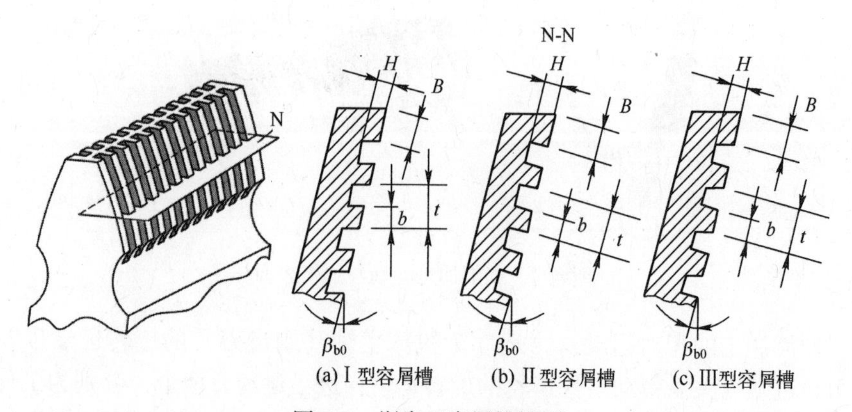

图4.1　剃齿刀容屑槽槽型

剃齿刀由主切削刃、前刀面和主后刀面组成，刀具几何角度也只有前角不同，其后角、主偏角和刃倾角均一致。而刀具前角是刀具重要的设计参数之一，它决定着切削刃的锋利程度和强固程度，并直接影响加工效果。剃齿刀Ⅰ型、Ⅱ型和Ⅲ型容屑槽所形成的两侧刃共六个前角，只有三个前角值：正前角γ_o、零前角、负前角$-\gamma_o$。其中Ⅰ型容屑槽的两个侧面均平行于剃齿刀端面，Ⅱ型容屑槽的两个侧面均垂直于齿向，Ⅲ型容屑槽的一个侧面为钝角平行于剃齿刀端面，另一个侧面垂直于剃齿刀齿向。不同的前角会产生不同的剃削效果，一般而言，增大刀具前角可以减小切屑变形，使切削力和切削功率减小，从而减少切削时产生的热量，使得刀具耐用度得以提高。对于螺旋剃齿刀而言，Ⅰ型槽的一侧刃为锐角（正前角 γ_o），另一侧刃为钝角（负前角 $-\gamma_o$），它们的工作条件各不相同。其制作容易，成本较低，故在螺旋角不大时，一般采用Ⅰ型容屑槽。Ⅱ型槽的两个切削刃前角均为零，两侧切削刃的切削条件相同。但Ⅱ型容屑槽剃齿刀制作难度较大，不易掌握。Ⅲ型容屑槽是在Ⅰ型容屑槽制作方法的基础上，将其正前角一侧的前角减小到零度或接近零度而成，这样做的好处是可以抵消因螺旋角和轴交角而导致的两侧齿面剃削条件不一致所带来的影响，所以它兼顾了Ⅰ型、Ⅱ型容屑槽的特点，且其排屑能力也较好。故当其螺旋角较大时，采用Ⅲ型容屑槽较为合适。此外，前角的合理性还取决于刀具材料和工件材料的性质。这里以轴向剃齿为例进行说明，如图 4.2 所示。

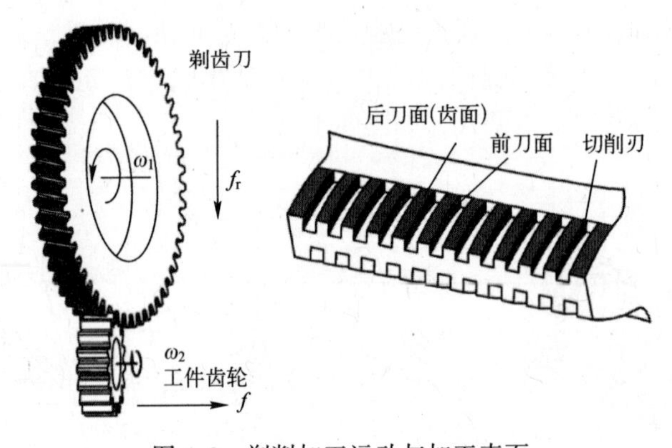

图 4.2　剃削加工运动与加工表面

剃齿加工的相对运动：主运动为机床主轴（剃齿刀）的旋转运动以及剃齿刀通过啮合关系带动工件齿轮的旋转运动；进给运动有两个，分别为工件齿轮沿自身轴线进行往复运动的轴向进给运动（又叫纵向进给运动）和剃齿刀沿径向进行间歇直线进给的径向进给运动（又叫垂直进给运动）。为方便后文叙述，这里的剃齿切削运动分别用剃齿切削参数代替，即主轴转速 n、工件齿轮的轴向进给量 f 以及剃齿刀的径向进给量 f_r。轴向进给的工件齿轮必须从啮合节点处通过，因此工作台走刀长度应等于齿轮齿面的宽度，但在实际应用中，通常增加大小为 2m 的空程量。剃齿中，轴向运动速度还与齿面粗糙度、刀具耐用度和生产效率有关。粗糙度要求高、材料硬度较高的齿轮取小值，详细数值选取根据工程经验可以表 4.1 作为参考。

表 4.1　剃齿轴向进给量

轴交角	工件齿轮齿数			
	17~25	25~40	40~50	50~100
7°~10°	0.075~0.1	0.1~0.15	0.15~0.2	0.2~0.25
10°~15°	0.1~0.15	0.15~0.2	0.2~0.25	0.25~0.3
>15°	0.15~0.2	0.2~0.25	0.25~0.3	0.3~0.35

工件齿轮轴向进给往复一次或多次行程，剃齿刀作一次径向进给，最后两次行程作为光整行程而不进行进给，故后面径向进给量的大小均以每单行程为计量标准，其大小与机床、夹具的刚度及剃齿时修正剃前误差的能力有关。当剃齿径向进给量过小时，齿面间只起挤压作用，无法剃削齿面余量，也无法修正剃前误差；当剃齿径向进给量过大时，剃削量过厚，剃齿刀和机床容易过载，在剃齿刀和工件齿轮齿面间产生很大的压力而挤压齿轮，破坏工件的原有精度。一般推荐单行程的进给量为 0.02~0.06mm，常用 0.04mm。

4.2　剃齿加工切削力建模与分析

4.2.1　剃齿切削力的建模

剃齿加工中，剃齿切削力（剃削力）的变化是影响剃后工件齿轮齿面成形质量的一个重要因素。

剃齿加工本质上属于齿轮金属材料的去除过程，剃齿切削力和其他切削力一样都是研究切削机理的首要任务。南京工业大学的张金等[1]针对铣齿加工的多切削刃、非自由切削等特点，采用间接测量试验法，并根据切削理论模型，计算了铣齿加工理论切削力，研究分析了铣齿断续切削机理。

天津大学的周后火等[2]为实现准确的插齿切削力预测，采用刨削加工代替插齿加工进行研究，同时基于 Johnson-Cook 本构模型对插齿过程进行仿真，证明了分析结果的正确性，该方法为剃齿加工拓展了研究思路。Ratchev 等[3-4]基于柔性切削力模型，研究分析了铣削加工薄壁零件过程中，其表面静态误差的分布与补偿问题。Heikkala[5]研究了在已知切削条件下，基于简化切削力理论的铣削加工中铣削力分量确定方法，但其并未考虑铣削过程中的刀具磨损。

Antoniadis 等[6]基于一种模拟齿轮滚切的算法，建立了滚切直齿齿轮的切削力模型。Mann 等[7]建立了一种可以同时预测铣削稳定性和工件表面位置误差的模型，并指出所构造的动态图中稳态表面位置误差来源于刀具的跳动误差。Smithey[8]采用分线段模型来模拟工件材料塑性流动区随刀具磨损的线性增长规律，建立了磨损刀具的切削力模型。Moriwaki 等[9-10]以剃齿刀与工件齿轮齿面的弹性接触为基础，建立了剃齿切削模型，开发了一款计算机程序研究剃削过程，并且通过带有容屑槽的圆柱进行压入试验，获得了压痕深度与齿面分布载荷的经验公式，通过对比实际工件齿轮齿形图验证了仿真程序的正确性。

对于一般金属切削力而言，描述切削力主要有两种方式：理论公式和经验指数公式。理论公式的优点是能直接反映影响切削力诸多因素的内在联系，有助于分析切削误差问题。现以工件齿轮右齿面为研究对象，并以剃齿加工中三点啮合状态为例，建立剃齿三点接触力学模型，如图 4.3 所示。在图 4.3 中，K_1，K_2，K_3，K_4为有效啮合线的各啮合极限点；n_1，n_2分别为剃齿刀与工件齿轮的转速，$F_{nc}(c=1,2,3,4)$为剃齿法向作用力；F_r为剃齿径向力。

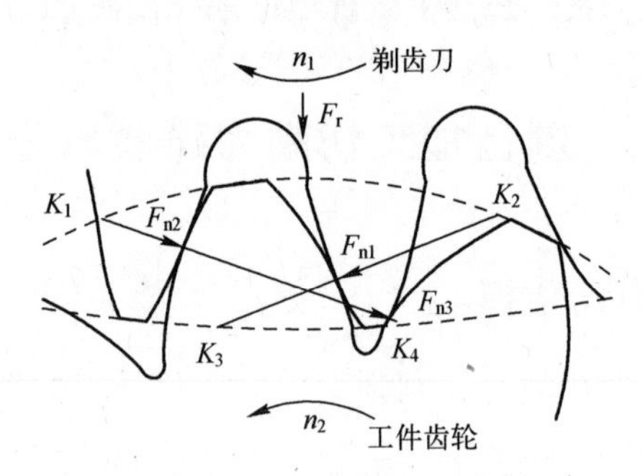

图 4.3　剃齿三点接触力学模型

根据金属切削原理，切削力理论公式的一般形式为[11]

$$F=\frac{\tau a_c a_w \cos(\beta-\gamma_0)}{\sin\phi\cos(\phi+\beta-\gamma_0)} \tag{4.1}$$

式中：F 为切削力；τ 为剪切应力；a_c 与 a_w 分别为切屑厚度与宽度；ϕ 与 γ_0 分别为材料的剪切角与刀具前角；β 为切削摩擦角。

由力学实验可知，真实材料剪切应力 τ 与应变 ε 之间的关系可表示为

$$\lg\tau=\lg\tau_s+\tan\xi\lg\varepsilon \tag{4.2}$$

式中：τ_s 为材料剪切屈服点；ξ 为材料变形系数。

通常，ε 与 ξ 之间有如下关系：

$$\varepsilon=\frac{\xi^2-2\xi\sin\gamma_0+1}{\xi\cos\gamma_0} \tag{4.3}$$

联立式（4.1）、式（4.2）与式（4.3），有

$$F=\tau_s\varepsilon^n a_c a_w(\cos\phi+\tan(\phi+\beta-\gamma_0)) \tag{4.4}$$

由于 $\tan\phi=\dfrac{\cos\gamma_0}{\xi-\sin\gamma_0}$，则式（4.4）可变为

$$F=\tau_s a_c a_w\left(\frac{\xi^2-2\xi\sin\gamma_0+1}{\xi\cos\gamma_0}\right)^n\left(\frac{\xi-\sin\gamma_0}{\cos\gamma_0}+\tan(\phi+\beta-\gamma_0)\right) \tag{4.5}$$

令

$$\psi=\left(\frac{\xi^2-2\sin\gamma_0+1}{\xi\cos\gamma_0}\right)^n\left(\frac{\xi-\sin\gamma_0}{\cos\gamma_0}+\tan(\phi+\beta-\gamma_0)\right) \tag{4.6}$$

可以看出，ψ 为变形系数 ξ 和前角 γ_0 的函数。而根据工程实际经验可以将 ψ-ξ 关系近似看作正比例函数。

$$\psi=1.4\xi+C \tag{4.7}$$

式中：C 表示该正比例函数的截距，其值可由刀具前角 γ_0 通过查表得到，具体数值如表 4.2 所示。

表 4.2　不同前角 γ_0 的 C 值

前角 γ_0	−10°	0°	10°	20°
C 值	1.2	0.8	0.6	0.45

联立式（4.5）、式（4.6）与式（4.7），可得到切削力理论公式的简化形式，即

$$F=\tau_s a_c a_w(1.4\xi+C) \tag{4.8}$$

式中：$a_c a_w$ 表示切削过程中的切削面积，在剃齿加工中表示背吃刀量 a_p 与轴向进给量 f 的乘积。则剃齿切削力理论公式将变为

$$F=\tau_s a_p f(1.4\xi+C) \tag{4.9}$$

剃齿时的背吃刀量不能根据已加工表面与剃前未加工表面直接计算，剃削背吃刀量又称为剃齿切削深度、压切量，由径向进给量 f_r 决定。在推导背吃刀量之前，需先推导进给量和剃齿切削余量的关系，即一定的进给量会剔除多少工件齿轮齿面余量。此时，可根据滚、插和铣齿加工，按照公法线法来计算进给量（切深量），通过剃前、剃后工件齿轮的不同齿厚计算不同的公法线长度，以此计算出不同齿厚（即不同公法线）和径向进给量之间的位置关系，即

$$f_r=\frac{\Delta}{2\sin\alpha} \tag{4.10}$$

式中：Δ 为工件齿轮的双侧留剃量；α 为剃齿法向压力角。

在接触力学中，任意两弹性体相接触，在公法线方向上施加一定的压力，在两弹性体接触位置呈现椭圆形接触区域。剃齿齿面间接触比两个弹性体接触更为复杂[12]，因为在剃齿中一般有多对接触，且随着剃齿加工的进行，其接触对数及正压力是不断变化的。考虑齿轮的局部接触变形，采用弹性力学公式，剃齿时不同啮合状态的压陷量[13]可表示为

$$\delta_c = e\left(\frac{3\pi\lambda F_{nc}}{2}\Big/\sum_{i=1}^{l}\frac{K_i}{C_i^{3/2}}\right)^{\frac{2}{3}} \tag{4.11}$$

式中：e 为剃齿刀容屑槽槽距与槽宽的比值；$K_i = K_1^1 - K_2^1$，为剃齿啮合接触点处的法曲率之差；$\lambda = \frac{1-\mu_1^2}{\pi E_1} + \frac{1-\mu_2^2}{\pi E_2}$，其中 μ_j、E_j（$j=1$，2）分别为材料的泊松比与弹性模量；$C_i = M^2A = N^2B$，其中 A 与 B 的值取决于两接触曲面的主曲率大小及主曲率平面所形成的夹角，M 和 N 是和 A 和 B 有关的系数；l 为剃齿啮合时啮合点的个数。剃齿时每次径向进给的背吃刀量可表示为

$$a_p = \Delta f_r + \delta_c \tag{4.12}$$

式中：Δf_r 为剃齿刀每次径向进给量，当工件齿轮总切削余量已知时，该值由径向进给次数确定。

为便于计算，主轴转动与进给运动都以工件齿轮旋转一周为单元量来计算，同时每一次径向进给在工件齿轮齿面的全齿廓上均为均匀剃削，联立式（4.9）~式（4.12），即可得到剃齿切削力公式。

$$F_c = \tau_s f(1.4\xi + C)\left[\frac{2i\sin\alpha f_r}{n} + e\left(\frac{3\pi\lambda F_{nc}}{2}\Big/\sum_{i=1}^{l}\frac{K_i}{C_i^{3/2}}\right)^{\frac{2}{3}}\right] \tag{4.13}$$

式中：F_c为剃削力；n 为主轴转速；i 为传动比。

切削力的理论公式虽然能直接反映切削力的诸多影响因素及其内在联系，但由于切削过程极为复杂，影响因素甚多，在推导公式时又简化了过多条件，因此其计算结果与实际差别较大，切削力数值不够精确。故目前工程应用中，大多使用经验指数公式来计算实际中的切削力[14]。与一般金属切削相比，剃齿刀和工件齿轮之间的交错轴啮合以及机床多个运动使得剃齿切削力更加复杂。

若要求解剃齿时不同啮合状态的压陷量，就要设法获得不同啮合状态的法向作用力 F_{nc}，而法向作用力 F_{nc}的大小与剃齿径向力 F_r有重要联系。因此，求解压陷量的问题就变成了求解剃齿径向力的问题。太原理工大学的吕明教授等[15]通过自行设计的测力仪获得了剃齿加工时工件齿轮轴上的径向力，并根据试验指数模型，计算出了剃齿径向力 F_r的试验公式。这里基于吕明的剃齿

径向力数学模型，结合剃削力理论模型，得到了剃齿径向力的试验公式，即

$$F_{r}=Pe^{-Q/S} \tag{4.14}$$

式中：P、Q 的取值均与主轴转速、轴向进给量以及径向进给量有关；S 为剃齿刀的径向进给序数。其中，$P = 1385.4990n^{-0.0654}f^{0.1544}f_{r}^{0.5492}$，$Q = 1.5096n^{-0.055}f^{-0.0291}f_{r}^{-0.056}$。

此外，要使用上述剃齿径向力公式来求解剃削力，首先需要求解径向进给序数 S，忽略轴向进给的光整行程，假设剃削一侧工件齿轮齿面需 N_{f}次轴向进给有效行程。由式（4.15）得工件齿轮每旋转一周，工件齿轮上剃除的单侧法向齿厚 ΔS_{nr}为

$$\Delta S_{nr}=\frac{\Delta \cdot f}{2(B_{2}+2m)n_{2}N_{f}} \tag{4.15}$$

此时，对应到文献中的径向进给序数为 S 次：

$$S=\frac{5f}{2(B_{2}+2m)n_{2}N_{f}}\cdot N \tag{4.16}$$

式中：N 为工件齿轮绕自身轴线的旋转次数；B_{2}为工件齿轮齿宽；m 为工件齿轮模数。

由材料力学可知，随着径向进给的进行，剃削会越发的困难，剃削力会越来越大，并且呈现指数形式的数据结构。为了模型的简便计算，取 $N=1$，$N_{f}=5$ 作为研究实例。将剃齿时不同啮合状态的法向作用力代入式（4.13），即可计算得到剃削力。

建立的剃齿切削力公式是综合剃齿切削力理论公式与剃齿试验公式，考虑剃齿齿面的弹性变形得到的，该公式既可以避免建立理论模型时过度简化的问题，又可以用来研究剃削力各影响因素之间的相互联系，因此该剃削力模型能较好地满足研究剃齿切削机理的需要。

剃齿工艺参数的选取对剃齿切削力和切削速度有重要的影响，而切削力和切削速度是影响加工工件质量和工艺系统强度、刚度的重要因素。影响剃削力和剃削速度的剃齿工艺参数主要有剃齿刀容屑槽槽型、主轴转动、轴向进给及径向进给等。在设计剃齿刀时，由于刀具制造成本和机床形式的限制，因此选定剃齿参数后，剃齿刀容屑槽槽型确定，其刀刃的几何参数也就确定了。定量研究剃齿切削参数（主轴旋转、轴向进给量和径向进给量）对剃齿加工（剃削力和剃削速度）的影响规律，确定各剃齿切削参数的变化对剃齿加工过程的影响大小，通过修改其中敏感程度较高的参数来实现小修改，可获得较好的剃齿工艺效果。

4.2.2 剃齿切削参数对剃齿切削力的影响

根据齿轮手册，选用的剃齿切削参数如下：主轴转速分别为 $n=140$r/min、170r/min、200r/min、230r/min；轴向进给量分别为 $f=30$mm/min、36mm/min、51mm/min、60mm/min；径向进给量分别为 $f_r=0.033$mm、0.039mm、0.045mm、0.058mm。表 4.3 为所用的剃齿刀与工件齿轮参数表。

表 4.3 剃齿刀与工件齿轮参数表

参　　数	剃　齿　刀	工 件 齿 轮
模数	5.35	5.35
齿数	43	12
螺旋角	11°	—
压力角	20°	20°
材料	W18Cr4V	20CrMnTi
杨氏模量	2.18×10^5MPa	2.06×10^5MPa
泊松比	0.3	0.25
密度	7800	7800

1. 主轴转速的影响

当 $f=60$mm/min，$f_r=0.045$mm 时，基于单一变量原则，通过式（4.13）确定出工件齿轮右齿面上的剃削力 F_c，得到不同主轴转速 n 下的剃削力 F_c 变化曲线，如图 4.4 所示。

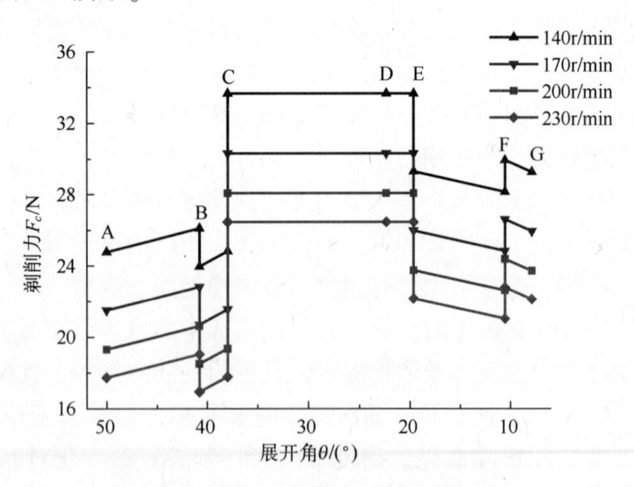

图 4.4 不同主轴转速条件的剃削力曲线

图 4.4 可知：在工件齿轮右齿面上，剃齿时的啮合点个数按照 4 点(AB 段)—3 点(BC 段)—2 点(CD 段)—3 点(DE 段)—4 点(EF 段)—3 点(FG 段)的规律不断变化。剃齿法向作用力随啮合状态的变化而变化，导致了剃削力的阶跃变化。在不同的主轴转速 n 条件下，工件齿轮齿面上的剃削力 F_c 变化规律基本一致。在工件齿轮齿廓节圆附近，即图 3.4 中的 CD、DE 段，剃削力 F_c 出现局部极大值，作用的时间也最长，剃后工件齿轮齿面上该区域最易出现齿形误差。此外，工件齿轮根部所受剃削力 F_c 大于齿顶部所受剃削力 F_c，也更易造成齿形中凹误差，这与工程实际相符。齿顶部的四点接触区域 AB 段所受的法向作用力 F_{nc} 大于三点接触区域 BC 段所受的法向作用力 F_{nc}，这主要是因为在该三点接触区域 BC 段接触点所承受的法向作用力 F_{nc} 较小，大部分法向作用力 F_{nc} 由另外两接触点所平衡。而对于工件齿轮齿根处的四点接触区域 EF 段较之三点接触区域 FG 段所受的法向作用力 F_{nc} 较小，这主要是因为当工件齿轮齿廓上的接触点由四点接触向三点接触变化时，该三点接触区域法向作用力 F_{nc} 主要由 FG 段的接触点平衡。

图 4.4 中的 DE 段主要在工件齿轮节圆附近，而该位置的剃削力出现了极大值，这主要是原因在重合度大于 1 的剃齿加工中，DE 段的左右啮合线往往在单齿啮合区域，其受力不平衡，故应单独研究齿轮节圆处的剃削力。图 4.5 为工件齿轮节圆处（展开角为 22.307°）应用式（4.13）确定的不同主轴转速条件下剃削力 F_c 的变化曲线。

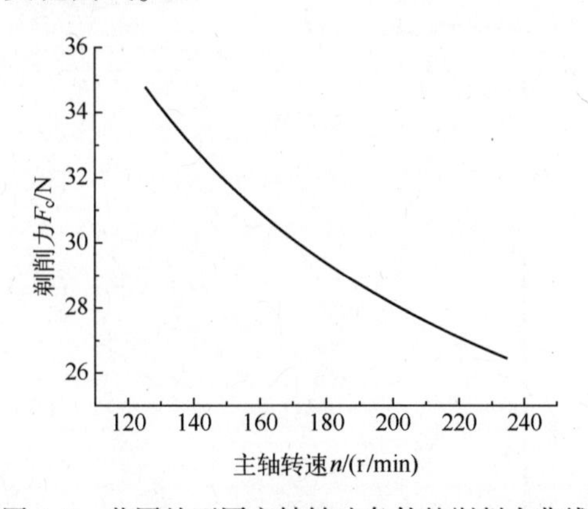

图 4.5　节圆处不同主轴转速条件的剃削力曲线

图 4.5 表明：随着主轴转速 n 的不断增加，工件齿轮节圆附近剃削力 F_c 不断减少，但剃削力的减小幅度会越来越小，这主要是因为在主轴转速实验范围内，主轴转速 n 的升高增大了剃齿过程中的切削速度，造成金属晶格流动速度大于晶格塑性变形速度，增大了剪切角；同时，切削速度的增大，导致切削

温度增高和摩擦系数降低，从而使金属切削层的晶格变形程度降低，降低了剃削力[16]。这与在一定范围内增大切削速度可以提高工件加工精度的工程经验相符。由于剃齿时主轴转速与剃削温度正相关，因此过高的剃削温度会导致工件齿轮齿面强度与硬度降低，齿轮啮合刚度减小，从而导致工件齿轮齿面成形质量下降。

2. 轴向进给运动的影响

剃齿加工中径向进给量 f_r 与轴向进给量 f 共同决定剃削体积的大小，因此轴向进给运动参数对剃削力有重要影响。当主轴转速 $n=170\text{r/min}$ 与径向进给量 $f_r=0.045\text{mm}$ 不变时，单变量改变轴向进给量 f，应用式（4.13）确定剃削力 F_c，图 4.6 为不同轴向进给量 f 对剃削力 F_c 的影响变化曲线，工件齿轮节圆处的剃削力变化如图 4.7 所示。

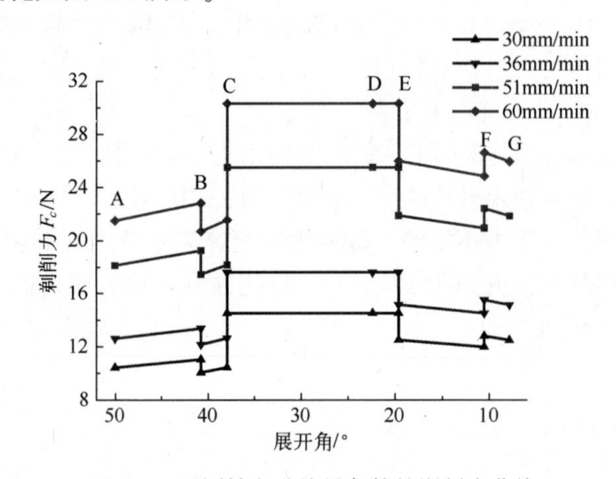

图 4.6　不同轴向进给量条件的剃削力曲线

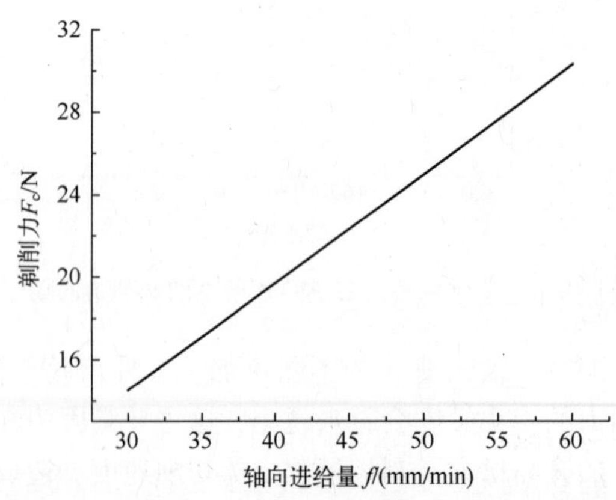

图 4.7　节圆处不同轴向进给量条件的剃削力曲线

图 4.6 可知：工件齿轮轴向进给量 f 的改变并不影响齿廓 F_c 的变化规律。这主要因为剃齿时轴向进给运动是保证全齿宽剃削的必要条件，故对剃削力变化规律的影响并不明显。但轴向进给量 f 的增加却会导致工件齿轮同一曲率半径剃削力的增加，这主要是由于轴向进给量 f 增加后，剃齿时的剃削体积增加，所需剃削力也增加，从而导致金属晶格内晶面位移加剧，晶粒纤维化程度变高，齿面发生塑性变形的区域增大。同时，在不同轴向进给量 f 的两点接触区域 CD 段与三点接触区域 DE 段的剃削力都最大，也表明该处最先发生塑性变形，随着轴向进给量 f 的增大，塑性变形逐渐扩展至其余相邻区域。

图 4.7 可知：工件齿轮节圆附近的剃削力 F_c 随工件齿轮轴向进给量 f 的增加而增加。对比图 4.6，CD 段与 DE 段正好在节圆附近，过大的节圆剃削力极易导致工件齿轮齿面余量的过度剃削。因此，剃齿齿形中凹误差最有可能在工件齿轮节圆附近开始累积，造成工件齿轮齿形中凹现象的出现。

3. 径向进给运动的影响

当 $n = 170\text{r/min}$ 与 $f = 60\text{mm/min}$ 保持不变时，单变量改变 f_r，应用式（4.13）确定剃削力 F_c，图 4.8 为不同径向进给量 f_r 的剃削力 F_c 变化曲线。应用式（4.13），固定齿轮展开角为 22.307°，计算不同径向进给运动条件下的剃削力 F_c，得到工件齿轮节圆处的剃削力变化曲线如图 4.9 所示。

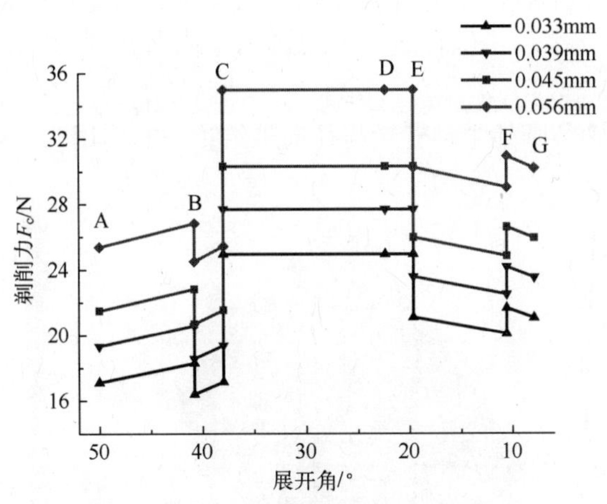

图 4.8　不同径向进给量条件的剃削力曲线

图 4.8 表明：剃齿时径向进给量 f_r 的改变对工件齿轮齿廓的剃削力 F_c 变化规律的影响并不明显，只影响剃削力 F_c 大小。这是因为剃齿时不同径向进给量 f_r 所对应的剃削深度不同，而在一次加工过程中，剃削深度基本保持不变。图 4.9 中，增加剃齿时径向进给量 f_r 会使 F_c 增加，这是由于径向进给量 f_r 的增加导致单位时间剃削量增加，切屑与工件齿轮齿面内部材料的弹、塑性变形抗

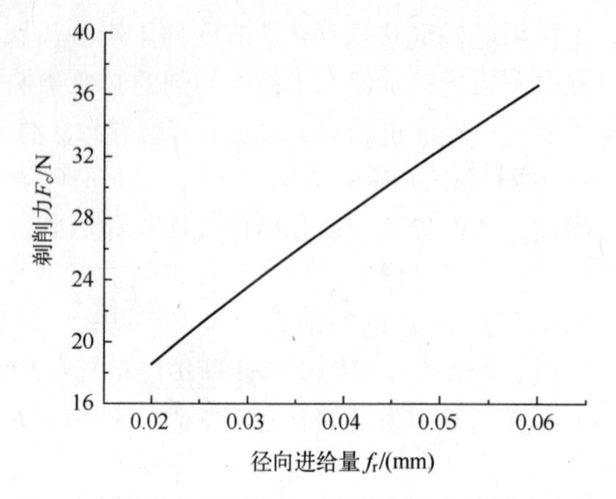

图 4.9　节圆处不同径向进给量条件的剃削力曲线

力增加，塑性变形区域扩大。由于 CD 段与 DE 段在工件齿轮节圆附近，因此该处的剃削力 F_c 比齿廓其他区域的力更大，导致切削刃较深地压入工件齿轮齿面，造成过切，最终在齿廓上表现为节圆附近的齿形中凹误差。

通过上述研究可以发现，不同剃齿切削参数条件下的剃削力均在工件齿轮节圆位置出现极大值。若要考察两种剃齿切削参数同时作用对剃削力的影响情况，只需研究工件齿轮节圆处剃削力的变化规律。现保持剃齿刀径向进给量 f_r=0.045mm固定不变，主轴转速与轴向进给量同时作用时工件齿轮节圆处剃削力变化规律如图 4.10 所示。图 4.11 是在轴向进给量 f=60mm/min 固定不变的条件下工件齿轮节圆处主轴转速与径向进给量同时作用时的剃削力变化图。

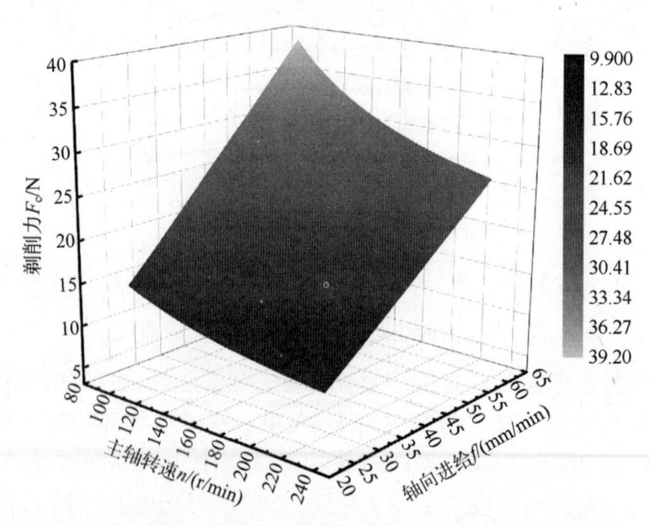

图 4.10　节圆处主轴转速与轴向进给量条件下的剃削力

图 4.10 与图 4.11 可知：改变剃齿切削参数的组合方式会导致工件齿轮节圆处剃削力的变化。在图 4.10 中，当主轴转速 $n=234\text{r/min}$、轴向进给量 $f=24\text{mm/min}$时，产生的剃削力较小，其值为 9.93N；当主轴转速 $n=100.47\text{r/min}$、轴向进给量 $f=60\text{mm/min}$ 时，剃削力是 39.173N，为该剃齿切削参数范围内的剃削力最大值。在图 4.11 中，当主轴转速 $n=234.4\text{r/min}$、径向进给量 $f_r=0.025\text{mm}$ 时，剃削力为 18.938N；当主轴转速 $n=100.47\text{r/min}$、径向进给量 $f_r=0.06\text{mm}$时，剃削力为该剃齿切削参数范围内的最大值 48.353N。由于剃削力过大易导致工件齿轮节圆处的过切，故在满足切削作用的前提下，剃削力应越小越好。因此，在加工中可根据齿轮手册选出剃齿切削参数范围，计算出剃削力的变化范围，根据剃削力的变化规律选择最适宜的剃齿切削参数组合。

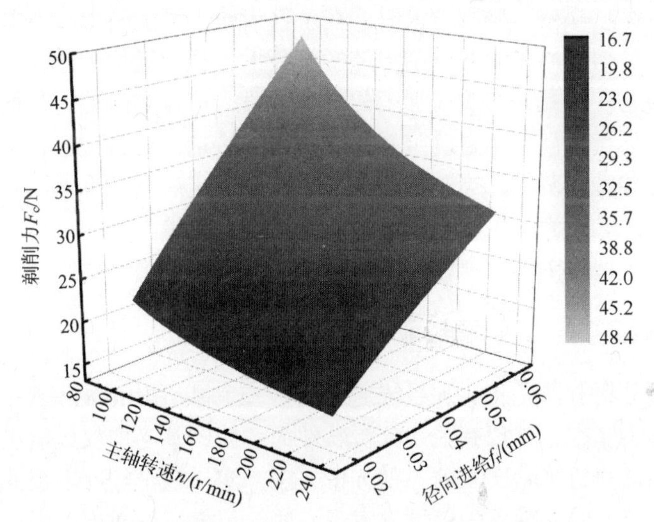

图 4.11　节圆处主轴转速与径向进给量条件下的剃削力

4.2.3　剃齿切削参数对剃齿齿形中凹误差的影响

为提高工件齿轮的剃削效果，需研究不同剃齿切削参数对剃削力 F_c 的影响程度，得到不同剃齿切削参数对剃削力变化的影响主次顺序。针对这一问题，采用微分法对其进行研究。通常对于函数 $g=f(x,y,z)$，可以通过因变量 g 对自变量 x、y、z 求偏导，得到不同自变量 x、y、z 对因变量 g 的影响程度，应用数值计算软件编写剃削力求导程序，分别对主轴转速 n、径向进给量 f_r 以及轴向进给量 f 进行求偏导，得出主轴转速 n 对剃削力 F_c 的影响约为 −1.85、轴向进给量 f 对剃削力 F_c 的影响约为 31.6、径向进给量 f_r 对剃削力 F_c 的影响约为450.9。

同时，图4.5中，当主轴转速从125.581r/min增大到234.419r/min时，剃削力从34.764N降低到26.460N；图4.7中，当轴向进给量从30mm/min增大到60mm/min时，剃削力从14.523N增大到30.319N；图4.9中，当径向进给量从0.02mm增大到0.06mm时，剃削力从18.565N增大到36.609N。当轴向进给量与径向进给量分别增大0.01mm时，工件齿轮节圆处的剃削力增加量分别为0.4987N与3.1334N，即增加相同大小的进给量，轴向进给量f映射的剃削力比径向进给量f_r映射的剃削力增加幅度小。因此，径向进给量f_r对剃削力的影响远远大于主轴转速n以及轴向进给量f的影响程度。

根据文献［15］和文献［17］可知，剃齿切削力的大小在一定程度上可以反映剃齿齿形误差。剃削力大时，在工件齿轮齿形上易形成误差。在剃齿切削参数中，径向进给运动对剃削力的影响最大，径向进给量过大容易引起剃齿齿形中凹误差。因此，在剃齿加工的准备阶段，选定剃齿刀的几何参数后，首先应根据工件齿轮齿面余量确定剃齿刀径向进给量，并通过齿轮手册选取轴向进给量与主轴转速范围。当剃齿切削参数范围确定后，就可得出剃齿过程的剃削力变化范围。在满足工件技术要求的前提下，尽量选取较小剃削力，再根据工件齿轮节圆处的剃削力变化规律选择合适的剃齿切削参数组合。

4.2.4 剃齿切削力实验验证

有限元分析方法是将实际系统通过由节点和单元构成的有限元系统代替，以弹性力学为基础，并以有限元分析软件为载体，基于加权残值法或泛函极值原理，借助计算机平台实现的一种分析方法，实质在于实际系统的离散化与数值近似。由于有限元软件中仅可以实现一些简单模型的建模，而剃齿刀的几何模型比较复杂，其不仅需要建立螺旋斜齿轮，而且需要在剃齿刀齿面上建立容屑槽，因此，借助CATIA软件实现剃齿刀的参数化建模，并将其与工件齿轮模型同时导入有限元软件中进行有限元分析。剃齿加工过程的有限元仿真流程如图4.12所示。

Celik的研究表明，仿真中采用五齿模型替代全齿模型可以满足工程需要。采用表4.1中的剃齿几何参数在CATIA软件中分别建立剃齿刀与工件齿轮的五齿模型，并在有限元软件中将其建成有限元模型，如图4.13所示。

有限元软件中的部分设置如下：剃齿刀采用自由网格划分方式，而工件模型采用缩减积分单元C3D8R进行网格划分，材料断裂准则选用Johnson-Cook模型，分析步设置为显式动态分析，并选择几何非线性大变形。对剃齿刀与工件齿轮施加耦合约束，并根据实际剃齿加工运动设置刀齿啮合边界条件。仿真

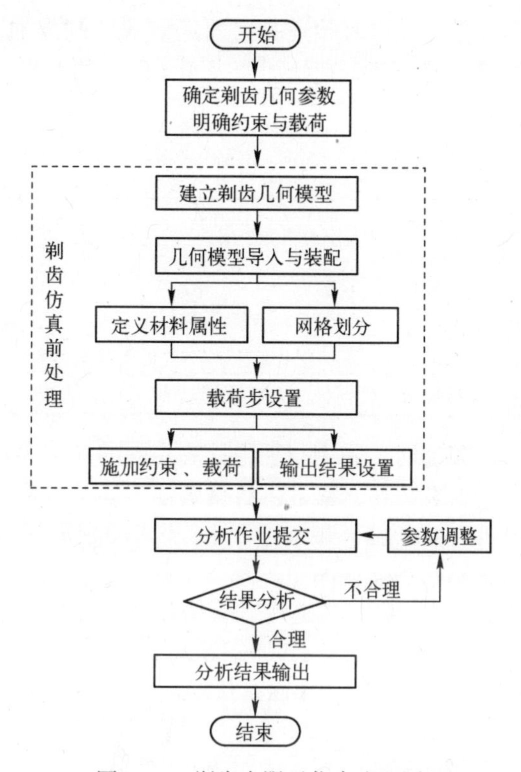

图 4.12　剃齿有限元仿真流程图

图 4.13　剃齿加工有限元模型

实验服务器配置为：Windows 10 系统，Intel Xeon E5-2618L v3 处理器，主频 2.3GHz，显卡为 AMD Radeon E6460。为减少仿真验证时间，不同的剃齿切削参数仅验证其中一组参数，同时验证一组固定参数的剃齿加工模型进行对比。在有限元软件中的载荷模块下分别施加如表 4.4 所示的剃齿切削参数，其中第 1 组为对照组。

表 4.4　剃齿切削参数设置

序　号	n/(r/min)	f_r/mm	f/(mm/min)
1	170	0.045	60
2	200	0.045	60
3	170	0.045	36
4	170	0.033	60

在剃齿加工仿真验证时，采用与理论计算相同的加工参数与加工条件，基于单一变量原则，改变有关仿真参数进行仿真加工，并提取工件齿轮五齿模型中间齿的数据结果进行后处理分析。图 4.14 为不同剃齿切削参数组合条件下的理论剃削力与仿真剃削力对比图。

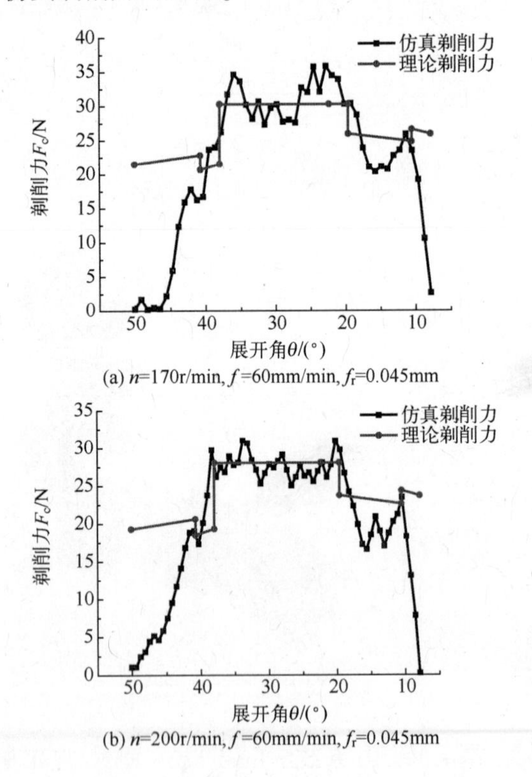

(a) n=170r/min, f=60mm/min, f_r=0.045mm

(b) n=200r/min, f=60mm/min, f_r=0.045mm

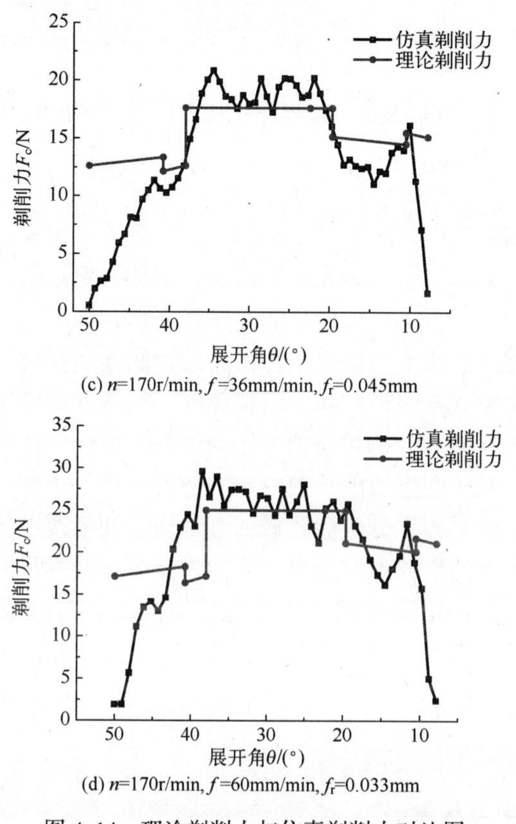

(c) n=170r/min, f=36mm/min, f_r=0.045mm

(d) n=170r/min, f=60mm/min, f_r=0.033mm

图4.14　理论剃削力与仿真剃削力对比图

图4.14表明：剃齿加工过程中的剃削力值并不是很大，但由于剃齿时两齿面之间的接触椭圆很小，几乎为点接触，导致接触点处的接触应力非常大，这个剃削力足以剃除齿面余量；不同啮合状态下的剃削力存在明显的差异，仿真剃削力并不完全按照理论剃削力的状态突变而发生变化；在剃齿的初始阶段，有限元仿真的剃削力明显小于理论计算的剃削力。这是由于仿真中，当剃齿刀与工件齿轮啮合状态发生变化时，剃削力达到稳定状态，会存在一个过渡区域，从而导致仿真剃削力小于理论剃削力。

同时，对比同一变量不同参数下的仿真剃削力变化曲线（图4.14（a）与（b），图4.14（a）与（c）、图4.14（a）与（d））可知，工件齿轮节圆附近的剃削力相对齿顶与齿根剃削力更大，表明剃齿刀会在工件齿轮节圆附近易过量剃除齿面余量，造成剃齿齿形中凹误差。设工件齿轮节圆附近仿真剃削力平均值作为此处剃削力，其值分别为29.7256N，27.6277N，18.6434N，25.8208N。通过对比同一齿廓上剃削力理论值与仿真值，其变化规律大体一致，验证了理论模型的有效性。

4.3 剃齿加工切削速度建模与分析

4.3.1 剃齿切削速度分析

剃齿加工中，剃齿刀通常为螺旋斜齿轮，工件齿轮一般是圆柱直齿轮或螺旋斜齿轮。由于剃齿刀与工件齿轮之间存在轴交角，因此剃齿时剃齿刀和工件齿轮在接触点的速度方向不一致，工件齿轮的齿侧面沿剃齿刀齿侧面滑移，即齿面间沿螺旋线的切线方向产生相对滑移速度，该剃削速度是剃齿加工产生切削作用的必要条件。通过分析剃齿加工运动过程，可以看出剃齿时涉及的运动较多，若直接建立基于剃齿切削参数的剃削速度模型，难度较大，也不便于进行理论分析。因此，采用先分解后合成的方法建立剃削速度模型。首先，将剃齿刀与工件齿轮齿面的滑移速度分别分解为沿齿轮齿向的齿向滑移速度、沿齿轮齿廓法线的法向滑移速度以及沿齿轮齿廓切向的切向滑移速度三种分量速度，然后对分解的各速度分量应用数学方法进行合成，从而建立剃齿时基于剃齿切削参数的剃削速度模型。

4.3.2 剃齿切削速度建模

1. 剃齿刀齿面滑移速度

剃齿加工的剃齿刀可以假想为齿面上均布有容屑槽的螺旋斜齿轮，可以将剃齿加工过程想象为两齿轮之间的啮合传动过程。剃齿时，剃齿刀既有圆周运动，又有沿剃齿刀与工件齿轮中心线的径向进给运动，因此，在剃齿刀齿面啮合点 M 存在由剃齿刀圆周运动产生的圆周线速度 $l_{1M}\omega_1$ 以及由径向进给运动产生的平移速度 v_{fr}，按照先分后合的方案，对上述速度进行分解，它们之间的速度关系如图 4.15 所示。

图 4.15 中，v_{M1} 表示剃齿加工中剃齿刀齿面上任一啮合点 M 的滑移速度，v_{aM1} 表示由剃齿刀圆周运动分解而来的齿向滑移速度，v_{nM1} 表示由剃齿刀圆周运动分解而来的齿廓法线方向的法向滑移速度，v_{nM1} 表示由剃齿刀圆周运动分解而来的沿齿廓的滑移速度。v_{fr} 表示剃齿刀向工件齿轮轴线方向进给的径向进给速度，由于该速度与工件齿轮轴线相互垂直，故其只有切向分量与法向分量。在剃齿加工中，沿齿廓切线方向的滑移速度将变大，这将有利于剃齿刀剃除工件齿轮齿面余量。

剃齿加工过程中，沿剃齿刀齿廓切线方向上的滑移速度将由圆周运动的齿

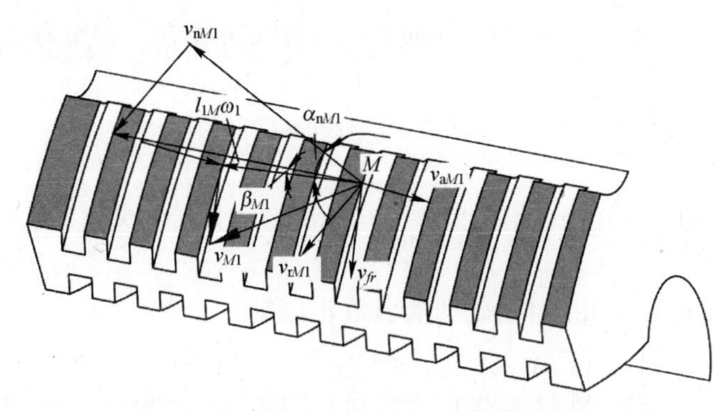

图 4.15　剃齿刀啮合点处的速度关系图

廓滑移速度分量 v_{rM1} 与剃齿刀径向进给速度 v_{fr} 一部分分量组成；沿剃齿刀齿向方向上的滑移速度将由剃齿刀圆周运动的齿向滑移速度分量 v_{aM1} 组成；沿剃齿刀齿廓法线方向上的滑移速度将由圆周运动的齿廓滑移速度分量 v_{nM1} 与剃齿刀径向进给速度 v_{fr} 另一部分分量组成。

$$v_{RM1}=v_{rM1}+v_{fr} \tag{4.17}$$

$$v_{AM1}=v_{aM1} \tag{4.18}$$

$$v_{NM1}=v_{nM1}+v_{fr} \tag{4.19}$$

对于剃齿加工中任一啮合点 M，由剃齿刀圆周运动产生的圆周线速度 $l_{1M}\omega_1$ 与其三个速度分量之间有如下关系：

$$l_{1M}\omega_1=\sqrt{v_{aM1}^2+v_{rM1}^2+v_{nM1}^2} \tag{4.20}$$

根据图 4.15 中的几何关系，则有下式成立：

$$v_{rM1}=v_{nM1}\tan\alpha_{nM1} \tag{4.21}$$

$$v_{aM1}=\sqrt{v_{nM1}^2+v_{rM1}^2}\tan\beta_{M1}=\frac{\tan\beta_{M1}}{\cos\alpha_{nM1}}v_{nM1} \tag{4.22}$$

式中：α_{nM1} 表示剃齿刀齿面任一啮合点 M 的法向压力角，其值可由下式确定：

$$\tan\alpha_{nM1}=\tan\alpha_{tM1}\cos\beta_{M1} \tag{4.23}$$

$$\cos\alpha_{tM1}=\frac{r_b}{l_{1M}} \tag{4.24}$$

联立式（4.20）、式（4.21）与式（4.22），化简求解，则有

$$v_{nM1}=l_{1M}\omega_1\cos\alpha_{nM1}\cos\beta_{M1} \tag{4.25}$$

$$v_{rM1}=l_{1M}\omega_1\sin\alpha_{nM1}\cos\beta_{M1} \tag{4.26}$$

$$v_{aM1}=l_{1M}\omega_1\sin\beta_{M1} \tag{4.27}$$

剃齿刀与工件齿轮啮合的任一啮合法面内，沿剃齿刀齿廓切线方向的滑

移速度大小可由式（4.28）计算确定，沿齿廓法线方向的滑移速度大小可由式（4.29）计算确定。

$$v_{\mathrm{R}M1}=v_{\mathrm{r}M1}+v_{\mathrm{fr}}\cos\zeta \tag{4.28}$$

$$v_{\mathrm{N}M1}=v_{\mathrm{n}M1}+v_{\mathrm{fr}}\sin\zeta \tag{4.29}$$

式中：ζ 表示剃齿刀径向进给速度方向与齿廓切线方向的夹角，它是一个随啮合时间变化的量。

夹角 ζ 和剃齿刀与工件齿轮的啮合角 α'满足

$$\zeta=\alpha' \tag{4.30}$$

联立式（4.26）、式（4.28）与式（4.30），可得到剃齿刀沿齿廓方向的滑移速度。

$$v_{\mathrm{R}M1}=l_{1M}\omega_1\sin\alpha_{\mathrm{n}M1}\cos\beta_{M1}+v_{\mathrm{fr}}\cos\alpha' \tag{4.31}$$

联立式（4.25）、式（4.29）与式（4.30），就可得到剃齿刀沿齿廓法线方向上的滑移速度。

$$v_{\mathrm{N}M1}=l_{1M}\omega_1\cos\alpha_{\mathrm{n}M1}\cos\beta_{M1}+v_{\mathrm{fr}}\sin\alpha' \tag{4.32}$$

通过计算，由式（4.27）、（4.31）以及（4.32）就可得出剃齿刀齿面上的三个速度分量大小，从而保证了剃齿时剃齿刀齿面上的速度被准确分解。

2. 工件齿轮齿面滑移速度

剃齿加工中，根据齿轮啮合原理，工件齿轮将由剃齿刀带动转动，工件齿轮存在绕自身轴线的圆周运动，同时为实现剃除工件齿轮全齿宽的要求，工件齿轮还有沿自身轴线的轴向平移运动。因此，在齿面啮合点 M 处工件齿轮上存在两种速度，即圆周线速度 $l_{2M}\omega_2$ 与轴向进给速度 v_{f}。按照分解方案，将其速度分解为三种速度分量，它们之间的速度关系如图 4.16 所示。

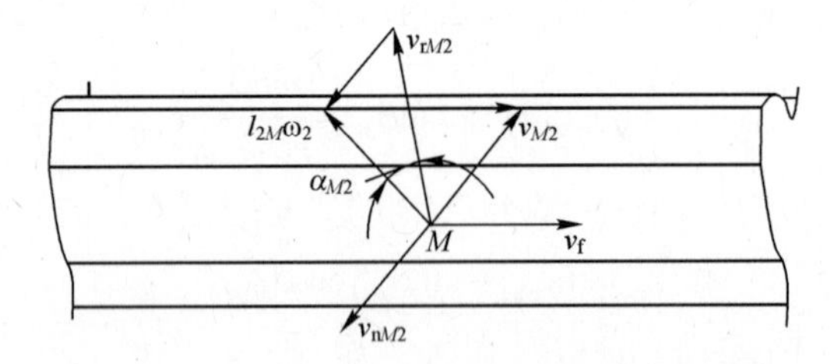

图 4.16　工件齿轮啮合点处的速度关系图

图 4.16 中，v_{M2} 表示剃齿加工中工件齿轮齿面上任一啮合点 M 的滑移速度，$v_{\mathrm{n}M2}$ 表示由工件齿轮圆周运动分解而来的齿廓法线方向的法向滑移速度，$v_{\mathrm{r}M2}$ 表示由工件齿轮圆周运动分解而来的沿齿廓切向的切向滑移速度。这里的研究对象为直齿圆柱齿轮，工件齿轮的圆周运动在啮合点 M 仅有法向分量与

切向分量。同时，由于轴向进给运动方向与其齿向方向重合，其在啮合点 M 仅有齿向分量。

对于工件齿轮齿面任一啮合点 M，工件齿轮圆周运动产生的圆周线速度 $l_{2M}\omega_2$ 与其分量之间有如下关系：

$$l_{2M}\omega_2=\sqrt{v_{rM2}^2+v_{nM2}^2} \tag{4.33}$$

根据工件齿轮的速度几何关系，有下列关系成立：

$$v_{rM2}=l_{2M}\omega_2\sin\alpha_{M2} \tag{4.34}$$

$$v_{nM2}=l_{2M}\omega_2\cos\alpha_{M2} \tag{4.35}$$

对于直齿圆柱齿轮，工件齿轮齿向方向的滑移速度满足如下关系：

$$v_{aM2}=v_f \tag{4.36}$$

由于圆柱直齿轮的螺旋角为零度，故其速度分解相对简单，由式（4.34）、式（4.35）、式（4.36）即可分别计算得到工件齿轮齿面上三种方向的速度分量。

3. 剃齿切削速度模型的建立

剃齿时，剃齿刀和工件齿轮作无侧隙啮合，两齿面间有公法线存在，其圆周方向线速度在公法线上的分速度（即齿廓法向速度）大小相等、方向一致，故

$$v_{nM1}=v_{nM2} \tag{4.37}$$

由于轴向剃齿为交错轴啮合，轴向方向的分速度相差一个轴交角，故工件齿轮齿面上的各个方向的相对滑移速度为

$$v_{nM12}=v_{fr}\sin\alpha' \tag{4.38}$$

$$v_{rM12}=l_{1M}\omega_1\sin\alpha_{niM1}\cos\beta_{M1}+v_{fr}\cos\alpha'-l_{2M}\omega_2\sin\alpha_{M2} \tag{4.39}$$

$$v_{aM12}=\left|l_{1M}\omega_1\cos\beta_{M1}\cos\Sigma\pm v_f\right| \tag{4.40}$$

式中：剃齿刀的螺旋方向与工件齿轮轴向进给方向呈右手螺旋定则取“+”号，反之则取“−”号。

这是由于在剃齿时加工过程中，为提高工件齿轮的齿面质量与刀具耐用度，剃齿刀的旋转方向应与轴向进给方向相协调，即剃齿刀的切削方向与工件齿轮的轴向进给方向应相反，并随进给方向的改变而改变。这里假定为符合右手螺旋定则，故取“+”号。由于剃齿刀的径向进给量很小，故可将剃齿刀与工件齿轮在啮合点处的法向相对滑移速度忽略不计。此时，剃齿加工中剃削速度由齿廓方向上的相对滑移速度和沿齿向方向的相对滑移速度组成：

$$v_{M12}=\sqrt{v_{aM12}^2+v_{rM12}^2} \tag{4.41}$$

联立式（4.39）、式（4.40）与式（4.40），即可得到工件齿轮齿廓上任

意曲率半径的剃削速度 v_2。

$$v_2=\sqrt{(l_{1M}\omega_1\sin\alpha_{nM1}\cos\beta_{M1}+v_{fr}\cos\alpha'-l_{2M}\omega_2\sin\alpha_{M2})^2+(l_{1M}\omega_1\sin\beta_{M1}\cos\sum+v_f)^2} \tag{4.42}$$

剃齿时，剃削速度随着剃齿啮合时变，而一般意义上所述的剃削速度表示啮合节点处的切削速度，根据式（4.42）可以直接推导剃齿啮合节点处的切削速度，此处不再赘述。

4.3.3 剃齿切削参数对剃齿切削速度的影响

为直观表述不同剃齿切削参数对剃削速度的影响规律，基于单一变量原则，同时应用表4.3中的剃齿几何与材料参数进行研究，将不同的剃齿切削参数组合代入式（4.42）中，计算出工件齿轮齿廓不同展开角的剃削速度。图4.17、图4.18、图4.19分别为基于单一变量原则下不同剃齿切削参数的剃削速度变化曲线。

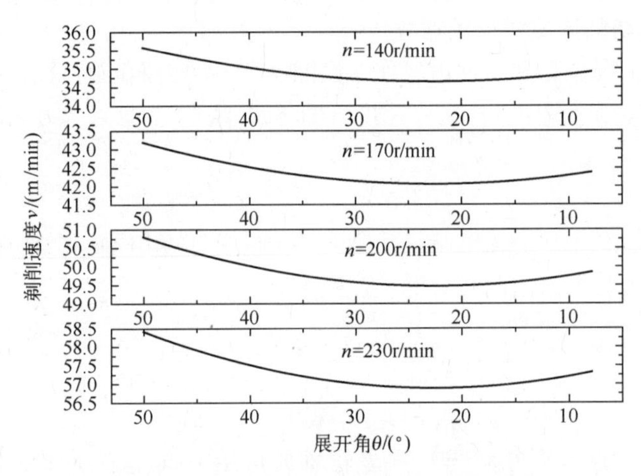

图4.17　不同主轴转速条件下的剃削速度

图4.17、图4.18、图4.19可知：在工件齿轮齿顶到齿根的任一完整齿廓上，不同切削参数条件下的剃削速度均先逐渐减小，随后逐渐增加。其中，在工件齿轮的齿顶位置，其剃削速度最大，此处的剃削时间也最短。随着齿轮啮合状态不断地更新，当啮合变为两点接触时，在工件齿轮的节圆处（展开角为22.307°），其剃削速度出现极小值，表现为该处剃削时间延长，材料内部晶格的纤维化时间加长，切削温度上升较缓，晶粒分离更加彻底。当啮合变为齿根处的三点、四点接触时，其剃削速度逐渐增加，但此处的剃削速度最大值比工件齿轮齿顶处的剃削速度小，其剃削时间也介于齿顶与节圆位置剃削时间

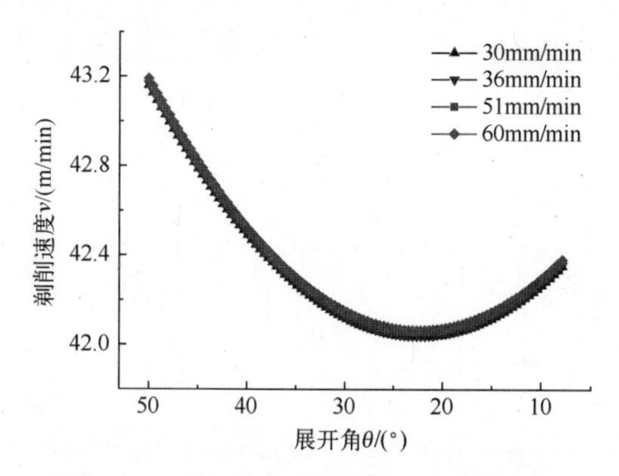

图4.18　不同轴向进给条件下的剃削速度

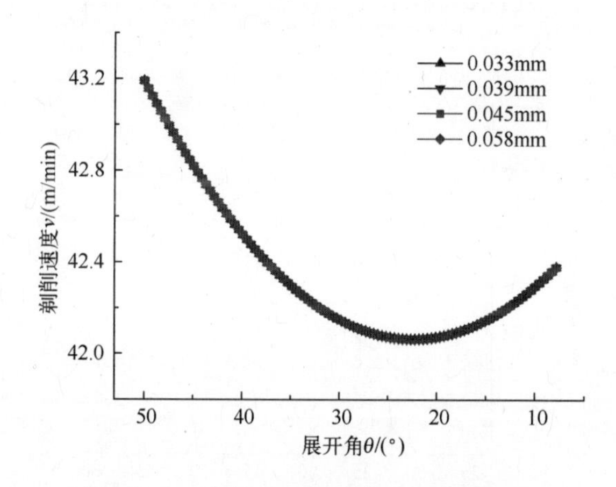

图4.19　不同径向进给条件下的剃削速度

之间。

工件齿轮节圆位置的剃削力出现了极大值，重点研究工件齿轮节圆处的剃削速度变化规律对系统探究剃齿齿形中凹误差影响机理具有重要意义。图4.20、图4.21、图4.22为工件齿轮节圆处不同剃齿切削参数对剃削速度的影响变化曲线。

图4.20、图4.21可知：主轴转速与轴向进给条件下工件齿轮节圆处剃削速度均随自变量的增加而增加，但在剃齿切削参数取值范围内，当主轴转速为140.65r/min时，其剃削速度为34.81m/min；当主轴转速为229.40r/min时，其剃削速度为56.73m/min，剃削速度增加了20.92m/min。而当轴向进给量为30mm/min时，其剃削速度为42.03m/min；当轴向进给量为60mm/min时，其剃削速度为42.06m/min，仅增加了0.03m/min。因此，主轴转速对剃削速度

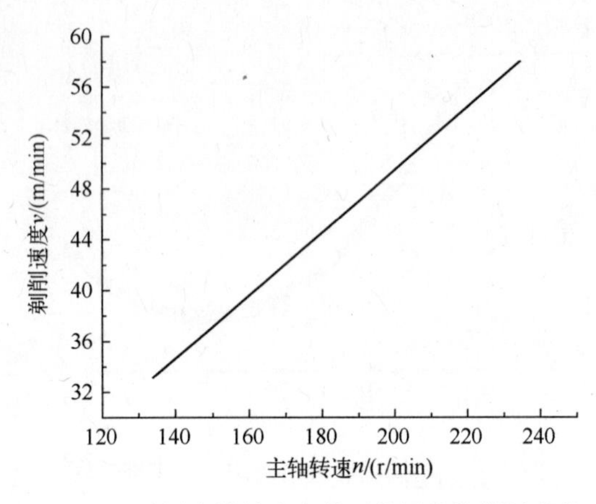

图 4.20　不同主轴转速条件下节圆处的剃削速度

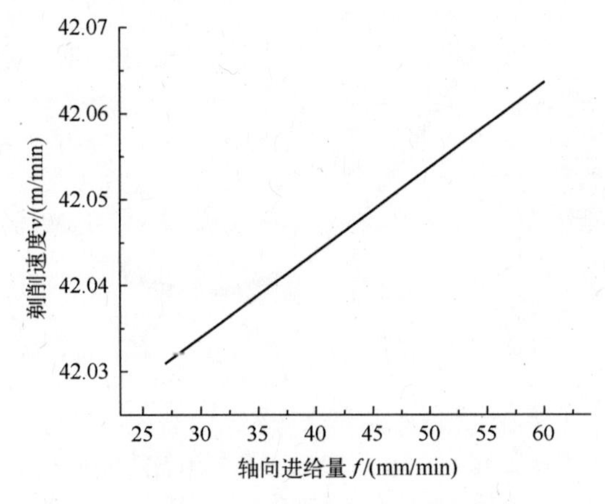

图 4.21　不同轴向进给条件下节圆处的剃削速度

的影响明显高于轴向进给对剃削速度的影响。这主要是因为增加主轴转速意味着同时增加了剃齿刀与工件齿轮的角速度，此时通过圆周运动分解出的其他速度分量也随之增加，最终表现为工件齿轮节圆位置剃削速度的大幅度增加；而增加工件齿轮轴向进给速度仅是增加了工件齿轮齿向上的速度，因而表现为节圆位置剃削速度的较小幅度增加。

图 4.22 可知：剃削速度随剃齿刀径向进给的增加而减小，在剃齿切削参数取值范围内，当径向进给量为 0.02mm 时，其剃削速度为 42.0638m/min；当径向进给量为 0.06mm 时，其剃削速度为 42.0634m/min，减小了 0.0004m/min，可看作对剃削速度的变化毫无影响。这主要是因为在剃齿刀的径向进给作用下，虽增加了剃齿刀齿廓切向的分速度，但由于剃齿刀的径向进给本身很小，

因此可将其看成没有影响。

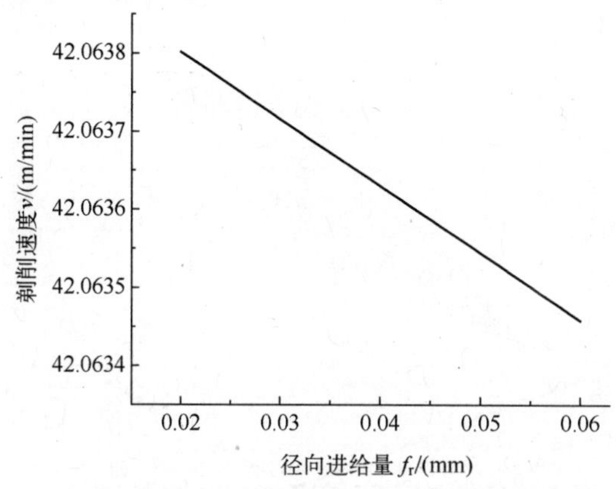

图 4.22　不同径向进给条件下节圆处的剃削速度

同时可以发现，影响剃削速度的最主要因素是主轴转速，而进给运动对剃削速度的影响几乎可以忽略不计，这也符合实际加工中通常不考虑进给运动对剃削速度的影响。由于剃削速度的大小直接影响剃齿过程中剃削温度的变化，而剃齿时温度的热平衡状态又直接影响剃削效果，因此剃后工件齿轮的齿面精度发生了变化，剃齿刀的使用寿命也受到一定影响。在工程实际应用中，选用剃削速度还应根据工件齿轮的材料与硬度，乘以修正系数。

为了更加直观地反映两种不同剃齿切削参数对剃削速度的影响程度，图 4.23与图 4.24 分别给出了工件齿轮节圆处主轴转速与轴向进给条件下的剃削速度变化曲线与其节圆处主轴转速与径向进给条件下的剃削速度变化曲线。

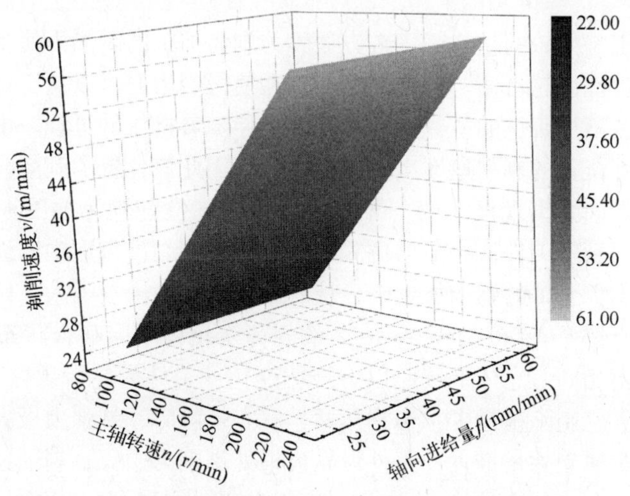

图 4.23　节圆处主轴转速与轴向进给条件下的剃削速度

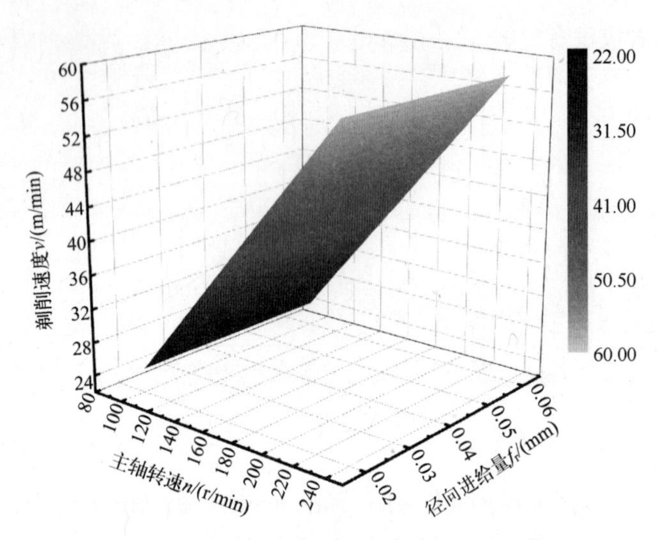

图 4.24　节圆处主轴转速与径向进给条件下的剃削速度

图 4.23 与图 4.24 表明：工件齿轮节圆处主轴转速与轴向进给条件下的剃削速度变化曲线与其节圆处主轴转速与径向进给条件下的剃削速度变化曲线基本类似，数值也相差不大。同时，轴向进给运动与径向进给运动对剃削速度的影响曲线相对主轴转速来说近似为一条平行于坐标轴的直线，而主轴转速对剃削速度的影响曲线则是一条变化率较大的曲线。这也说明剃齿时的进给运动对剃削速度的影响并不明显，影响剃削速度的最主要因素是剃齿时的主轴转速。

4.3.4　剃齿切削速度对剃齿齿形中凹误差的影响

剃齿加工是齿轮的精加工工艺方法，为剃齿加工的剃削力使得剃齿刀切削刃可以压入工件齿轮齿面，剃削速度的存在使得剃齿刀可以从工件齿轮齿面剃除齿面余量，不可否认的是，剃齿的同时也伴随着挤压的过程。由于剃齿刀在工件齿轮节圆位置的剃削速度出现了极小值，因此该位置的剃削时间延长，同时该位置的剃削力出现极大值，导致剃齿刀在该位置较深地压入工件齿轮齿面，较长时间剃削工件齿轮节圆位置的金属，形成剃齿齿形中凹误差现象。

在重合度大于 1 的剃齿加工中，从剃齿刀刀齿的齿根啮入开始，剃齿时的啮合状态一直按照 4—3—2—3—4—3 的规律变化，不同啮合状态的剃削力与剃削速度也不相同。总体上按照以下规律变化：工件齿轮齿顶处剃削力最小，剃削速度最大，剃除量最少；当到达两、三点接触时，剃削力极大而剃削速度极小，导致金属剃除量最大；工件齿轮齿根处剃削力中等，剃削速度中等，其剃除量也中等。工件齿轮齿面不同啮合点的剃削力与剃削速度大小和方向不同，使得工件齿轮节圆位置出现“力大速度小”现象，导致剐除了较多工件齿轮的齿面余量，形成了剐齿齿形中凹误差。

剐齿加工工艺中，剐削速度作为切削作用发生的必要条件，并不直接导致剐齿齿形中凹误差的形成。但剐削速度的改变会影响剐削温度的变化，从而影响工件齿轮齿面的组织性能，最终影响工件齿轮齿面的成形效果。如果可以通过优选出合适的剐齿切削参数组合，避免工件齿轮节圆位置的过切，就可以在一定程度上减小剐齿齿形误差，提高剐后工件齿轮的成形效果。

4.4　剐齿切削运动对剐齿加工特性的影响

剐齿切削参数中，径向进给量对剐削加工的影响最大，而主轴转速与轴向进给量在实际剐齿加工条件下影响效果较为有限。为了实现通过对设计变量的小修改获得较大的改善效果，这里主要研究径向进给运动对剐齿加工特性（剐齿加工接触特性和传动特性）的影响规律。

4.4.1　剐齿切削运动对剐齿加工接触特性的影响

若不考虑剐齿刀的耐用度，增加背吃刀量（即增大径向进给量来增大压切量）有利于提高生产率。但是，增大径向进给量会导致过大的剐削力，从而使工件齿轮齿面的局部受力过大，造成剐齿齿面误差。此外，过大的背吃刀量严重损坏机床刚度、主轴变形乃至整个剐齿系统。固定其他剐齿切削参数不变，以工件齿轮每旋转一周为单元基准，选取径向进给量分别为 0.033mm、0.039mm、0.045mm、0.058mm，对工件齿轮齿廓进行接触分析，得到的不同径向进给条件下的剐齿加工接触特性曲线如图 4.25 所示。

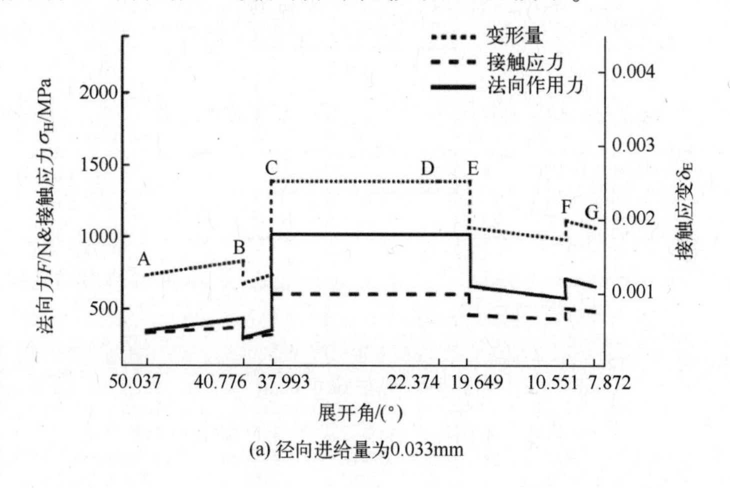

(a) 径向进给量为0.033mm

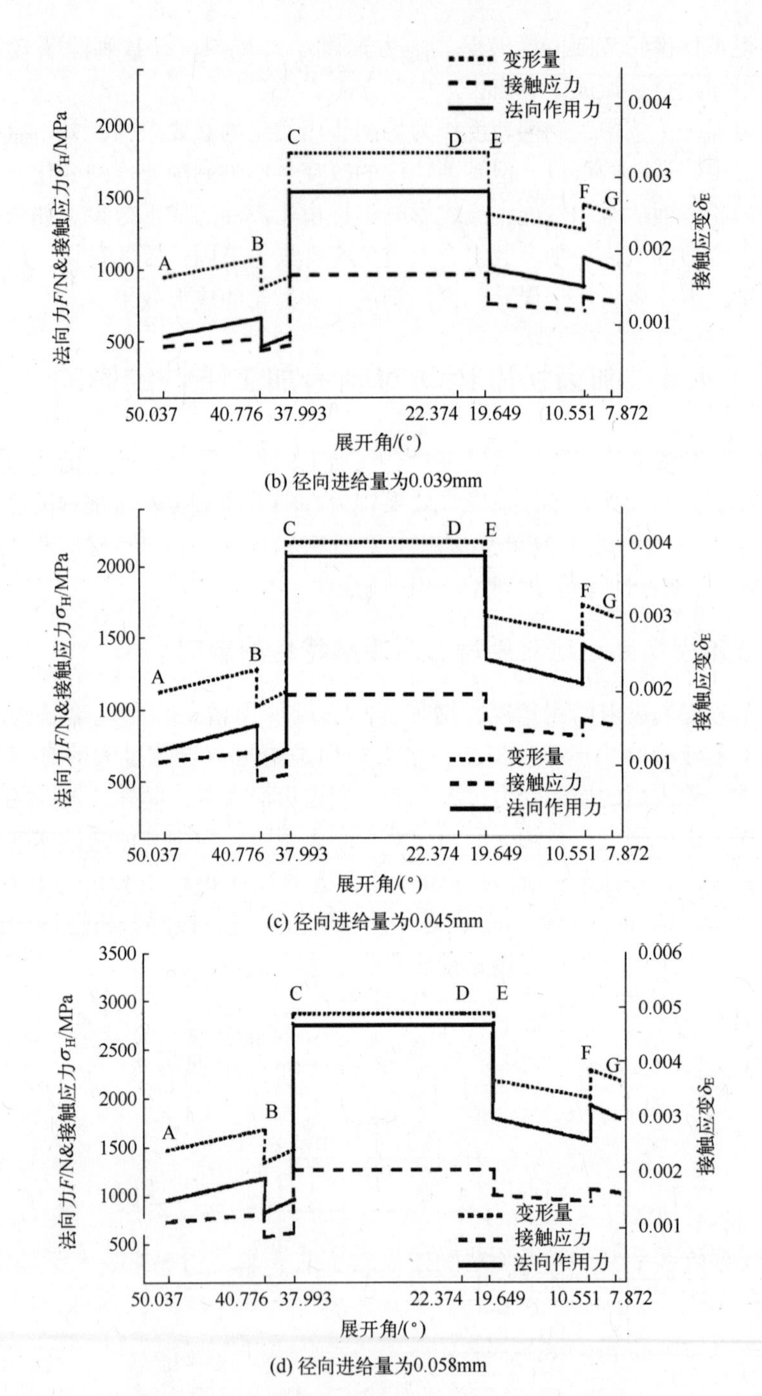

(b) 径向进给量为0.039mm

(c) 径向进给量为0.045mm

(d) 径向进给量为0.058mm

图 4.25　不同径向进给运动条件下的接触特性

图 4.25 表明：从工件齿轮齿顶到齿根的啮合状态变化为 4（AB 段）—3（BC 段）—2（CD 段）—3（DE 段）—4（EF 段）—3（FG 段）。在载荷一致的情况下，接触点数减小导致受力突然变大，而接触点从四点啮合区域 AB 段变换到三点啮合区域 BC 段，其法向作用力、接触应力和变形量均减小，其原因在于：AB 段对应图 3.1（b）的 F_2，而 DE 段和 FG 段对应 F_1 和 F_3，其径向力 F_r 从四点接触向三点接触变化时，大部分作用力由 F_1 和 F_3 平衡。在不同径向进给量下，工件齿轮齿面接触应力和变形量变化趋势大体一致，其大小随径向进给量的增大而增大，实际上由于系统随机误差的存在，变形量曲线并不会跟随接触应力的变化。此外，齿根部 EG 段所受的应力较之齿顶部 AC 段更大，所形成的变形量也更大，造成相应的工件齿轮齿形误差也更大，这与工程实践中观察的结果相一致。从三点接触区域 BC 到两点接触段 CD，接触齿对数减小，法向作用力增大，故接触应力和变形量也随之急剧增大。工件齿轮节圆附近的三点接触段 DE 出现了应力和变形量的峰值，其值与两点接触的 CD 段大致相等，但该区域为三点接触，左右齿面受力不平衡，当径向力足够大时，该区域会比 CD 段更容易出现塑性变形。随着剃齿低周啮合、塑性变形不断累积、工件齿轮齿形误差复映，DE 段最终会在齿廓上表现为明显的剃齿齿形中凹误差。

应用虚拟制造技术研究齿轮加工过程可以有效降低资源浪费，缩短试验时间，同时也能较方便地获得常规试验不便测得的物理量。针对齿轮的加工仿真，华东交通大学的任继文、张会明[18]基于 AutoCAD 平台，应用 VBA 开发工具和布尔运算根据仿形法齿轮加工原理对斜齿轮加工过程进行了三维动态仿真。华东理工大学的杨玉芳等[19]根据齿轮的加工运动关系，利用 Autolisp 开发了齿轮加工程序，仿真出三维齿轮实际加工过程，实现了待加工齿轮的参数化加工。江苏大学的张华等[20]针对非零变位弧齿锥齿轮设计不能预控接触区问题，提出了采用局部综合法与 TCA 技术进行齿轮副参数设计的方法，并通过三维仿真技术完成了该方法的验证。中南大学的蒲太平等[21]为实现曲面零件的数字化制造，应用共轭齿面包络原理与布尔运算方法，架构了磨前滚刀加工圆柱齿轮仿真系统，获得了精确的齿轮实体模型。华中科技大学的王沉培等[22]采用图形仿真中 z-buffer 结构和布尔减运算操作实现刀具对轮坯的切削研究了准双曲面加工中计算机辅助设计的应用并开发出切齿仿真系统。河南科技大学的邓效忠等[23]提出了适用于航空高速弧齿锥齿轮的加工参数的优化设计、啮合过程仿真、承载啮合过程仿真、应力过程仿真、系统振动与结构振动过程仿真的计算机辅助设计方法，为高速弧齿锥齿轮的设计与质量保证开辟了途径。中南大学的唐进元教授等[24]开展了 SGM 法加工弧齿锥齿轮几何建模的研究，以商用软件 CATIA V5 为工具，用虚拟加工的原理和方法产生了弧齿锥齿轮参考几何模型，在参考几何模型上提取采样点，用双三次 NURBS 曲面对其进行重构得到了 NURBS 曲面函数表示的精确齿廓曲面和齿根过渡曲面。天津大学的徐彦伟等[25]分析了由传统机械摇台式弧齿锥齿轮铣齿机调整参数转变为重型数控弧齿锥齿轮铣齿机调整参数的原理和方法，建立了重型弧齿锥齿轮铣齿机的数控加工模型。上海理工大学的汪中厚教授等[26]提出了基于 CATIA 的螺旋锥齿轮完全自动化切齿的仿真方法，可以仿真高精度三维理论齿面与过渡曲面，为误差齿面的有限元分析以及研究机床的切齿误差形成原理及补偿方法提供了虚拟的三维齿面数据研究平台。中南大学的聂现伟等[27]建立了弧齿锥齿轮的三维加工模型及弧齿锥齿轮铣齿加工过程的有限元模型，通过 ABAQUS 仿真模拟了不同工艺参数和刀具参数下的铣齿加工过程，得到了切削层形态及应力分布结果。Brecher 等[28]为对刀具的磨损情况进行分析，基于虚拟制造技术对锥齿轮进行了仿真加工。Dimitriou 等[29]提出了一种精确滚齿仿真方法，相对于传统仿真技术，该加工齿轮是由滚刀的连续运动形成的，更具应用价值。Schurr 等[30]将齿轮的接触情况用弹性多体系统代替，并用单个齿轮副仿真模拟了冲击载荷下的齿轮应力分布情况。因此，可以采用虚拟仿真技术实现对剃齿加工的研究。

应用表 4.3 的齿轮参数，分别对不同径向进给量进行仿真及数据处理，得到的接触应力仿真结果如图 4.26 所示。

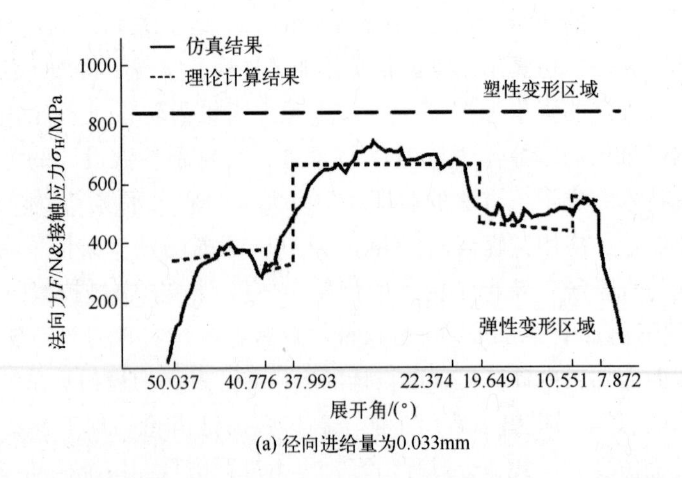

(a) 径向进给量为0.033mm

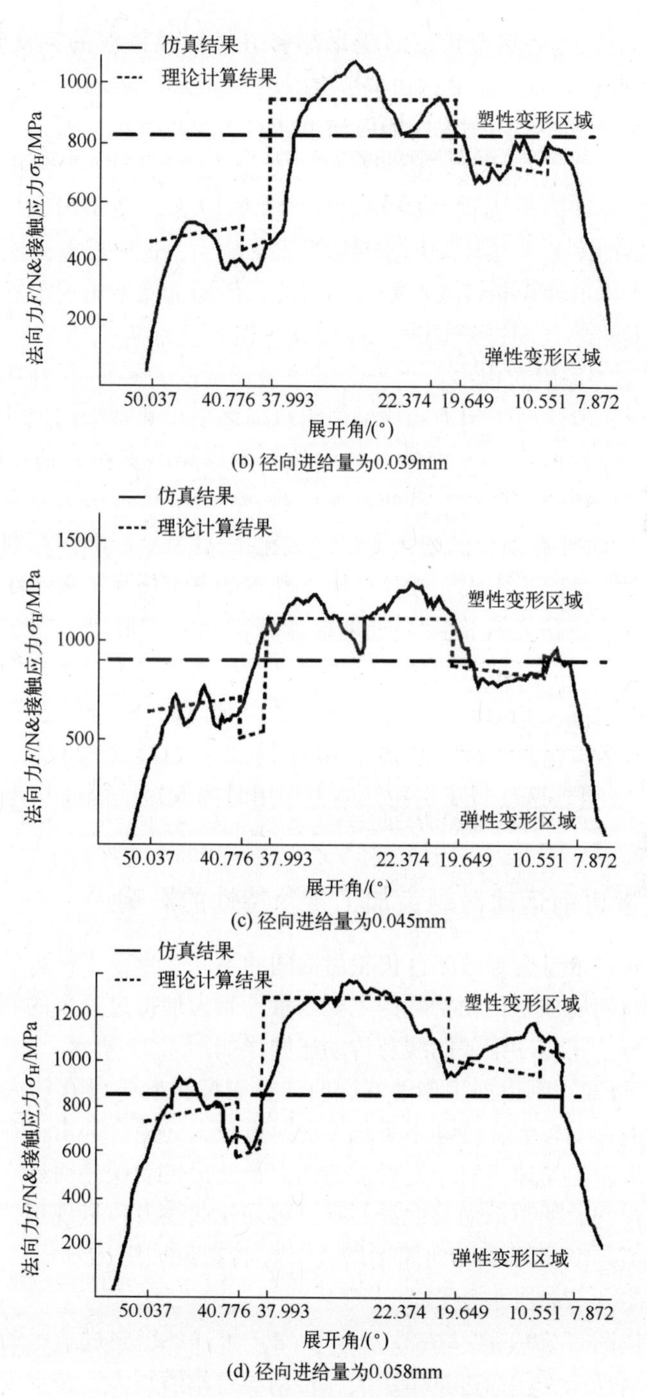

(b) 径向进给量为0.039mm

(c) 径向进给量为0.045mm

(d) 径向进给量为0.058mm

图 4.26　不同径向进给量下的接触应力曲线

图4.25中，每一啮合状态的变化都会引起接触特性的突变现象，而在图4.26中，由于实际剃削中存在一个过渡区，就使传动变得平稳。图4.26表明，剃齿刀的接触状态因剃齿机床运动条件的不同而不同，弹、塑性区域也会随之变化，径向进给量越大，塑性区域也就越大。当径向进给量为0.033mm时，两种方法计算的最大误差为9.77%。其原因为：在剃齿加工初始状态，剃削力小，剃前误差、安装误差等系统误差影响大，这些误差无法应用AGMA标准来计算。当工件齿轮进入有效剃削阶段，齿面上开始出现塑性变形，两种方法计算的误差随径向进给量增大而增大，误差分别为12.63%、15.05%和19.18%，其偏差原因有很多：当径向进给量增大时，径向力相应增大，啮合状态发生变化，故法向作用力和接触应力也随之变化；剃齿时工件齿轮处于低周疲劳阶段，而根据AGMA标准计算的接触力结果不能很好地反映其疲劳误差复映等。对比理论计算结果，两种方法划分的弹、塑性区域及发展规律大体一致，且FEM法计算划分的塑性变形区域比按AGMA标准计算划分的区域较大。其误差主要是因为有限元软件应用准静态动态来仿真，故系统动态质量导致的工件齿轮轮齿仿真变形会大于理论计算得到的变形[31]。三点啮合的DE段是塑性变形最大的区域，而仿真结果在该段齿廓中并不是变形的峰值，只出现一个区域极大值，其原因：从DE段啮合到EF段，啮合状态变化较大，为保证有限元收敛，仿真过程中需要作用时间较长的过渡区来实现，而DE段转角仅为0.76°，过渡区使得三点接触应力作用时间太短，因此只出现一个局部极大值。

4.4.2 剃齿切削运动对剃齿加工传动特性的影响

不同径向进给量会导致工件齿轮齿面间的不同变形，工件齿轮齿面间接触变形才是影响剃齿加工传动特性的主要因素。剃齿加工过程中的剃齿加工传动特性进行分析，其传动误差曲线和传动比曲线如图4.27所示。

图4.27可知，剃齿加工传动特性曲线在剃齿初始阶段有较大的波动，表明剃齿初期的振动较大、传动不平稳，此时有较大的啮合冲击存在，接触变形会导致工件齿轮的角速度有一定程度的迟滞，使得传动误差明显向负值方向偏移；趋于稳定之后的传动误差曲线及瞬时传动比曲线大致呈现正弦变化，收敛后的误差幅值逐渐减小，波动周期增大，表明剃齿加工传动误差变化越来越小，剃齿加工状态趋于平稳。

通过比较图4.27（a）、（b）、（c）、（d）可知，径向进给运动会影响剃齿加工时的传动性能，径向进给量越大，传动误差幅值越大，传动误差曲线就越来越难收敛，且图4.27（c）、（d）在加工后期的传动误差曲线偏离理论值。其

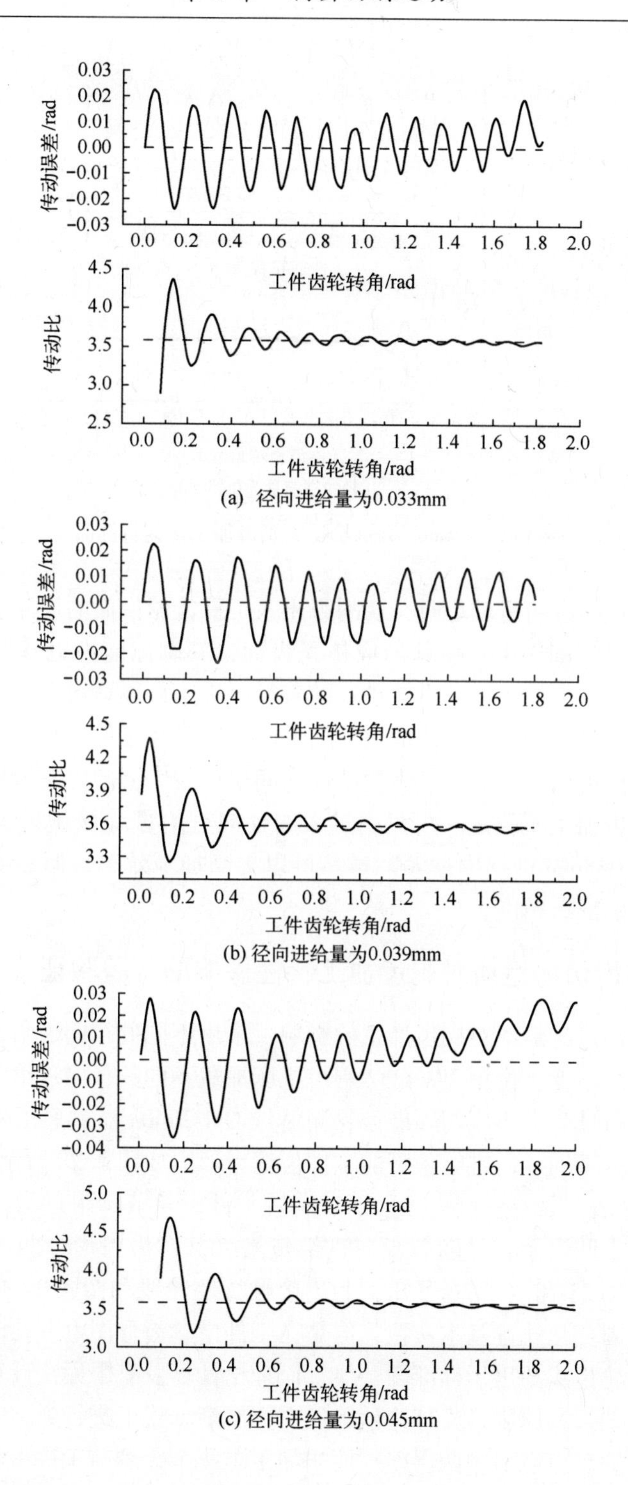

(a) 径向进给量为0.033mm

(b) 径向进给量为0.039mm

(c) 径向进给量为0.045mm

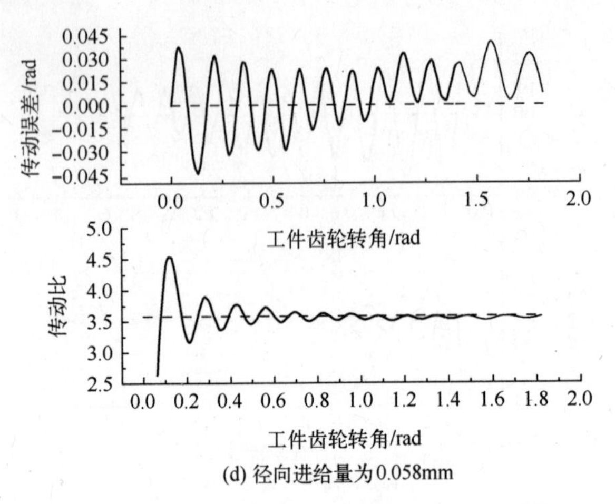

(d) 径向进给量为0.058mm

图 4.27 不同径向进给量的剃齿加工传动特性曲线

原因是：当径向进给量较小时，切削刃压入工件齿轮齿面的切深量较小，弹性接触（而不是切削作用）使其形成挤光齿面，其剃齿能力也较弱，此时齿面间变形较小，剃齿机床振动也较小；随着径向进给量逐渐增大，剃除的切屑也越来越大，剃齿刀和剃齿机床的负荷增加，剃齿刀和工件齿轮齿面间产生很大的压力而挤压齿轮，此时工件齿轮的齿面间变形较大，随之剃齿机床振动也较大，导致剃齿加工不稳定。可见，过大的径向进给量（该剃齿参数中径向进给量大于 0.045mm 即视为过大）虽然可以提高加工效率，但是可能会破坏工件齿轮齿面的原有精度。

4.4.3 剃齿切削运动对剃齿加工特性影响的实验验证

针对径向进给运动对剃齿加工的影响，采用不同的径向进给量，控制其他剃齿切削参数不变，选用 YW4232 剃齿机床加载不同的径向进给量对同一参数工件齿轮进行试剃，再应用万能齿轮测量仪 GM 3040a 对剃后工件齿轮进行齿形齿向检测。不同径向进给量下的工件齿轮齿形图如图 4.28 所示。

图 4.28 表明：在该剃齿参数下，剃后工件齿轮节圆附近均出现不同程度的剃齿齿形中凹误差，且随着径向进给量增大，剃齿齿形中凹误差量不断增大。对比图 4.25 和图 4.26 可知，上述接触特性曲线和图 4.28 剃齿实验的工件齿轮齿形图变化轨迹基本一致，但是在工件齿轮齿形图上存在凸出区域，即实际工件齿轮齿形凸出于标准渐开线，而理论计算及有限元法计算只存在剃齿齿形中凹误差。其原因是，理论计算仅在标准渐开线上进行弹、塑性分析，只会形成相应的剃齿齿形中凹误差，而实际工况复杂，剃前工件齿轮齿形误差的

存在及让刀现象使接触区域周围形成挤压而产生凸出变形。

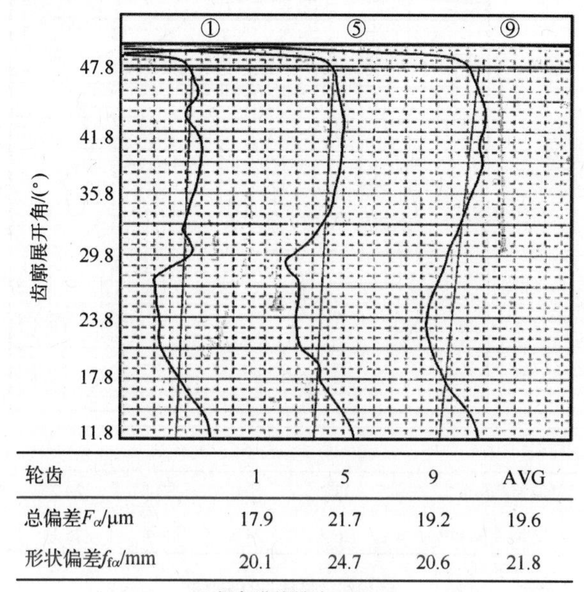

轮齿	1	5	9	AVG
总偏差F_{α}/μm	17.9	21.7	19.2	19.6
形状偏差$f_{f\alpha}$/mm	20.1	24.7	20.6	21.8

(a) 径向进给量为0.033mm

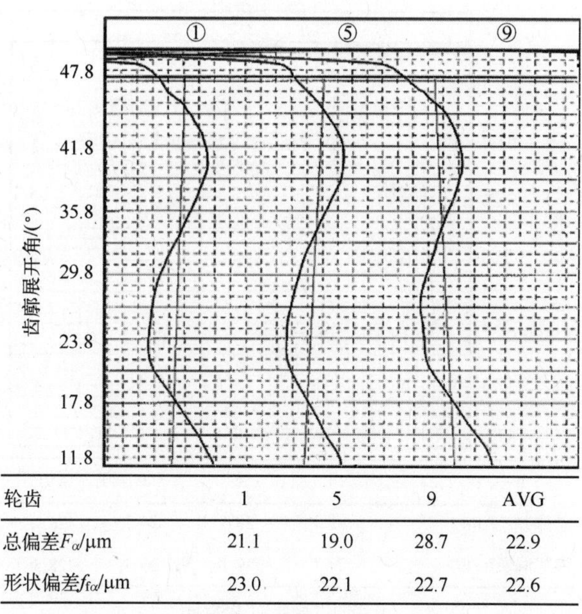

轮齿	1	5	9	AVG
总偏差F_{α}/μm	21.1	19.0	28.7	22.9
形状偏差$f_{f\alpha}$/μm	23.0	22.1	22.7	22.6

(b) 径向进给量为0.039mm

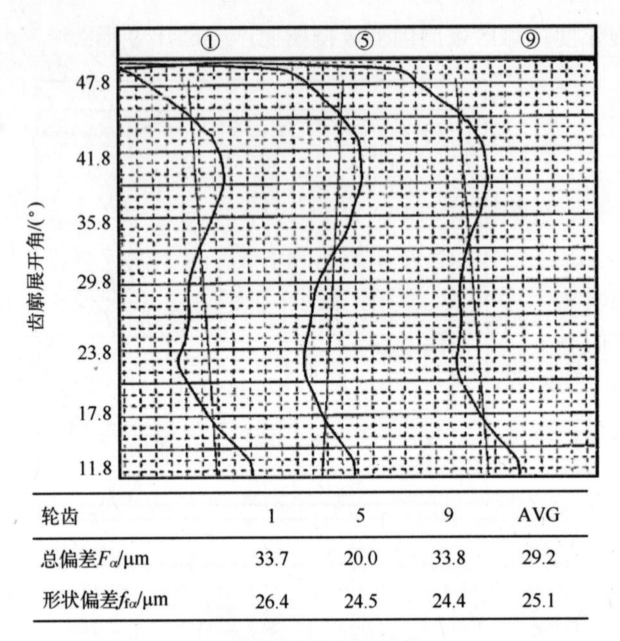

轮齿	1	5	9	AVG
总偏差F_{α}/μm	33.7	20.0	33.8	29.2
形状偏差$f_{f\alpha}$/μm	26.4	24.5	24.4	25.1

(c) 径向进给量为0.045mm

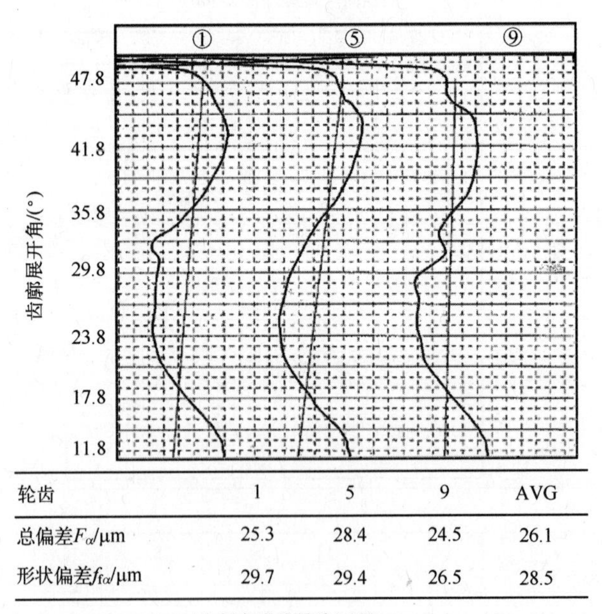

轮齿	1	5	9	AVG
总偏差F_{α}/μm	25.3	28.4	24.5	26.1
形状偏差$f_{f\alpha}$/μm	29.7	29.4	26.5	28.5

(d) 径向进给量为0.058mm

图 4.28　不同径向进给量的工件齿轮齿形实验图

图 4. 28（a）（d）的工件齿轮齿形较之图 4. 28（b）（c）工件齿轮齿形存在局部波动，结合剃齿加工的传动特性曲线图 4. 27 进行分析，原因如下：径向进给量过小时，剃齿刀齿不能切入金属层，只能挤压金属表面，不能纠正工件齿轮齿面误差；径向进给量过大时，会过度切除金属，从而破坏原有的精度，导致工件齿轮齿形出现波动，而此时的传动误差也较大。此外，随着径向进给量的增大，其工件齿轮齿形误差曲线变化一致，且工件齿轮齿形误差先随之变大，如图 4. 28（a）（b）（c）所示。当径向进给量足够大时，工件齿轮齿形误差不再单调变大，而是出现振荡，如图 4. 28（c）（d）所示，其原因是，工件齿轮齿形误差会影响剃齿传动性能，传动不平稳又会进一步影响其接触特性，导致工件齿轮齿形误差变化不一致。

4. 4. 4　剃齿切削运动对剃齿齿形中凹误差的影响

上述计算分析定量分析了剃齿切削参数（主轴转速、径向进给量和轴向进给量）对剃齿加工（剃削力和剃削速度）的影响规律，综合剃削力和剃削速度的变化，结合剃齿实验工件齿轮齿形图，可分析剃齿切削参数对剃齿齿形中凹误差的影响。剃齿时，剃齿刀和工件齿轮接触点位置不断变化，不同齿面高度的切削速度随之变化，不同曲率半径接触的切削力大小和作用方向都是不同的，这必然引起工件齿轮的齿形误差。

工件齿轮节圆位置（展开角为 22. 307°）处的剃削力最大，剃削速度最小，切削作用时间最长，在不适当的剃齿切削参数（如过大的径向进给量，过大或过小的主轴转速等）下极易造成工件齿轮齿面余量过切，从而形成剃齿齿形中凹误差。结合剃齿实验的工件齿轮齿形图（图 4. 28）所示，选取径向进给量为 0. 033mm、0. 039mm、0. 045mm 和 0. 058mm，轴向进给量为 60mm/min，在工件齿轮节圆位置处造成的工件齿轮齿廓形状偏差分别为 21. 8μm、22. 6μm、25. 1μm 和 28. 5μm，而剃齿齿形中凹误差一般为 10~30μm。

综上所述，剃削力会直接影响最终工件齿轮齿面成形质量，而剃削速度主要影响加工速度，并不会直接产生齿形误差，但是过大的切削速度会导致切削温度过高，使得工件齿轮表面材料性能发生改变，强度或硬度降低，从而影响剃齿效果。径向进给量会较大程度影响最终剃齿齿形中凹误差量的大小，通过对剃削力和剃削速度的分析，可得出产生剃齿齿形中凹误差量的临界运动参数，再结合实际剃齿参数选取适当的切削参数能在一定程度上减小剃齿齿形中凹误差，从而指导剃齿加工。

4.5　剃齿加工切削参数的优化研究

切削参数作为齿轮加工领域重要的输入量，它的选取是否合适直接影响工件齿轮齿面的成形质量。南京工业大学的李庆楠等[32]针对铣磨复合加工齿轮的效率问题，基于改进量子行为粒子群优化算法计算出最优切削参数，缩短了齿轮切削时间。重庆大学的陈鹏等[33]为发挥高速干切滚齿工艺最佳性能，以齿轮的自动化加工效率和单件生产成本为目标，对高速干式滚切齿轮的工艺参数进行了优化，并开发了相应的优化支持系统。西南大学的杨俊等[34]采用正交切削实验，基于静态信噪比与方差分析法对影响切削力与工件表面粗糙度的切削参数进行了优化。有限元分析法具有成本低、效率高、条件可控等优点，在切削参数优化方面取得了一定的成果。重庆大学的周力等[35]基于 Deform-3D 仿真研究了齿轮高速干式滚切过程不同参数下的切削力与切削温度分布规律，确定了影响滚切性能的主要参数，其研究成果对工艺参数的优化提供了理论支撑。K. D. Bouzakis 等[36]借助齿轮加工仿真技术，对滚齿中的切屑形成进行研究，优化了滚齿工艺参数。LI 等[37]基于 Deform-2D 二维切削有限元模拟平台，在二维正交槽铣实验的基础上，优化了干式高速螺旋锥齿轮和准双曲面齿轮的切削参数。针对某一特定目标，经过对齿轮加工中切削参数的优化选择，均可以使工件齿轮加工中机床效能得到充分利用，工件齿轮齿面获得更高精度的加工质量。

4.5.1　剃齿加工试验

1. 试验条件、材料及方法

试验平台为 YX4230CNC5 型数控剃齿机，如图 4.29 所示。采用 3906 型齿轮测量中心对剃后工件齿轮的齿面形貌进行检测，如图 4.30 所示。

剃齿齿形中凹误差属于齿轮齿形误差范畴，在实际剃齿加工中，工件齿轮的剃齿齿形中凹误差量不易求得，而工件齿轮的齿廓形状偏差却可专门测量，且剃齿齿形中凹误差也属于齿廓形状偏差的范畴，故这里均用测得的工件齿轮的齿廓形状偏差代替工件齿轮的齿形误差进行分析研究。

为提高每次剃齿试验的剃削效率，保证工件齿轮左右齿面具有相同的剃削质量，试验所用剃齿刀槽形为垂直于齿面的盘式剃齿刀，剃齿刀其他结构参数见表 4.4。工件齿轮材料选用具有较高强度与良好切削加工性的 45 钢，其他结构参数见表 4.5。所有剃齿试验均采用湿式加工，选用的切削油为 2 号锭子油。

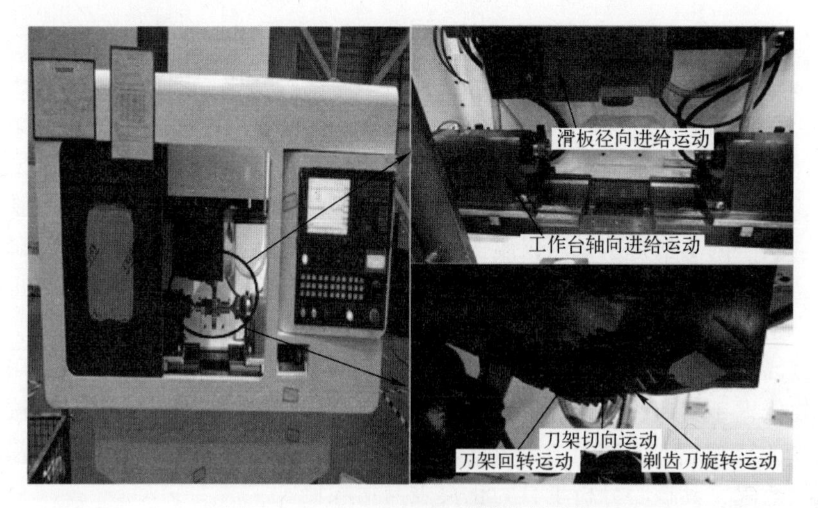

图 4.29　YX4230CNC5 型数控剃齿机

图 4.30　3906 型齿轮测量中心

表 4.4　剃齿刀结构参数

法向模数	齿数	螺旋角	压力角	材料	分度圆直径	齿宽	b_1	L	k
4	53	15°	20°	W6Mo5Cr4V2	240	25	1.45	2	1.1

表 4.5　工件齿轮参数

法向模数	齿数	压力角	材料	分度圆直径	留剃量
4	40	20°	45 钢	160	0.12

2. 基于田口方法的试验方案

常用的试验方法一般包括以下几种：试误法；一次一因子法；全因子试验法；田口方法。

试误法主要凭借试验者的主观经验设计试验参数，具有较大的偶然性、机会性，没有系统化的方案设计，极易造成人力、物力的资源浪费，一般不可取。一次一因子法每次试验仅改变一个试验因子，虽然其试验次数少，试验成本低，但其试验误差相对较大。全因子试验法将所有试验参数组合都进行一次试验，从所有试验结果中选取最优值，该方法可以获得最优的试验结果，试验可信度高，但其试验次数较多，费时也费力，不利于能源的节约利用。田口方法主要依据正交表设计试验因子和水准的组合得到最优试验组合，该方法试验次数少，节约成本，试验结果也比较客观，可以用较少的试验次数获得最理想的试验效果，其核心分析工具为正交表与信噪比。

田口方法同传统试验方法相比，具有试验时间短、试验成本低、试验结果客观的特点，因此，试验采用田口方法进行三因素三水平的正交试验，建立田口方法正交试验表，其具体参数设置见表 4.6。

表 4.6 剃齿正交试验切削参数设置

切削参数	n/(r/min)	f_r/(mm)	f/(mm/min)
水平 1	100	0.045	90
水平 2	160	0.050	120
水平 3	200	0.055	180

为保证试验数据采集具有代表性，每个工件齿轮分别选取 3 个不同的齿面进行测量，并将测量数据的平均值作为试验数据。表 4.7 为正交试验所用的切削参数以及齿形误差测量结果。

表 4.7 剃齿切削参数与误差测量结果

序号	n/(r/min)	f_r/(mm)	f/(mm/min)	e/(μm)
1	1	1	1	19.7
2	1	2	2	30.5
3	1	3	3	37.3
4	2	2	1	25.1
5	2	3	2	24.6
6	2	1	3	23.8
7	3	3	1	33.4
8	3	1	2	23.9
9	3	2	3	37.7

4.5.2　基于齿形误差的剃齿切削参数优化

1. 齿形误差的信噪比

由于外界环境与系统内部存在变异（杂音），因此系统的实际机能与理想机能出现偏差。为衡量系统品质，表示这种偏差，可用 SN 比（Signal to Noise Ratio，SNR，信噪比）表征。系统静态特性的 SNR 可用下式表示：

$$S/N = 10\lg(1/\sigma^2) \tag{4.43}$$

式中：σ 表示系统变异（杂音）。

田口方法中静态特性一般可以分为三类，分别为望小特性、望目特性以及望大特性。其中，当评价一批零件的不合格率时，一般希望其值越小越好，此时可用其望小特性；而若评价零件的合格率，却希望其值越大越好，此时可用其望大特性；若评价一批零件是否满足某一特定要求，则希望其值越靠近特定值越好，此时可用望目特性[10]。

根据统计学观点，杂音（变异）可以用下式表示：

$$s = \sqrt{\frac{1}{k}\sum_{i=1}^{k}(y_i - \bar{y})^2} \tag{4.44}$$

式中：k 为试验次数；y_i为第 i 次试验的实际值。

要评价系统的理论值（m）与实际值之间的差异（变异），上式可改为

$$s = \sqrt{\frac{1}{k}\sum_{i=1}^{k}(y_i - m)^2} \tag{4.45}$$

当 $m=0$ 时，可得到系统望小特性对应的 SNR：

$$S/N = -10\log\left(\frac{1}{k}\sum_{i=1}^{k}y_i^2\right) \tag{4.46}$$

当 $m=\infty$ 时，可得到系统望大特性对应的 SNR：

$$S/N = 10\log\left(\frac{1}{k}\sum_{i=1}^{k}y_i^2\right) \tag{4.47}$$

当 m 为特定值时，可得到系统望目特性对应的 SNR：

$$S/N = -10\log\left(\frac{1}{k}\sum_{i=1}^{k}(y_i - m)^2\right) \tag{4.48}$$

剃齿时通常希望剃后工件齿轮齿形误差越小越好。这里采用田口方法中的望小特性指标作为剃齿切削参数优化的目标函数。

对表 4.7 中的试验数据应用式（4.46）计算剃后工件齿轮齿形误差的信噪比，得到齿形误差测量结果 SNR 表，如表 4.8 所示。

表 4.8　齿形误差测量结果 SNR 表

序　号	n/(r/min)	f_r/(mm)	f/(mm/min)	e/(μm)	S/N
1	1	1	1	19.7	-25.8893
2	1	2	2	30.5	-29.6860
3	1	3	3	37.3	-31.4342
4	2	2	1	25.1	-27.9935
5	2	3	2	24.6	-27.8187
6	2	1	3	23.8	-27.5315
7	3	3	1	33.4	-30.4749
8	3	1	2	23.9	-27.5680
9	3	2	3	37.7	-31.5268

同时，可以计算得到剃齿切削参数对齿形误差的 SNR 效应表与 SNR 效应图，如表 4.9 与图 4.31 所示。

表 4.9　齿形误差的 SNR 效应表

	n/(r/min)	f_r/(mm)	f/(mm/min)
Level 1	-29.0032	-26.9963	-28.1192
Level 2	-27.7812	-29.7354	-28.3576
Level 3	-29.8566	-29.9093	-30.1642
Effect	2.0753	2.9130	2.0449
Rank	2	1	3

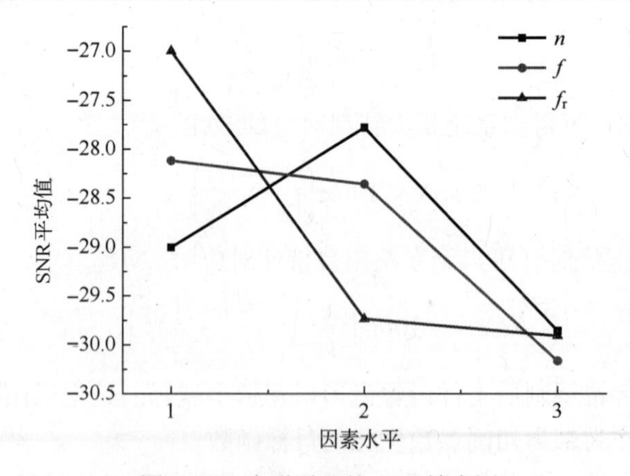

图 4.31　齿形误差的 SNR 效应图

表 4.9 可以看出，剃齿切削参数中剃齿刀径向进给量对剃后工件齿轮齿形误差的影响最大，主轴转速对齿形误差的影响次之，工件齿轮轴向进给量对齿向误差的影响最小。图 4.31 可以看出，随着剃齿刀径向进给量的增加，剃齿加工系统的 SNR 迅速减小，即工件齿轮的齿形误差迅速增加。同时，可以看出随着剃齿刀径向进给量与工件齿轮轴向进给量的增加，工件齿轮的齿形误差单调增大；而随着主轴转速的增加，工件齿轮齿形误差的 SNR 则并非单调函数，而是在水平 2 处出现极大值，也即在该处出现齿形误差的极小值，表明单纯增加剃齿加工中主轴转速，并不会导致工件齿轮齿形误差的减小。

2. 剃齿切削参数的优化

根据田口方法，一个系统的 SNR 越高，其输出的性能评价指标也就越好[38]。因此，可以根据图 4.31 得到能使剃后工件齿轮齿形误差最小的剃齿切削参数组合，即当 $n=160\mathrm{r/min}$，$f=90\mathrm{mm/min}$，$f_r=0.045\mathrm{mm}$ 时，工件齿轮齿形误差最小。

SNR 的优化预测值可以根据下式表示[34]：

$$\eta_{opt}=\eta_{avg}+\sum_{i-1}^{j}(\eta_i-\eta_{avg}) \tag{4.49}$$

式中：η_{opt}为优化后的 SNR；η_{avg}为 SNR 的总平均值；η_i为优化后的 SNR 平均值；j 为影响因素的个数。

将最优的剃齿切削参数组合 $n=160\mathrm{r/min}$，$f=90\mathrm{mm/min}$，$f_r=0.045\mathrm{mm}$ 代入式（4.49），得到其优化后的 SNR 为−25.1361，其对应的最优剃齿切削参数组合下的剃后工件齿轮齿形误差值为 18.1μm。

4.5.3　实验验证

为验证以齿形误差望小特性为目标函数求得的工件齿轮齿形误差的正确性，现以求得的最优剃齿切削参数为剃齿机床的输入量进行剃齿试验。所用的剃齿机床为 YX4230CNC5 数控剃齿机，剃后工件齿轮齿面测量仪器为 3906 型齿轮测量中心，试验所用切削油为 2 号锭子油。试验结束后，对工件齿轮三个右齿面进行检测，如图 4.29 所示。

图 4.32 可以看出，优化后的工件齿轮 1 号、14 号、27 号齿的形状偏差平均值为 18.4μm，通过与上面的计算值 18.1μm 相比，其两者之间误差为 1.66%，该值是在工程实践允许的误差范围内，说明以望小特性为目标函数求解工件齿轮齿形误差具备一定的有效性。

若采用未优化的剃齿切削参数组合 $n=100\mathrm{r/min}$，$f=90\mathrm{mm/min}$，$f_r=$

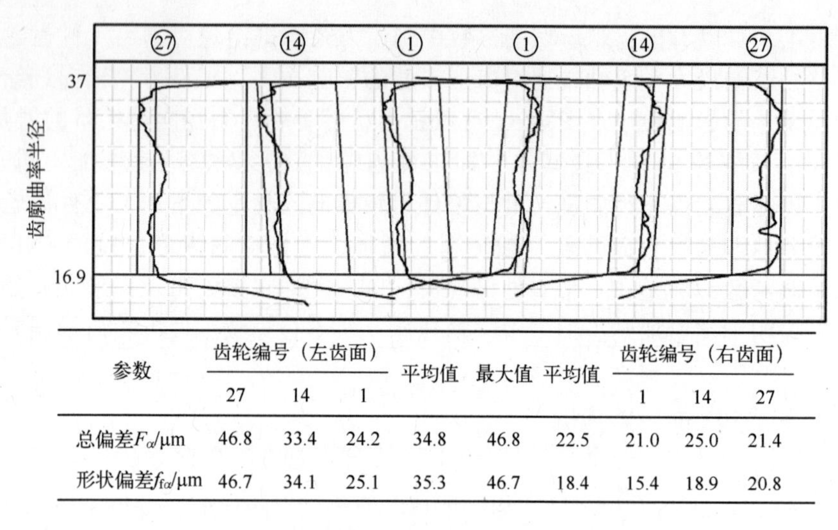

参数	齿轮编号（左齿面）			平均值	最大值	平均值	齿轮编号（右齿面）		
	27	14	1				1	14	27
总偏差F_{α}/μm	46.8	33.4	24.2	34.8	46.8	22.5	21.0	25.0	21.4
形状偏差$f_{f\alpha}$/μm	46.7	34.1	25.1	35.3	46.7	18.4	15.4	18.9	20.8

图 4.32　切削参数优化后的工件齿轮齿形图

0.045mm 进行剃齿加工，则通过剃齿试验得到的剃后工件齿轮齿形误差值为 19.7μm，如图 4.33 所示。优化后的剃齿切削参数组合相对于未优化的剃齿切削参数组合其剃后工件齿轮齿形误差值下降了 7.07%，表明应用田口方法可以找到品质特性输出最优的剃齿切削参数组合。

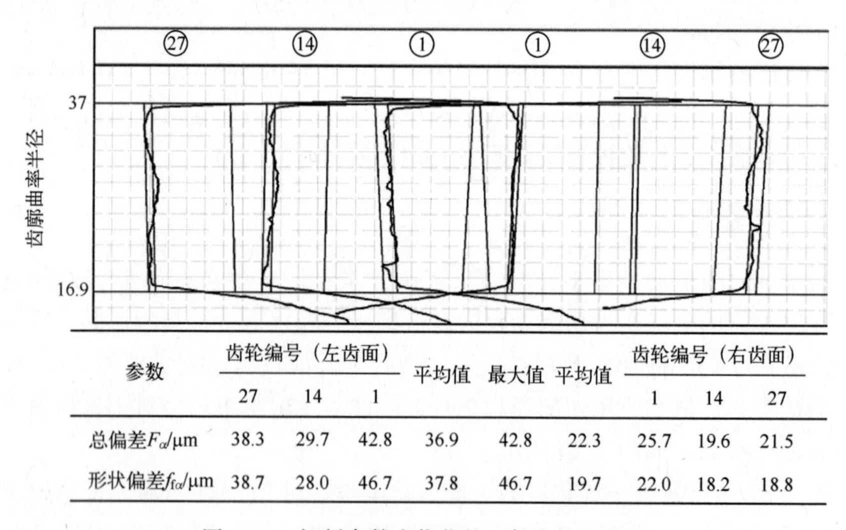

参数	齿轮编号（左齿面）			平均值	最大值	平均值	齿轮编号（右齿面）		
	27	14	1				1	14	27
总偏差F_{α}/μm	38.3	29.7	42.8	36.9	42.8	22.3	25.7	19.6	21.5
形状偏差$f_{f\alpha}$/μm	38.7	28.0	46.7	37.8	46.7	19.7	22.0	18.2	18.8

图 4.33　切削参数未优化的工件齿轮齿形图

参考文献

[1] 张金，黄筱调，彭琪，等．铣齿断续切削机理的研究 [J]. 机械工程学报，2011，47 (13)：186-192.

[2] 周后火，张连洪，陈立海，等．高应变率下材料本构模型建模及其在插齿切削力预测中的应用 [J]. 机械设计，2016，33 (8)：8-14.

[3] RATCHEV S, LIU S, HUANG W, et al. A flexible force model for end milling of low-rigidity parts [J]. Journal of Materials Processing Tech, 2004, 153-154 (1): 134-138.

[4] RATCHEV S, LIU S, HUANG W, et al. Milling error prediction and compensation in machining of low-rigidity parts [J]. International Journal of Machine Tools & Manufacture, 2004, 44 (15): 1629-1641.

[5] HEIKKALA J. Determining of cutting-force components in face milling [J]. Journal of Materials ProcessingTechnology, 1995, 52 (1): 1-8.

[6] ANTONIADIS A, VIDAKIS N, BILALIS N. A simulation model of gear skiving [J]. Journal of Materials Processing Technology, 2004, 146 (2): 213-220.

[7] MANN B P, YOUNG K A, SCHMITZ T L, et al. simultaneous stability and surface location error predictions in milling [J]. Journal of Manufacturing Science & Engineering, 2005, 127 (3): 446-453.

[8] SMITHEY D W, KAPOOR S G, DEVOR R E. Worn tool force model for three-dimensional cutting operations [J]. International Journal of Machine Tools & Manufacture, 2000, 40 (13): 1929-1950.

[9] MORIWAKI I, FUJITA M. Effect of cutter performance on finished tooth form in gear shaving [J]. Journal of Mechanical Design, 1994, 116 (3): 701-705.

[10] MORIWAKI I. Numerical analysis of tooth forms of shaved gears. 5th Report. cutting model in simplified cal culation method. [J]. Transactions of the Japan Society of Mechanical Engineers, 1993, 59 (568): 3895-3901.

[11] 武文革，辛志杰．金属切削原理及刀具 [M]. 北京：国防工业出版社，2009.

[12] 吕明，轧刚，张华，等．被剃齿面中凹误差的分析计算 [J]. 太原工业大学学报，1995 (03)：1-7.

[13] 吕明，徐璞，蔺启恒．剃齿时齿形中凹现象的形成机理 [J]. 太原工业大学学报，1987 (4)：30-40.

[14] 陈恩平．切削力经验公式的试验研究 [J]. 燕山大学学报，2004 (4)：307-309.

[15] 吕明，冯肇锡，徐璞．剃齿切削力的研究 [J]. 太原工业大学学报，1987 (4)：61-73.

[16] 刘站强，万熠，艾兴．高速铣削中切削力的研究 [J]. 中国机械工程，2003，14 (9)：734-737.

［17］蔡安江，刘磊，李玲，等．剃齿啮合的接触特性分析及中凹误差形成机理研究［J］．振动与冲击，2018，37（8）：68-86.

［18］任继文，张会明．基于AutoCAD用仿形法实现斜齿轮加工仿真［J］．华东交通大学学报，2004（01）：107-109.

［19］杨玉芳，林大钧，付掌印．齿轮加工仿真技术［J］．东华大学学报（自然科学版），2005，4（31）：89-91.

［20］张华，邓效忠．基于局部综合的非零变位弧齿锥齿轮切齿仿真［J］．农业机械学报，2007（05）：204-206.

［21］蒲太平，唐进元．基于CATIA V5的圆柱齿轮虚拟加工研究［J］．系统仿真学报，2008，20（16）：4339-4343.

［22］王沉培．计算机辅助设计在准双曲面齿轮数控化加工中的应用［J］．计算机辅助设计与图形学学报，2002，1（4）：320-323.

［23］邓效忠，方宗德，任东锋，等．航空高速螺旋锥齿轮的计算机辅助设计［J］．机械设计，2002（4）：40-43.

［24］唐进元，蒲太平，戴进．SGM法加工的螺旋锥齿轮几何建模研究［J］．机械传动，2008，32（1）：43-46.

［25］徐彦伟，张连洪，魏巍，等．重型弧齿锥齿轮铣齿机数控加工模型建立与仿真［J］．农业机械学报，2009，40（10）：211-215.

［26］汪中厚，莫逗，李克松，等．螺旋锥齿轮切齿仿真和虚拟齿面误差检验［J］．现代制造工程，2012（1）：22-25.

［27］聂现伟，严宏志．弧齿锥齿轮铣齿加工三维应力仿真及分析［J］．机械传动，2010，36（11）：16-19.

［28］BRECHER C，KLOCKE F，GORGELS C，et al. Manufacturing simulation of bevel gear cutting - simulation based approach for tool wear analysis.［J］Techol. Appl. 2011，119（2）：513-520.

［29］VASILIS D，NECTARIOS V，ARISTOMENIS A. Advanced computer aided design simulation of gear hobbing by means of three-dimensional kinematics modeling［J］. Journal of Manufacturing Science & Engineering，2007，129（5）：911-918.

［30］SCHURR D，HOLZWARTH P，EBERHARD P. Investigation of dynamic stress recovery in elastic gear simulations using different reduction techniques［J］. Computational Mechanics，2018，62（2）：439-456.

［31］王峰，方宗德，李声晋．斜齿轮动力学建模中啮合刚度处理与对比验证［J］．振动与冲击，2014，33（6）：13-17.

［32］李庆楠，黄筱调，于春建．铣磨复合加工齿轮的切削参数优化［J］．机械设计与制造工程，2015（05）：28-32.

［33］陈鹏，曹华军，张应，等．齿轮高速干式滚切工艺参数优化模型及应用系统开发［J］．机械工程学报，2017（01）：190-197.

[34] 杨俊，何辉波，李华英，等．基于切削力和表面粗糙度的干切削参数优化［J］．西南大学学报，2014，36（12）：187-192.

[35] 周力，曹华军，陈永鹏，等．基于Deform3D的齿轮高速干式滚切过程模型及性能分析［J］．中国机械工程，2015，26（20）：2705-2710.

[36] K D B, FRIDERIKOS O, TSIAFIS I. FEM-supported simulation of chip formation and flow in gear hobbing of spur and helical gears [J]. CIRP Journal of Manufacturing Science and Technology, 2008, 1 (1): 18-26.

[37] LI D, HUANG L, LING Y. Numerical analysis and research of high speed turning process cutting parameters optimization of synchronous gear sleeve based on deform-3D [J]. Rock Drilling Machinery & Pneumatic Tools, 2018.

[38] 刘春景，唐敦兵，何华，等．基于灰色关联和主成分分析的车削加工多目标优化［J］．农业机械学报，2013，44（4）：293-299.

第5章 剃齿安装误差

5.1 概　　述

剃齿机床本身制造误差与刚度，以及剃齿加工的热变形等因素的影响，难以保证剃齿刀和工件齿轮在理论安装位置上啮合，导致剃齿刀和工件齿轮的安装位置偏离理论位置，产生误差，该误差即为“剃齿安装误差”（下述简称“安装误差”）。此时，实际剃齿加工坐标系发生偏差，影响工件齿轮加工的精度与生产效率。

不考虑工件齿轮剃前误差与剃齿刀自身缺陷的情况下，剃齿安装误差成为影响剃齿加工质量的关键因素之一。安装误差会影响实际齿面接触位置偏离理论位置，引起剃齿加工过程中振动与噪声的产生，降低剃齿加工传动平稳性，影响剃齿加工质量。Jè rômeBruyère 等[1]对误差进行了全面的总结，其中有安装误差、机床调整参数误差和几何运动误差等，但并未对安装误差的影响进行分析研究。SIMON[2-3]利用有限元法对准双曲面齿轮和弧齿锥齿轮啮合性能进行分析，研究了安装误差对承载分布等啮合性能的影响，但并没有对安装误差的取值给出明确的选取依据。LITVIN 等[4-5]研究安装误差对圆柱齿轮传动性能影响，结果表明安装误差会使圆柱齿轮传动过程中的噪声和振动明显增大，而且增加了边缘接触风险，不利于传动的平稳性，在齿轮表面易产生应力集中，降低齿轮的使用寿命，并通过预设的传动误差设计齿面的方法，有效降低了齿轮副对安装误差的敏感性，使传动过程中的振动及噪声得到显著改善。LITVIN 等[6]对弧齿锥齿轮副齿面进行了轮齿接触分析（Tooth contact analysis，TCA），以接触迹边界点是否超出齿面边界为依据，确定了弧齿锥齿轮副不同类型安装误差的可变动范围。C. Y. Lin 等[7]通过分析不同机床调整误差对差曲面以及接触质量的影响，得到了不同剃齿机床调整误差对齿面接触质量的影响。Claudio Zanzi 等[8]提出了一种圆柱齿轮齿廓与齿向混合修形的面齿轮传动模型，通过对该面齿轮模型的接触分析，发现该模型显著减小了面齿轮传动过程对安装误差的敏感性，解决了面齿轮传动过程中接触椭圆大小不均匀的问题。P. Velex 等[9]运用综合数学模型，分析了形状偏差和安装误差对齿轮动力学的影响，并考虑轴和轴承的刚度，研究了斜齿轮的传动特性。

中南大学的唐进元教授等[10-14]构建了含安装误差的主动轮鼓形齿与未修形从动轮渐开线齿的接触分析（TCA）模型，通过调整安装误差可以精确地预控接触轨迹的位置，并提出了安装误差敏感性和容差性概念；构建齿面接触啮合分析模型，分别研究了每个安装误差因素对齿面接触区域的影响规律，并考虑接触轨迹对安装误差的敏感性，提出了一种圆柱齿轮鼓形修形方法，达到降低齿轮副对安装误差敏感性的目的；在预设定传递误差曲线螺旋锥齿轮主动设计方法基础上，考虑了初始计算点位置对安装误差敏感性的影响，通过安装误差敏感系数的计算与比较，确定了合理的初始计算点位置，使误差敏感系数大幅下降。

西北工业大学的方宗德教等[15-18]突破了靠实践经验来调整安装误差的局限性，在考虑安装误差的情况下对摆线齿准双曲面齿轮进行了轮齿接触分析（TCA），分析表明：准双曲面齿轮对安装误差敏感性较低；通过调整安装误差，改善了接触质量和传动性能；建立含安装误差面齿轮副的通用坐标系和齿面接触分析算法，确定了偏置面齿轮安装误差工艺参数。

南京航空航天大学的陈鸿等[19]建立了考虑轴交角、轴交错、轴向偏移三个安装误差的非正交面齿轮传动坐标系，推导了相应的接触轨迹方程，分析了不同轴交角时安装误差对传动中非正交面齿轮接触轨迹的影响。南京航空航天大学的李政民卿等[20]建立了考虑装配偏置误差影响的点接触正交面齿轮传动坐标系，推导了正交面齿轮齿廓和过渡曲面方程以及考虑装配偏置误差影响的接触点方程，分析了装配偏置误差对传动中正交面齿轮上接触点位置的影响；根据曲面上任意点处主方向和主曲率的求解方法，分析了装配偏置误差对接触点处主曲率的影响；利用布希涅斯克问题的解法推导了传动中正交面齿轮上接触点处接触特性方程，分析了装配偏置误差对正交面齿轮上接触点处接触特性的影响。

上海理工大学的汪中厚教授等[21]推导了含安装误差的齿面接触分析基本方程，分别从三项安装误差单独作用与共同作用进行了齿面接触分析，得到了其对齿面接触轨迹的影响规律。调整安装误差，可使得接触发生在理想的位置，对弧齿锥齿轮的设计与应用具有指导意义。

西北工业大学的刘光磊教授等[22]提出了一种接触印痕位置参数分析法，对安装误差状态下的弧齿锥齿轮进行了轮齿加载接触分析（LTCA），分别以不同类型的单因素安装误差为设计变量，采用优化设计方法确定了接触印痕在齿面有效边界内对应的安装误差范围。西北工业大学的王会良等[23]为提高齿轮副承载能力和降低对安装误差的敏感性，建立了含安装误差的修形齿轮副接触分析（TCA）模型，并对轮齿接触分析和有限元进行分析，得到了在不同安装误差情况下传动误差和齿面接触应力与剪切力的分布特征，提出了一种拓扑修形的齿面结构，这种结构可以有效避免边缘接触，降低对安装误差的敏感性。

西安理工大学的苏宇龙等[24]建立了弧齿锥齿轮切齿加工数学模型，推导了大小轮理论齿面方程，分析了小轮轴向安装误差、大小轮轴间距和轴交角误差对齿面接触印痕的影响。河南科技大学的曹雪梅等[25]建立了含有安装误差的直齿锥齿轮啮合坐标系，并利用差曲面的Gauss曲率来表示直齿锥齿轮修形齿面安装误差敏感性的方法，用罚函数法来优化接触椭圆长轴，得到了对安装误差敏感性低的修形直齿锥齿轮的印痕图；建立含有轴向错位误差、轴线分离误差、轴交角变化误差的直齿锥齿轮修形齿面坐标系；对含有安装误差情况下修形齿面直齿锥齿轮的TCA和有限元静态接触进行分析，得到了对安装误差敏感性低的齿面。南京航空航天大学的朱增宝等[26]推导出封闭人字齿轮传动系统各齿轮安装误差沿啮合线等效位移公式并建立了传动动力学模型，获得了各齿轮安装误差与系统两级内外啮合均载系数关系曲线，进而分析了齿轮安装误差对系统均载特性的影响。武汉大学的朱伟林等[27]在考虑安装误差的基础上建立了多自由度平移-扭转耦合非线性动力学模型，研究了安装误差位置及其相位角对复合行星轮系系统均载特性的影响。

上海工程技术大学的吴训成等[28-30]推导出点接触齿面的接触点位置对安装误差敏感性的计算公式，提供了一套点接触齿面啮合分析的理论公式，这套公式适用于齿面啮合的任何接触点。利用这些公式，能够非常方便地在设计齿面副参数的同时就对齿面进行啮合分析，从理论上清楚地阐明了点接触齿面副的失配机理。大连理工大学的凌四营等[31]建立了芯轴安装偏心和倾斜误差及齿轮安装偏心和偏摆误差对齿轮螺旋线形状偏差和倾斜偏差影响的数学模型，得到了通过调整齿轮安装偏摆误差补偿各齿轮螺旋线倾斜偏差差异的误差补偿方法。东北大学的佟操等[32]提出了一种用于齿轮动力学分析的安装与制造误差等效定义，建立了带有安装与制造误差的齿轮参数化模型，并对安装误差与制造误差影响下齿轮接触过程中的动态接触应力进行了求解。

目前关于剃齿加工安装误差的文献较少，太原理工大学的徐璞等[33]在剃齿齿形中凹误差的形成原因中提到，轴交角大小会影响剃齿刀与工件齿轮接触面积大小，从而影响剃齿加工质量，并未进行分析计算。太原理工大学的徐炎竑等[34]从几何学与运动学角度系统分析剃齿齿向误差的形成原因，得到了轴交角误差与轴间距误差对齿向误差的影响关系。太原理工大学的吕明等[35]研究了中心距与轴交角对平行剃齿质量的影响，建立了轴交角与中心距对齿面加工误差数学模型。以上研究都仅进行了数学计算，尚停留在理论阶段，并没有用实验验证其有效性。

5.2　含剃齿安装误差的剃齿加工模型

剃齿安装误差主要有轴交角误差、中心距误差和剃齿刀沿工件齿轮轴向的偏移误差。其中剃齿刀沿工件齿轮轴向的偏移误差主要影响齿向误差的形成[34]。为探究剃齿齿形中凹误差形成机理，本书主要分析轴交角误差 $\Delta\Sigma$ 和中心距误差 Δa 对剃齿过程的影响。

5.2.1　几何模型与坐标转换

在理论剃齿刀与工件齿轮的空间坐标系基础上引入轴交角误差与中心距误差，即可建立含剃齿安装误差的剃齿加工模型。首先根据剃齿刀与工件齿轮空间实际位置关系与运动关系建立理论空间坐标系，然后加入实际加工中的轴交角误差与中心距误差。建立的含安装误差的剃齿加工几何模型如图 5.1 所示。

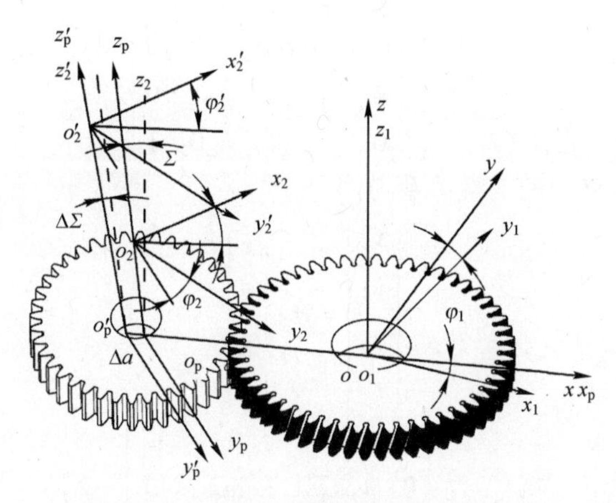

图 5.1　含安装误差的剃齿加工几何模型

图 5.1 中，$S(O\text{-}xyz)$ 及 $S_p(O_p\text{-}x_py_pz_p)$ 是两个空间固定坐标系，$S_1(O_1\text{-}x_1y_1z_1)$ 和 $S_2(O_2\text{-}x_2y_2z_2)$ 分别是剃齿刀和工件齿轮固连的动坐标系。在理论剃齿加工中，z 轴与剃齿刀的回转中心 z_1 轴共线，z_p 轴与工件齿轮的回转中心 z_2 轴线，两轴线之间的夹角为 Σ，即剃齿啮合的轴交角；x 轴与 x_p 轴重合，其方向为两轴线的最短距离方向，OO_p 则为最短距离，即中心距 a。但实际加工环境

中，由于剃齿安装误差存在，固定坐标系由 $S_p(O_p-x_py_pz_p)$ 变为 $S'_p(O'_p-x'_py'_pz'_p)$，坐标系 $S_2(O_2-x_2y_2z_2)$ 也随之变为 $S_2'(O'_2-x'_2y'_2z'_2)$。在起始位置时，坐标系 S_1、S'_2 分别与 S、S_p 重合。剃齿刀以匀角速度 $\boldsymbol{\omega}_1$ 绕 z 轴转动，没有 z 轴方向的移动；工件齿轮以角速度 $\boldsymbol{\omega}_2$ 绕 z_p 轴转动，并以速度 $\boldsymbol{v}_{02}$ 沿 z_p 轴匀速移动。从起始位置经过一段时间后，S_1、S'_2 运动到图 5.1 所示位置，剃齿刀绕 z 轴转过 φ_1 角，工件齿轮绕 z_p 轴转过 φ_2 角，因工件齿轮沿其轴向有进给，故在 z_p 轴方向移动了 $O_2O_p=l_2$ 的距离。

为了便于后续推导计算，首先根据空间几何关系推导出上述含安装误差坐标系之间的转换关系。

坐标系 S 和 S_1 的变换关系为

$$\begin{bmatrix} x \\ y \\ z \\ t \end{bmatrix} = \boldsymbol{M}_{01} \begin{bmatrix} x_1 \\ y_1 \\ z_1 \\ t_1 \end{bmatrix} \tag{5.1}$$

其中：

$$\boldsymbol{M}_{01} = \begin{bmatrix} \cos\varphi_1 & -\sin\varphi_1 & 0 & 0 \\ \sin\varphi_1 & \cos\varphi_1 & 0 & 0 \\ 0 & 0 & 1 & 0 \\ 0 & 0 & 0 & 1 \end{bmatrix} \tag{5.2}$$

坐标系 S 和 S'_p 与的变换关系为

$$\begin{bmatrix} x'_p \\ y'_p \\ z'_p \\ t'_p \end{bmatrix} = \boldsymbol{M}_{p0} \begin{bmatrix} x \\ y \\ z \\ t \end{bmatrix} \tag{5.3}$$

$$\boldsymbol{M}_{p0} = \begin{bmatrix} 1 & 0 & 0 & a' \\ 0 & \cos\boldsymbol{\Sigma}' & -\sin\boldsymbol{\Sigma}' & 0 \\ 0 & \sin\boldsymbol{\Sigma}' & \cos\boldsymbol{\Sigma}' & 0 \\ 0 & 0 & 0 & 1 \end{bmatrix} \tag{5.4}$$

式中：$\boldsymbol{\Sigma}'=\boldsymbol{\Sigma}+\Delta\boldsymbol{\Sigma}$，$\Delta\boldsymbol{\Sigma}$ 为由安装误差引起的轴交角误差；$a'=a+\Delta a$，Δa 为由安装误差引起的轴交角误差。

坐标系 S'_2 与 S'_p 的变换关系为

$$\begin{bmatrix} x_2' \\ y_2' \\ z_2' \\ t_2' \end{bmatrix} = \boldsymbol{M}_{2\mathrm{p}} \begin{bmatrix} x_\mathrm{p}' \\ y_\mathrm{p}' \\ z_\mathrm{p}' \\ t_\mathrm{p}' \end{bmatrix} \tag{5.5}$$

其中：

$$\boldsymbol{M}_{2\mathrm{p}} = \begin{bmatrix} \cos\varphi_2' & \sin\varphi_2' & 0 & 0 \\ -\sin\varphi_2' & \cos\varphi_2' & 0 & 0 \\ 0 & 0 & 1 & -l_2 \\ 0 & 0 & 0 & 1 \end{bmatrix} \tag{5.6}$$

式中：$\varphi_2' = \varphi_2 + \Delta\varphi_2$；$l_2$为工件齿轮轴向进给距离。

坐标系 S_2'与 S 的变换关系为

$$\begin{bmatrix} x_2' \\ y_2' \\ z_2' \\ t_2' \end{bmatrix} = \boldsymbol{M}_{20} \begin{bmatrix} x \\ y \\ z \\ t \end{bmatrix} \tag{5.7}$$

$$\boldsymbol{M}_{20} = \boldsymbol{M}_{2\mathrm{p}}\boldsymbol{M}_{\mathrm{p}0} = \begin{bmatrix} \cos\varphi_2' & \cos\Sigma'\sin\varphi_2' & -\sin\varphi_2'\sin\Sigma' & a'\cos\varphi_2' \\ -\sin\varphi_2' & \cos\varphi_2'\cos\Sigma' & -\cos\varphi_2'\sin\Sigma' & -a'\sin\varphi_2' \\ 0 & \sin\Sigma' & \cos\Sigma' & -l_2 \\ 0 & 0 & 0 & 1 \end{bmatrix} \tag{5.8}$$

坐标系 S_2'与 S_1的变换关系为

$$\begin{bmatrix} x_2' \\ y_2' \\ z_2' \\ t_2' \end{bmatrix} = \boldsymbol{M}_{21} \begin{bmatrix} x_1 \\ y_1 \\ z_1 \\ t_1 \end{bmatrix} \tag{5.9}$$

$$\boldsymbol{M}_{21} = \boldsymbol{M}_{20}\boldsymbol{M}_{01} =$$

$$\begin{bmatrix} \cos\varphi_2'\cos\varphi_1 + \cos\Sigma'\sin\varphi_2'\sin\varphi_1 & \cos\Sigma'\sin\varphi_2'\cos\varphi_1 - \cos\varphi_2'\sin\varphi_1 & -\sin\varphi_2'\sin\Sigma' & a'\cos\varphi_2' \\ \cos\varphi_2'\sin\varphi_1\cos\Sigma' - \sin\varphi_2'\cos\varphi_1 & \cos\varphi_2'\cos\Sigma'\cos\varphi_1 + \sin\varphi_1\sin\varphi_2' & -\cos\varphi_2'\sin\Sigma' & -a'\sin\varphi_2' \\ \sin\varphi_1\sin\Sigma' & \cos\varphi_1\sin\Sigma' & \cos\Sigma' & -l_2 \\ 0 & 0 & 0 & 1 \end{bmatrix} \tag{5.10}$$

5.2.2 剃齿啮合方程

剃齿刀的一对共轭齿面无论作点接触还是线接触，在接触位置处均满足啮合方程条件式

$$\boldsymbol{v}^{(12)} \cdot \boldsymbol{n}=0 \tag{5.11}$$

式中：$\boldsymbol{v}^{(12)}$为两齿面在啮合点处的相对运动速度；$\boldsymbol{n}$为两齿面在啮合点处的法线向量。而剃齿刀与工件齿轮在空间任一点的相对运动速度$\boldsymbol{v}^{(12)}$可以表达为

$$\boldsymbol{v}^{(12)}=\boldsymbol{v}^{(1)}-\boldsymbol{v}^{(2)}=\boldsymbol{\omega}_1\times\boldsymbol{r}_1-\boldsymbol{\omega}_1\times\boldsymbol{r}_2+\boldsymbol{v}_{01}-\boldsymbol{v}_{02} \tag{5.12}$$

剃齿刀的角速度及剃齿刀沿工件齿轮轴向进给速度可以用向量表达为

$$\begin{cases}\boldsymbol{\omega}_1=\omega_1\boldsymbol{k}\\ \boldsymbol{v}_{01}=\boldsymbol{v}_{01}\sin(\Sigma+\Delta\Sigma)\boldsymbol{j}+\boldsymbol{v}_{01}\cos(\Sigma+\Delta\Sigma)\boldsymbol{k}\end{cases} \tag{5.13}$$

式中：ω_1为剃齿刀角速度的模；$\boldsymbol{v}_{01}$为剃齿刀径向进给速度的模。

在剃齿加工中，工件齿轮角速度及沿轴向移动的向量表达式为

$$\begin{cases}\boldsymbol{\omega}_2=\omega_2\sin(\Sigma+\Delta\Sigma)\boldsymbol{j}+\omega_2\cos(\Sigma+\Delta\Sigma)\boldsymbol{k}\\ \boldsymbol{v}_{02}=\boldsymbol{v}_{02}\sin(\Sigma+\Delta\Sigma)\boldsymbol{j}+\boldsymbol{v}_{02}\cos(\Sigma+\Delta\Sigma)\boldsymbol{k}\end{cases} \tag{5.14}$$

式中：ω_2为工件齿轮角速度的模；$\boldsymbol{v}_{02}$为工件齿轮轴向进给速度的模。

假设剃齿刀与工件齿轮在空间任一点接触，其接触点记为M点，则M点的坐标可表示为

$$\begin{cases}\boldsymbol{OM}=\boldsymbol{r}_1=x\boldsymbol{i}+y\boldsymbol{j}+z\boldsymbol{k}\\ \boldsymbol{O}_p\boldsymbol{M}=\boldsymbol{r}_2=(a+\Delta a)\boldsymbol{i}+\boldsymbol{r}_1=(x+a+\Delta a)\boldsymbol{i}+y\boldsymbol{j}+z\boldsymbol{k}\end{cases} \tag{5.15}$$

M点随剃齿刀运动时的速度$\boldsymbol{v}^{(1)}$和随工件齿轮运动时的速度$\boldsymbol{v}^{(2)}$分别为

$$\begin{cases}\boldsymbol{v}^{(1)}=\boldsymbol{\omega}_1\times\boldsymbol{r}_1+\boldsymbol{v}_{01}\\ \boldsymbol{v}^{(2)}=\boldsymbol{\omega}_2\times\boldsymbol{r}_2+\boldsymbol{v}_{02}\end{cases} \tag{5.16}$$

联立式（5.13）、式（5.14）与式（5.15），则有

$$\begin{cases}\boldsymbol{\omega}_1\times\boldsymbol{r}_1=-\omega_1 y\boldsymbol{i}+\omega_1 x\boldsymbol{j}\\ \boldsymbol{\omega}_2\times\boldsymbol{r}_2=(z\sin(\Sigma+\Delta\Sigma)-y\cos(\Sigma+\Delta\Sigma))\omega_2\boldsymbol{i}+\omega_2(x+a+\Delta a)\cos(\Sigma+\Delta\Sigma)\boldsymbol{j}\\ \qquad -\omega_2(x+a+\Delta a)\sin(\Sigma+\Delta\Sigma)\boldsymbol{k}\end{cases} \tag{5.17}$$

此时，剃齿啮合点M处的相对运动速度$\boldsymbol{v}^{(12)}$变为

$$\begin{aligned}\boldsymbol{v}^{(12)}=&[-\omega_2 z\sin(\Sigma+\Delta\Sigma)+\omega_2 y\cos(\Sigma+\Delta\Sigma)-\omega_1 y]\boldsymbol{i}+\\ &[\omega_1 x-\omega_2(x+a+\Delta a)\cos(\Sigma+\Delta\Sigma)-v_{02}\sin(\Sigma+\Delta\Sigma)]\boldsymbol{j}+\\ &[\omega_2(x+a+\Delta a)\sin(\Sigma+\Delta\Sigma)-v_{02}\cos(\Sigma+\Delta\Sigma)]\boldsymbol{k}\end{aligned} \tag{5.18}$$

如果用坐标系$S_1(O_1-x_1y_1z_1)$的参数来表示，则可以表示为

$$
\begin{aligned}
\boldsymbol{v}^{(12)} = & [-\omega_2[z_1\sin(\Sigma+\Delta\Sigma)-(\sin\varphi_1 x_1+\cos\varphi_1 y_1)\cos(\Sigma+\Delta\Sigma)] \\
& -\omega_1(\sin\varphi_1 x_1+\cos\varphi_1 y_1)]\boldsymbol{i}+[\omega_1(\cos\varphi_1 x_1-\sin\varphi_1 y_1)- \\
& \omega_2(\cos\varphi_1 x_1-\sin\varphi_1 y_1+(a+\Delta a))\cos(\Sigma+\Delta\Sigma)-v_{02}\sin(\Sigma+\Delta\Sigma)]\boldsymbol{j} \\
& +[\omega_2(\cos\varphi_1 x_1-\sin\varphi_1 y_1+(a+\Delta a))\sin(\Sigma+\Delta\Sigma)-v_{02}\cos(\Sigma+\Delta\Sigma)]\boldsymbol{k}
\end{aligned}
\tag{5.19}
$$

剃齿刀齿面上任意一点的法向量 $\boldsymbol{n}$ 为

$$
\boldsymbol{n}=n_{x1}^{(1)}\boldsymbol{i}+n_{y1}^{(1)}\boldsymbol{j}+n_{z1}^{(1)}\boldsymbol{k} \tag{5.20}
$$

式中：$n_{x_1}^{(1)}$、$n_{y_1}^{(1)}$、$n_{z_1}^{(1)}$为法向量 $\boldsymbol{n}$ 在 x_1、y_1、z_1三个坐标轴上的分量。

若将其表示为坐标系 S 中的形式，即

$$
\begin{cases}
n_x^{(1)}=n_{x1}^{(1)}\cos\varphi_1-n_{y1}^{(1)}\sin\varphi_1 \\
n_y^{(1)}=n_{x1}^{(1)}\sin\varphi_1+n_{y1}^{(1)}\cos\varphi_1 \\
n_z^{(1)}=n_{z1}^{(1)}
\end{cases}
\tag{5.21}
$$

联立式（5.11）、式（5.18）与式（5.21），则坐标系 S 下的剃齿啮合方程为

$$
\begin{aligned}
& [-w_2 z\sin(\Sigma+\Delta\Sigma)+w_2 y\cos(\Sigma+\Delta\Sigma)-w_1 y]n_x^{(1)}+ \\
& [w_1 x-w_2(x+(a+\Delta a))\cos(\Sigma+\Delta\Sigma)-v_{02}\sin(\Sigma+\Delta\Sigma)]n_y^{(1)}+ \\
& [w_2(x+(a+\Delta a))\sin(\Sigma+\Delta\Sigma)-v_{02}\cos(\Sigma+\Delta\Sigma)]n_z^{(1)}=0
\end{aligned}
\tag{5.22}
$$

联立式（5.11）、式（5.19）与式（5.20），坐标系 S_1 下的剃齿啮合方程为

$$
\begin{aligned}
& \omega_2\cos\varphi_1\left[-z_1 n_{x1}^{(1)}\sin(\Sigma+\Delta\Sigma)-\left((a+\Delta a)\cos(\Sigma+\Delta\Sigma)+\frac{v_{02}}{\omega_2}\sin(\Sigma+\Delta\Sigma)\right)n_{y1}^{(1)}+\right. \\
& x_1 n_{x1}^{(1)}\sin(\Sigma+\Delta\Sigma)]+\omega_1\sin\varphi_1[z_1 n_{y1}^{(1)}\sin(\Sigma+\Delta\Sigma)-((a+\Delta a)\cos(\Sigma+\Delta\Sigma)+ \\
& \left.\frac{v_{02}}{\omega_2}\sin(\Sigma+\Delta\Sigma)\right)n_{y1}^{(1)}+y_1 n_{x1}^{(1)}\sin(\Sigma+\Delta\Sigma)\Bigg]-(\omega_1-\omega_2\cos\varphi_1)(y_1 n_{x1}^{(1)}-x_1 n_{y1}^{(1)})- \\
& ((a+\Delta a)\omega_2\sin(\Sigma+\Delta\Sigma)-v_{02}\cos(\Sigma+\Delta\Sigma))n_{z1}^{(1)}=0
\end{aligned}
\tag{5.23}
$$

在剃齿加工的一次进给过程中，存在着两个相互独立的主运动，分别是剃齿刀以角速度 ω_1绕自身轴线旋转，工件齿轮以速度 $\boldsymbol{v}_{02}$沿工件齿轮轴线方向往复移动。$\boldsymbol{\omega}_1$与 $\boldsymbol{v}_{02}$是两个独立参数，因此剃齿啮合运动可视为双自由度啮合。工件齿轮转动角速度可表示为

$$
\boldsymbol{\omega}_2=i_{21}\boldsymbol{\omega}_1+i'\boldsymbol{v}_{02} \tag{5.24}
$$

式中：i_{21}、i'为 $\boldsymbol{\omega}_2$与 $\boldsymbol{\omega}_1$、$\boldsymbol{v}_{02}$的传动比。

将 $\boldsymbol{\omega}_2$带入坐标系 S 下的啮合方程式，则有

$$[-(i_{21}\boldsymbol{\omega}_1+i''\boldsymbol{v}_{02})z\sin(\Sigma+\Delta\Sigma)+(i_{21}\boldsymbol{\omega}_1+i''\boldsymbol{v}_{02})y\cos(\Sigma+\Delta\Sigma)-\boldsymbol{\omega}_1 y]n_x^{(1)}+$$
$$[\boldsymbol{\omega}_1 x-(i_{21}\boldsymbol{\omega}_1+i''\boldsymbol{v}_{02})(x+(a+\Delta a))\cos(\Sigma+\Delta\Sigma)-\boldsymbol{v}_{02}\sin(\Sigma+\Delta\Sigma)]n_y^{(1)}+ \quad (5.25)$$
$$[(i_{21}\boldsymbol{\omega}_1+i''\boldsymbol{v}_{02})(x+(a+\Delta a))\sin(\Sigma+\Delta\Sigma)-\boldsymbol{v}_{02}\cos(\Sigma+\Delta\Sigma)]n_z^{(1)}=0$$

由于 $\boldsymbol{\omega}_1$ 和 $\boldsymbol{v}_{02}$ 是两个独立的参数，因此式（5.25）可以分解为关于 $\boldsymbol{\omega}_1$ 和 $\boldsymbol{v}_{02}$ 的两个方程式。要使式（5.25）的啮合方程成立，需要下面的两个条件式同时成立：

$$\begin{cases}[-i_{21}\boldsymbol{\omega}_1 z\sin(\Sigma+\Delta\Sigma)+i_{21}\boldsymbol{\omega}_1 y\cos(\Sigma+\Delta\Sigma)-\boldsymbol{\omega}_1 y]n_x^{(1)}+\\ [\boldsymbol{\omega}_1 x-i_{21}\boldsymbol{\omega}_1(x+(a+\Delta a))\cos(\Sigma+\Delta\Sigma)]n_y^{(1)}+\\ [i_{21}\boldsymbol{\omega}_1(x+(a+\Delta a))\sin(\Sigma+\Delta\Sigma)]n_z^{(1)}=0\\ [-i''\boldsymbol{v}_{02}z\sin(\Sigma+\Delta\Sigma)+i''\boldsymbol{v}_{02}y\cos(\Sigma+\Delta\Sigma)]n_x^{(1)}+\\ [-i''\boldsymbol{v}_{02}(x+(a+\Delta a))\cos(\Sigma+\Delta\Sigma)-\boldsymbol{v}_{02}\sin(\Sigma+\Delta\Sigma)]n_y^{(1)}+\\ [i''\boldsymbol{v}_{02}(x+(a+\Delta a))\sin(\Sigma+\Delta\Sigma)-\boldsymbol{v}_{02}\cos(\Sigma+\Delta\Sigma)]n_z^{(1)}=0\end{cases} \quad (5.26)$$

为了后期计算方便，经坐标变换化简后，将式（4.75）的条件式可以简写成如下形式：

$$\begin{cases}U_1\cos\varphi_1-V_1\sin\varphi_1=W_1\\ U_2\cos\varphi_1-V_2\sin\varphi_1=W_2\end{cases} \quad (5.27)$$

式中：

$$\begin{cases}U_1=-i_{21}[z_1 n_{x1}^{(1)}\sin(\Sigma+\Delta\Sigma)+(a+\Delta a)n_{y1}^{(1)}\cos(\Sigma+\Delta\Sigma)-x_1 n_{z1}^{(1)}\sin(\Sigma+\Delta\Sigma)]\\ V_1=-i_{21}[z_1 n_{y1}^{(1)}\sin(\Sigma+\Delta\Sigma)-(a+\Delta a)n_{x1}^{(1)}\cos(\Sigma+\Delta\Sigma)-y_1 n_{z1}^{(1)}\sin(\Sigma+\Delta\Sigma)]\\ W_1=(1-i_{21}\cos(\Sigma+\Delta\Sigma))(y_1 n_{x1}^{(1)}-x_1 n_{y1}^{(1)})-(a+\Delta a)i_{21}n_{z1}^{(1)}\sin(\Sigma+\Delta\Sigma)\end{cases} \quad (5.28)$$

$$\begin{cases}U_2=-i''[z_1 n_{x1}^{(1)}\sin(\Sigma+\Delta\Sigma)+(a+\Delta a)n_{y1}^{(1)}\cos(\Sigma+\Delta\Sigma)-x_1 n_{z1}^{(1)}\sin(\Sigma+\Delta\Sigma)]-\sin(\Sigma+\Delta\Sigma)n_{y1}^{(1)}\\ V_2=-i''[z_1 n_{y1}^{(1)}\sin(\Sigma+\Delta\Sigma)-(a+\Delta a)n_{x1}^{(1)}\cos(\Sigma+\Delta\Sigma)-y_1 n_{z1}^{(1)}\sin(\Sigma+\Delta\Sigma)]+\sin(\Sigma+\Delta\Sigma)n_{x1}^{(1)}\\ W_2=-i''\cos(\Sigma+\Delta\Sigma)(y_1 n_{x1}^{(1)}-x_1 n_{y1}^{(1)})+(\cos\Sigma-i''(a+\Delta a)\sin(\Sigma+\Delta\Sigma))n_{z1}^{(1)}\end{cases} \quad (5.29)$$

显然，同时满足上面两个条件式的 (u_1,λ_1) 是唯一的解，该唯一的解就是接触点的参数。即剃齿刀齿面上接触迹线与工件齿轮上的接触迹线交点 (u_1,λ_1) 就是能同时满足上边两个方程式的解。联立式（5.28）与式（5.29）得

$$\frac{y_1 n_{x1}^{(1)}-x_1 n_{y1}^{(1)}}{i_{21}}=\frac{n_{z1}^{(1)}\cos(\Sigma+\Delta\Sigma)+n_{y1}^{(1)}\sin(\Sigma+\Delta\Sigma)\cos\varphi_1+n_{x1}^{(1)}\sin(\Sigma+\Delta\Sigma)\sin\varphi_1}{i''} \quad (5.30)$$

因为剃齿刀齿面为螺旋面，因此有 $p_1 n_{z1}^{(1)} = y_1 n_{x1}^{(1)} - x_1 n_{y1}^{(1)}$；$p_1$ 为螺旋参数。

式（5.30）也可表示为

$$x_0'\cos(\lambda_1+\varphi_1)-y_0'\sin(\lambda_1+\varphi_1)=\left(\frac{\cos(\Sigma+\Delta\Sigma)}{i'}-\frac{p_1}{i_{21}}\right)\frac{i' n_{z1}^{(1)}}{p_1\sin(\Sigma+\Delta\Sigma)} \tag{5.31}$$

式中：x_0'、y_0'分别为齿轮端截面渐开线参数方程关于参变数 u_1 的一阶导数；p_1，Σ，i'，i_{21} 均为给定的常数，所以可以由 $\lambda_1+\varphi_1$ 求解 u_1 值，即得到 $u_1 = u_1(\lambda_1+\varphi_1)$。

联立式（5.28）与式（5.29），化简整理可得

$$\lambda_1 = n_{z1}^{(1)} \frac{\sin(\Sigma+\Delta\Sigma)\left[x_0\cos(\lambda_1+\varphi_1)-y_0\sin(\lambda_1+\varphi_1)\right]-\left(\frac{1}{i_{21}}-\cos(\Sigma+\Delta\Sigma)+\frac{(a+\Delta a)i''\cot(\Sigma+\Delta\Sigma)}{i_{21}}\right)p_1+\frac{(a+\Delta a)}{\sin(\Sigma+\Delta\Sigma)}}{p_1^2\sin(\Sigma+\Delta\Sigma)\left[x_0'\sin(\lambda_1+\varphi_1)+y_0'\cos(\lambda_1+\varphi_1)\right]} \tag{5.32}$$

上述已经由 $\lambda_1+\varphi_1$解得 u_1值，代入式（5.32）则可以由 u_1值解得 λ_1，即解得 $\lambda_1 = \lambda_1(u_1)$。因此也证明了在一定的 φ_1角时，能同时满足上面二式的只有一组(u_1,λ_1)值。应用坐标变换即可得到剃齿啮合面方程

$$\begin{cases} x=x_1\cos\varphi_1-y_1\sin\varphi_1=x_0\cos(\lambda_1+\varphi_1)-y_0\sin(\lambda_1+\varphi_1) \\ y=x_1\sin\varphi_1-y_1\cos\varphi_1=x_0\sin(\lambda_1+\varphi_1)+y_0\cos(\lambda_1+\varphi_1) \\ z=z_1=p\lambda_1 \end{cases} \tag{5.33}$$

5.2.3　工件齿轮齿面方程

与前面求解工件齿轮齿面方程的方法一致，联立式（5.10）与式（5.33），经坐标变换即可得到含剃齿安装误差的工件齿轮齿面方程：

$$\begin{cases} x_2=(x_1\cos\varphi_1-y_1\sin\varphi_1+(a+\Delta a))\cos\varphi_2+ \\ \quad [(x_1\sin\varphi_1+y_1\cos\varphi_1)\cos(\Sigma+\Delta\Sigma)-z_1\sin(\Sigma+\Delta\Sigma)]\sin\varphi_2 \\ y_2=-(x_1\cos\varphi_1-y_1\sin\varphi_1+(a+\Delta a))\sin\varphi_2+ \\ \quad [(x_1\sin\varphi_1+y_1\cos\varphi_1)\cos(\Sigma+\Delta\Sigma)-z_1\sin(\Sigma+\Delta\Sigma)]\cos\varphi_2 \\ z_2=(x_1\sin\varphi_1+y_1\cos\varphi_1)\sin(\Sigma+\Delta\Sigma)+z_1\cos(\Sigma+\Delta\Sigma)-l_2 \end{cases} \tag{5.34}$$

在坐标系 S_2中，含剃齿安装误差的工件齿轮齿面的参数方程可以表示为

$$\begin{cases}x_2=[r_{b1}(\cos(u_1+\lambda_1+\varphi_1)+u_1\sin(u_1+\lambda_1+\varphi_1))+(a+\Delta a)]\cos(i_{21}\varphi_1+i'l_2)+\\ \quad [r_{b1}(\sin(u_1+\lambda_1+\varphi_1)-u_1\cos(u_1+\lambda_1+\varphi_1))\cos(\Sigma+\Delta\Sigma)-\\ \quad p_1\lambda_1\sin(\Sigma+\Delta\Sigma)]\sin(i_{21}\varphi_1+i'l_2)\\ y_2=-[r_{b1}(\cos(u_1+\lambda_1+\varphi_1)+u_1\sin(u_1+\lambda_1+\varphi_1))+(a+\Delta a)]\sin(i_{21}\varphi_1+i'l_2)+\\ \quad [r_{b1}(\sin(u_1+\lambda_1+\varphi_1)-u_1\cos(u_1+\lambda_1+\varphi_1))\cos(\Sigma+\Delta\Sigma)-\\ \quad p_1\lambda_1\sin(\Sigma+\Delta\Sigma)]\cos(i_{21}\varphi_1+i'l_2)\\ z_2=r_{b1}\sin(u_1+\lambda_1+\varphi_1)\sin(\Sigma+\Delta\Sigma)+p_1\lambda_0\cos(\Sigma+\Delta\Sigma)+\dfrac{r_{b1}^2 i'}{i_{21}}u_1-l_2\end{cases}\tag{5.35}$$

式中：

$$\lambda_0=\frac{(a+\Delta a)i_{21}[p_1\cos(u_1+\lambda_1+\varphi_1)\cos(\Sigma+\Delta\Sigma)+r_{b1}\sin(\Sigma+\Delta\Sigma)]}{i_{21}p_1^2\sin(\Sigma+\Delta\Sigma)\sin(u_1+\lambda_1+\varphi_1)}-\frac{(1-i_{21}\cos(\Sigma+\Delta\Sigma))r_{b1}}{i_{21}p_1\sin(\Sigma+\Delta\Sigma)\sin(u_1+\lambda_1+\varphi_1)}+\frac{r_{b1}^2}{p_1^2}\cot(u_1+\lambda_1+\varphi_1)\tag{5.36}$$

5.3 剃齿安装误差的影响分析

由于剃齿安装误差存在，因此剃齿刀与工件齿轮的空间位置发生改变，即剃齿刀与工件齿轮的实际安装位置偏离了理论安装位置。而二者安装位置的变化使得在剃齿过程中剃齿刀齿面对工件齿轮齿面切削位置发生改变。因此，由安装误差引起的位置变化也称为位移误差。位移误差是指机构任意位置的位置误差与初始位置的位置误差的差值。为消除安装误差对剃齿加工的影响，根据已知误差量推导其偏差的补偿位移量 $\Delta\boldsymbol{S}$，以此消除轴交角误差 $\Delta\Sigma$ 和中心距误差 Δa 带来的影响。

5.3.1 剃齿安装误差几何分析

为便于安装误差分析，假定所有的安装误差均来自工件齿轮安装，而剃齿刀安装位置为理想位置。在剃齿加工中，剃齿刀与工件齿轮两齿面在空间的瞬时接触点为 M_i 点，$\Delta\boldsymbol{W}_i$ 为安装误差导致的位置误差，把向量 $\Delta\boldsymbol{W}_i$ 分解为两个分量：沿两齿面接触点处的法线 $\boldsymbol{n}$ 方向的分量 $\Delta\boldsymbol{W}_i\boldsymbol{D}$ 和垂直于两齿面接触点处的法线 $\boldsymbol{n}$ 方向的分量 $\boldsymbol{M}_i\boldsymbol{D}$。而向量 $\boldsymbol{M}_i\boldsymbol{D}$ 和向量 $\boldsymbol{CM}_i$ 均在过 M_i 点的两齿面的公切面上。安装误差向量图如图 5.2 所示。

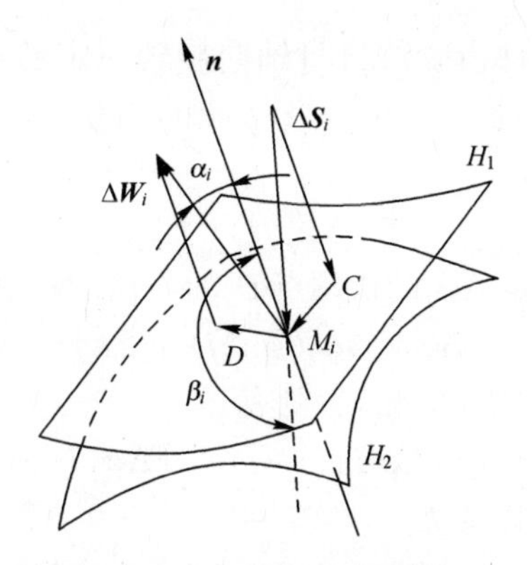

图 5.2　安装误差向量图

5.3.2　安装误差补偿位移量

由于安装误差 $\Delta \boldsymbol{W}_i$ 使得剃齿刀与工件齿轮在 M_i 点形成了法向间隙，因此为了消除这个间隙，需要一个补偿位移 $\Delta \boldsymbol{S}$。$\Delta \boldsymbol{S}$ 也可以分解为平行于法线 $\boldsymbol{n}$ 方向和垂直于法线 $\boldsymbol{n}$ 方向的两个分量。$\Delta \boldsymbol{S}$ 在法线 $\boldsymbol{n}$ 方向的投影与向量 $\Delta \boldsymbol{W}_i$ 在法线 $\boldsymbol{n}$ 方向的投影大小相等方向相反，向量 $\boldsymbol{M}_i\boldsymbol{D}$ 和 $\boldsymbol{CM}_i$ 在过 M_i 点的两齿面的公切面上。则有

$$|\Delta \boldsymbol{W}_i|\cos\alpha_i+|\Delta \boldsymbol{S}|\cos\beta_i=0 \tag{5.37}$$

$$(\Delta \boldsymbol{W}_i+\Delta \boldsymbol{S})\boldsymbol{n}=0 \tag{5.38}$$

式中：α_i 为向量 $\Delta \boldsymbol{W}_i$ 与法线 $\boldsymbol{n}$ 之间的夹角；β_i 为向量 $\Delta \boldsymbol{S}$ 与法线 $\boldsymbol{n}$ 之间的夹角。如果在安装过程中存在 k 个安装误差，则有

$$\left(\sum_{i=1}^{k}\Delta \boldsymbol{W}_i+\Delta \boldsymbol{S}\right)\boldsymbol{n}=0 \tag{5.39}$$

为便于计算，假定以剃齿刀安装位置为参考，安装误差 $\sum\limits_{i=1}^{k}\Delta \boldsymbol{W}_i$ 与补偿位移量 $\Delta \boldsymbol{S}$ 均视为工件齿轮上。剃齿安装误差引起理论啮合点的位置变化，造成剃齿加工传动比的实际值与理论值不同，引起传动误差。轴交角误差引起的原始误差向量为

$$\Delta \boldsymbol{W}_1=\Delta\boldsymbol{\Sigma}\times\boldsymbol{r}=z\Delta\boldsymbol{\Sigma}\boldsymbol{j}-y\Delta\boldsymbol{\Sigma}\boldsymbol{k} \tag{5.40}$$

式中：$\Delta\boldsymbol{\Sigma}$ 方向确定，从该向量的矢端看去，轴交角的增量方向为逆时针；单位向量 $\boldsymbol{r}=x\boldsymbol{i}+y\boldsymbol{j}+z\boldsymbol{k}$。中心距误差引起的安装误差向量为

$$\Delta \boldsymbol{W}_2=-\Delta a\boldsymbol{i} \tag{5.41}$$

式中：中心距增大的方向为正。

位移间隙是通过工件齿轮绕自身轴向旋转一定的角度来补偿的，把向量$\Delta\boldsymbol{\varphi}_2$转化到绝对坐标系的原点并引进相应的向量矩，即得补偿位移向量表达式：

$$\Delta\boldsymbol{S}=\Delta\boldsymbol{\varphi}_2\times\boldsymbol{r}+\boldsymbol{r}'\times\Delta\boldsymbol{\varphi}_2 \tag{5.42}$$

式中：$r'(-a,0,0)$为向量$\Delta\boldsymbol{\varphi}_2$的作用点$O_p$的矢径。其中：

$$\Delta\boldsymbol{\varphi}_2=\Delta\boldsymbol{\varphi}_2(\sin\Sigma\boldsymbol{j}+\cos\Sigma\boldsymbol{k}) \tag{5.43}$$

联立式（5.42）与式（5.43），则有

$$\Delta\boldsymbol{S}=(z\sin\Sigma-y\cos\Sigma)\Delta\boldsymbol{\varphi}_2\boldsymbol{i}+(x+a)\cos\Sigma\Delta\boldsymbol{\varphi}_2\boldsymbol{j}-(x+a)\sin\Sigma\Delta\boldsymbol{\varphi}_2\boldsymbol{k} \tag{5.44}$$

因此式（5.39）可以变为

$$(\Delta W_{1x}+\Delta W_{2x}+\Delta S_x)n_x+(\Delta W_{1y}+\Delta W_{2y}+\Delta S_y)n_y+(\Delta W_{1z}+\Delta W_{2z}+\Delta S_z)n_z=0 \tag{5.45}$$

联立式（5.34）、式（5.40）、式（5.41）与式（5.45），经过整理和化简可得到安装误差的补偿位移量为

$$\Delta\boldsymbol{\varphi}_2=\frac{n_x\Delta a+(yn_z-zn_y)\Delta\Sigma}{(z\sin\Sigma-y\cos\Sigma)n_x+(x+a)\cos\Sigma n_y-(x+a)\sin\Sigma n_z} \tag{5.46}$$

式中：x、y、z为剃齿啮合点的空间坐标；n_x、n_y、n_z是法向量$\boldsymbol{n}$在绝对坐标系S下的三个分量，分别为

$$\begin{cases}n_x=p_1r_{b1}u_1\cos(u_1-\lambda_1)\cos\varphi_1-p_1r_{b1}u_1\sin(u_1-\lambda_1)\sin\varphi_1\\ n_y=p_1r_{b1}u_1\cos(u_1-\lambda_1)\sin\varphi_1+p_1r_{b1}u_1\sin(u_1-\lambda_1)\cos\varphi_1\\ n_z=-r_{b1}^2u_1\end{cases} \tag{5.47}$$

5.3.3 传动误差和传动比

传动误差是描述齿轮传动性能的重要参数，而齿轮的安装误差是齿轮传动误差的重要组成部分[27]，联立式（5.40）与式（5.46），即可得含有安装误差的传动误差表达式为

$$\Delta\varphi=\left(\varphi_2+\frac{n_x\Delta a+(yn_z-zn_y)\Delta\Sigma}{(z\sin\Sigma-y\cos\Sigma)n_x+(x+a)\cos\Sigma n_y-(x+a)\sin\Sigma n_z}\right)-\frac{z_1}{z_2}\varphi_1 \tag{5.48}$$

同理，含剃齿安装误差的传动比计算公式为

$$i_{21}=\frac{\omega_2}{\omega_1}=\frac{\varphi_2+\dfrac{n_x\Delta a+(yn_z-zn_y)\Delta\Sigma}{(z\sin\Sigma-y\cos\Sigma)n_x+(x+a)\cos\Sigma n_y-(x+a)\sin\Sigma n_z}}{\varphi_1} \tag{5.49}$$

5.3.4 剃齿齿形切深误差

安装误差引起的位移误差在接触点法向上有一分向量，对于工件齿轮，

ΔS与法线向量 $\boldsymbol{n}$ 之间的夹角 β_i实际上为各瞬时啮合点在齿面上的法向压力角，故补偿位移 ΔS 在 $\boldsymbol{n}$ 上投影向量的模为剃齿过程中的剃齿齿形切深误差[40]，即

$$S_M=\Delta \boldsymbol{S}\cdot \boldsymbol{n}=\Delta S\cos\alpha_i \tag{5.50}$$

则

$$S_M=\sqrt{(z\sin\Sigma-y\cos\Sigma)^2+(x+a)^2}\cos\alpha_i\Delta\boldsymbol{\varphi}_2 \tag{5.51}$$

5.4　剃齿安装误差对剃齿加工的影响

剃齿加工传动特性能准确反映剃齿刀和工件齿轮的传动性能，主要包括传动误差、传动效率、传动能力和传动比等。在剃齿加工中，接触变形与安装误差等因素，使得加工过程中传动平稳性降低、系统振动增加，而系统振动会进一步加剧传动的不平稳性。

Simon 等[36-37]为降低弧齿锥齿轮传动误差，提出了一种小齿轮精加工中机床参数优化的多项式函数方法，研究了由机床设置和刀头数据变化引起的齿形变化对载荷和压力分布、传动误差的影响，同时将锥齿轮的齿面接触压力和传动误差降到了最低。G. V. Tordion 等[38]考虑刚度变化，分析了两级斜齿轮传动平稳性的变化规律。Sweeney[39]考虑啮合刚度及齿形误差，建立了一对齿轮传动误差的数学模型，并研究了二者对齿轮传动误差的影响规律。Fuentes 等[40]研究表明可以使用径向剃齿方法进行齿轮齿面修型，从而降低传动误差和齿面误差，避免边缘接触。Bibel 等[41]利用有限元分析法，对弧齿锥齿轮的传动规律进行了分析研究。

西北工业大学的方宗德教授等[42-44]基于几何传动误差与承载传动误差，结合 LTCA 技术分析齿轮的啮合特性，提出了一种具有可控制高阶传递误差多项式函数的圆柱齿轮齿面修形设计，以减少振动和噪声并改善齿轮传动性能。中南大学的唐进元教授等[45]提出了用于传动误差分析的概念模型和力学模型，基于该模型推导出了齿轮制造误差、受载变形和动载荷的关系。河南科技大学的邓效忠教授等[45-47]建立了齿轮传动误差的单面啮合测量模型，并得出计算以下三种齿轮传动误差的方法，即小/大轮当量的传动误差、含跨齿点数的单齿传动误差和由齿轮机构的总体传动误差概念得出的含有齿距啮合偏差的单齿传动误差，并根据齿面的几何关系，给出了齿距啮合偏差对单齿传动误差曲线影响公式，最后通过建立齿轮副传动链误差的测量模型，搭建了齿轮传动检测实验平台，对弧齿锥齿轮副的传动特性进行了研究。上海理工大学的汪中厚教

授等[48]考虑了惯量、材料阻尼与齿轮支撑系统等因素，提出了新的螺旋锥齿轮动传动误差分析方法，对螺旋锥齿轮传动过程中振动与噪声控制具有重要指导意义。西安建筑科技大学的蔡安江教授等[49]构建了剃齿啮合分析模型，通过对比剃齿啮合模型与受刚体约束普通齿轮传动模型的传动特性表明：剃齿模型若简化为普通斜-直齿轮传动模型，所得试验结果偏差较大。

传动误差曲线与传动比曲线是评价剃齿加工动态特性与平稳性的重要指标，而剃齿安装误差又对剃齿加工的动态特性与平稳性产生直接影响。

选用表 5.1 所示的剃齿刀和工件齿轮参数，根据单一变量原则，选取不同的剃齿安装误差来定量研究安装误差（轴交角误差和中心距误差）对剃齿加工（传动误差、传动比与剃齿齿形切深误差）的影响规律。

表 5.1　剃齿刀和工件齿轮参数

参　数	剃　齿　刀	工件齿轮
齿数	47	17
压力角	20°	20°
模数	4.7736	4.7736
螺旋角	15°	—
分度圆齿厚	7.359	8.939

5.4.1　轴交角误差对剃齿加工的影响

剃齿过程中剃齿刀与工件齿轮间为点接触，实际切削过程中存在一定的压切量，使得实际的接触形状近似于椭圆形。而接触椭圆的大小会随着轴交角的变化而改变。减小轴交角会增大接触椭圆的长轴长度，加强剃齿刀的导向作用，但会减小剃齿过程中的切削力，降低剃齿加工的效率；增大轴交角会减小接触椭圆长轴长度，提高剃齿时工件齿轮的切削性能，但齿轮的导向作用减小，易产生振动使剃齿加工过程变得不稳定，影响剃齿加工质量，并直接对剃齿加工的实际切削速度和齿面间的滑移速度产生影响。

虽然在实际剃齿过程中，轴交角误差的变化不大，理论上也不会影响剃齿共轭条件，但轴交角的变化会使剃齿刀齿面与工件齿轮齿面上的啮合线位置发生变化，使剃齿啮合偏离理论啮合位置，导致剃齿加工中振动冲击增大，平稳性降低，影响工件齿轮齿面精度。

1. 轴交角误差对传动误差的影响

基于单一变量原则，通过计算可得到轴交角误差对剃齿传动误差的影响，如图 5.3 所示。剃齿齿形中凹误差主要发生在工件齿轮节圆位置附近，重点分析工件齿轮节圆处的剃齿传动特性。工件齿轮节圆处（压力角为 0.365332655）轴交角误差对传动误差的影响曲线如图 5.4 所示。

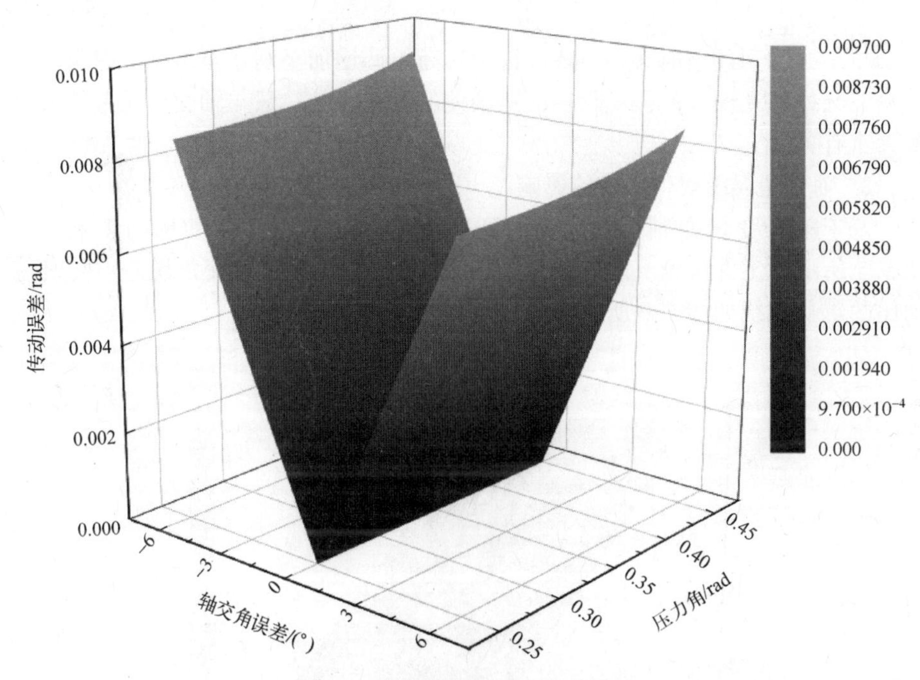

图 5.3　轴交角误差下的传动误差

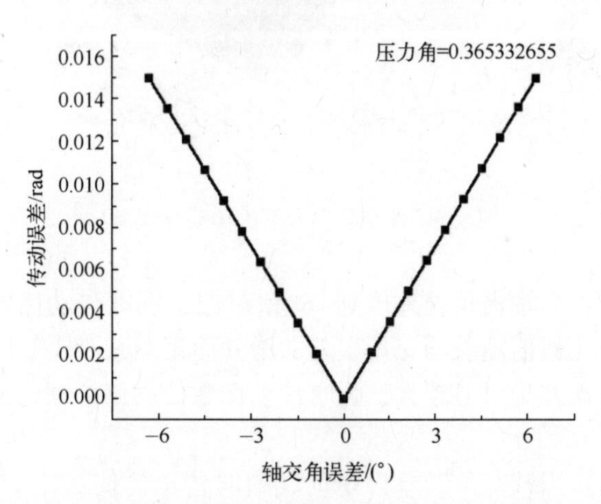

图 5.4　轴交角误差下工件齿轮节圆处的传动误差

图 5.3 表明：传动误差数值随着轴交角误差不同而不同；当轴交角误差为 0°时，传动误差也为 0 值，达到理论值。同时，传动误差在轴交角误差分别为

-6°和 6°时的齿顶处达到最大，表明相比于工件齿轮齿根位置，工件齿轮齿顶位置对轴交角误差稍为敏感。

图 5.4 表明：随着轴交角误差从-6°增加到 6°时，传动误差先从 0.01498rad 单调减小，达到最小值 0 后出现反折，逐渐单调增加至 0.01498rad，表明工件齿轮节圆处传动误差的大小与轴交角误差的方向无关，只与轴交角误差的绝对值大小有关。

2. 轴交角误差对传动比的影响

基于单一变量原则，可计算得到轴交角误差对瞬时传动比的影响。如图 5.5 所示，工件齿轮节圆处（压力角为 0.365332655）轴交角误差对瞬时传动比的影响曲线如图 5.6 所示。

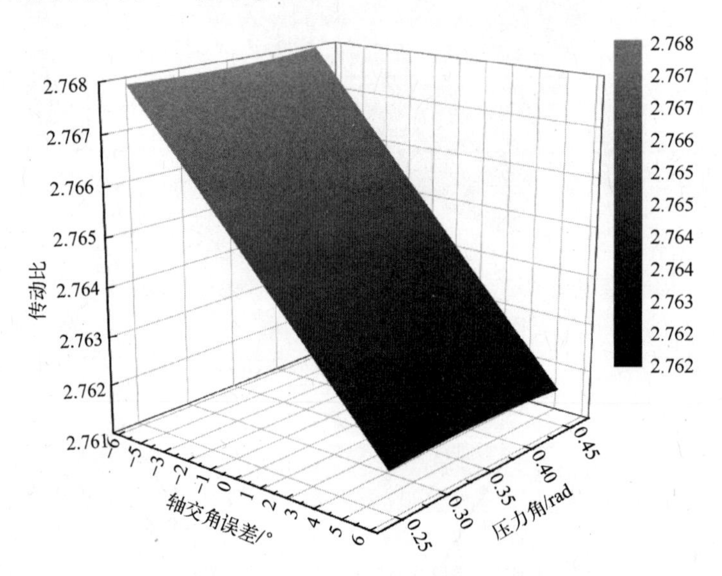

图 5.5　轴交角误差下的传动比误差

图 5.5 表明：当轴夹角误差取到-6°和 6°时，瞬时传动比取得最大值和最小值；瞬时传动比数值随着轴交角误差的增大而逐渐减小；与图 5.3 传动误差所对应，轴交角误差绝对值越大，瞬时传动比数值越偏离理论传动比，传动误差也越大。

图 5.6 表明：当轴交角误差为 0°时，瞬时传动比值 2.7647 为剃齿刀与工件齿轮理想状态下的传动比，即剃齿刀与工件齿轮的齿数比。随着轴交角误差从-6°增加到 6°时，剃齿刀与工件齿轮的瞬时传动比从 2.77008 减小到 2.75953，表明工件齿轮节圆处的传动比随轴交角误差的增大而减小。

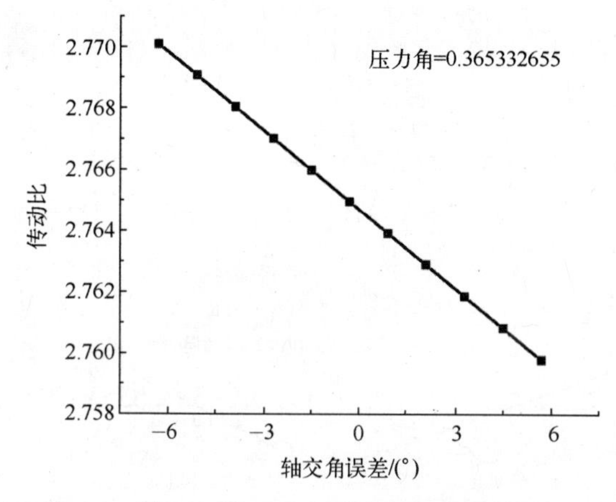

图5.6　轴交角误差下工件齿轮节圆处的传动比

理论上，轴交角误差绝对值的增大均会使得剃齿传动误差增加，导致剃齿时发生较大的振动，降低加工表面质量与工件精度。但实际上，当轴交角增大时，其切深误差向负值增大，致使工件齿轮齿面余量过切，使得实际振动比轴交角减小时要大。

当轴交角误差沿正值方向增大（轴交角增大）时，会加快剃齿加工的齿面相对滑移速度，直接影响剃齿切削速度，从而加大切削力，但同时会使得剃齿齿间接触区域宽度减小，轴向切削力增大，齿面侧隙变大，削弱了剃齿刀的导向作用，同时纠正工件齿轮齿向误差的能力也被减小，导致传动比下降。当轴交角误差沿负值方向增大（轴交角减小）时，虽然会增强齿面间接触区域与剃齿刀的导向作用，但是将使剃齿刀实际切削性能下降，剃齿效率降低，正压力增大。

3. 轴交角误差对剃齿齿形切深误差的影响

根据单一变量原则，不同轴交角误差对剃齿齿形切深误差的影响如5.7所示，不同轴交角误差对工件齿轮节圆处齿形切深误差的影响如图5.8所示。

图5.7和图5.8表明：随着轴交角误差从-1°到1°变化，工件齿轮节圆处的齿形切深误差逐渐减小（从65.3μm逐渐减小到-65.3μm），其正值表示工件齿轮表面余量欠切，负值表示工件齿轮表面余量过切；工件齿轮节圆位置（压力角为0.3653rad）的齿形切深误差与其他位置有一致的变化规律，可知轴交角误差主要影响剃齿的整体状态，轴交角误差越小其切深误差也越小；同一轴交角误差下，工件齿轮齿顶处的切深误差要比工件齿轮齿根处的切深误差小，且轴交角误差沿正值增大（即轴交角增大），表明工件齿轮齿根部位更易产生根切现象。

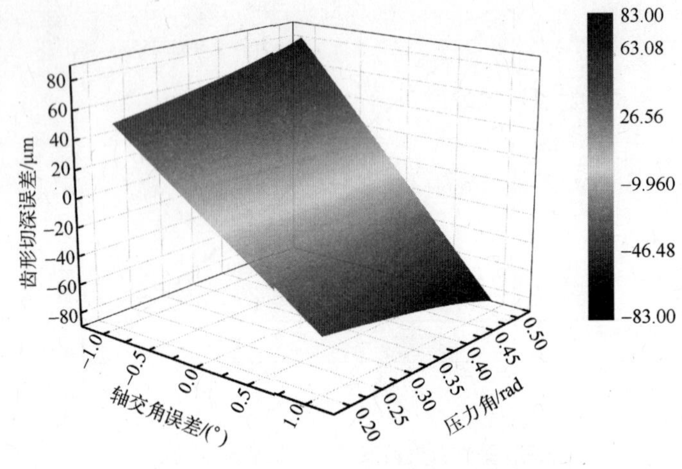

图 5.7 轴交角误差下的齿形切深误差

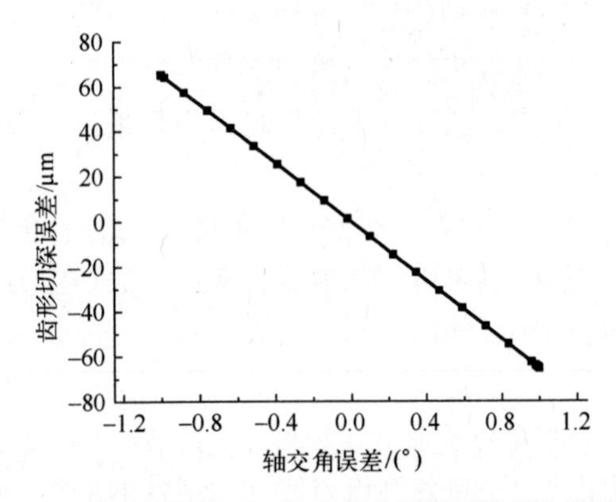

图 5.8 轴交角误差下工件齿轮节圆处的齿形切深误差

理论上，轴交角误差只影响工件齿轮剃削的有效渐开线长度，而不影响渐开线的齿形曲线，但在实际剃齿中，轴交角误差的变化需要与主轴转速和轴向进给运动相配合，否则会导致剃齿刀横向移动受阻而崩坏刀刃，此外轴交角误差还会使得剃齿条件发生改变，造成剃齿过程振动加大，影响齿形精度。

5.4.2 中心距误差对剃齿加工的影响

安装中心距是齿轮传动系统的重要参数之一。在剃齿加工过程中，由于剃齿刀与工件齿轮安装误差导致二者的实际安装中心距与理论安装中心距不同，使得剃齿刀与工件齿轮的实际啮合线位置发生变化，称为中心距误差。剃齿刀与工件齿轮的安装中心距不仅会影响剃齿刀齿面与工件齿轮齿面的接触位置，还会影响剃齿刀与工件齿轮齿面间啮合过程中的系统刚度、阻尼和齿侧间隙，而这些将直接增加剃齿加工中振动的产生，降低传动平稳性。

1. 中心距误差对传动误差的影响

基于单一变量原则，中心距误差和压力角同时变化对传动误差的影响变化曲线如图 5.9 所示，工件齿轮节圆处中心距误差对传动误差的影响如图 5.10 所示。

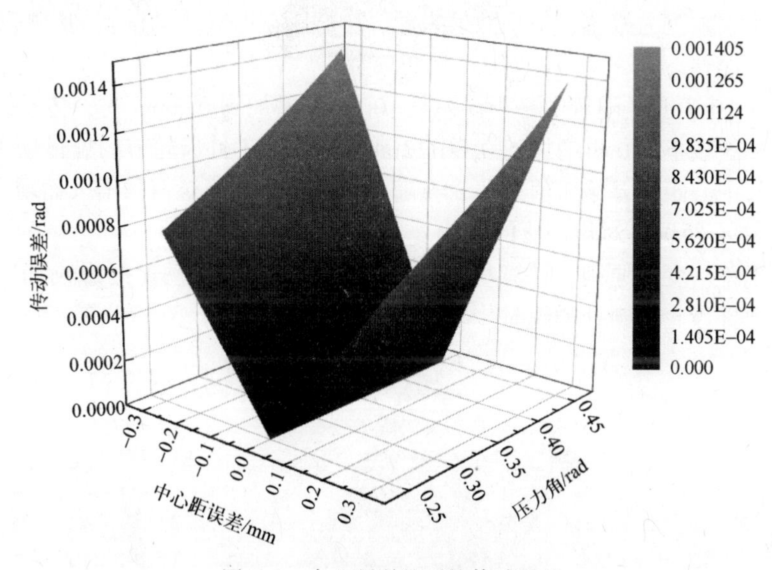

图 5.9　中心距误差下的传动误差

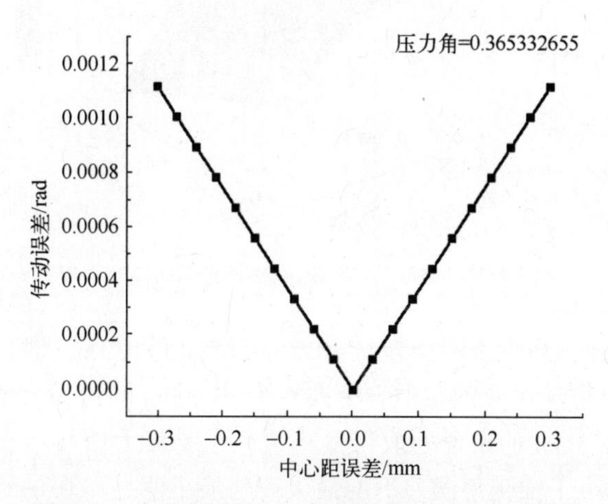

图 5.10　中心距误差下工件齿轮节圆处的传动误差

图 5. 9 表明：当压力角不变时，传动误差数值随着中心距误差绝对值得增大而增大；在中心距误差为 0 时，传动误差值也为 0。同时，传动误差在中心距误差为-0. 3mm 和 0. 3mm 时，工件齿轮齿顶处达到最大，在工件齿轮齿根位置处取得最小值，且数值相差较大。表明中心距误差下工件齿轮齿顶位置相比于工件齿轮齿根位置对传动误差的敏感度要更高，且随着中心距误差的增大，齿顶位置对传动误差越来越敏感。相对于轴交角误差，工件齿轮齿顶位置对中心距误差更为敏感，但从数值来看，中心距误差对传动误差的影响要远小于轴交角误差。

图 5. 10 表明：随着中心距误差从-0. 3mm 增加到 0. 3mm 时，传动误差从 0. 00112rad 减小到 0 再增加到 0. 00112rad，表明在工件齿轮节圆处传动误差的大小只与中心距误差绝对值有关，且随着中心距误差绝对值的增大而增大。

2. 中心距误差对传动比的影响

基于单一变量原则，计算得到中心距误差对瞬时传动比的影响如图 5. 11 所示，工件齿轮节圆处的瞬时传动比如图 5. 12 所示。

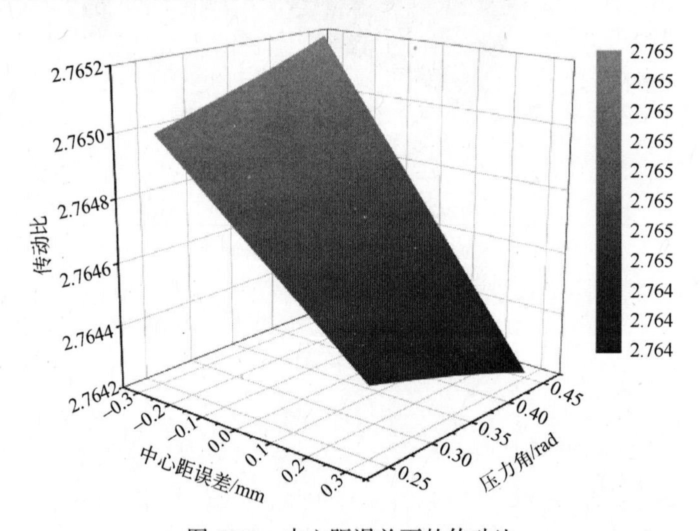

图 5. 11　中心距误差下的传动比

图 5. 11 可知：当中心距误差从-0. 3mm 增加到 0. 3mm 时，瞬时传动比值逐渐降低，瞬时传动比分别在中心距误差为-0. 3mm 的齿顶处取得最大值，在中心距误差为 0. 3mm 的齿顶处取得最小值，但是最大值与最小值之间的差值只有 0. 001，远小于轴交角误差下的最大值与最小值之差 0. 011。

图 5. 12 可知：随着中心距误差从-0. 3mm 到 0. 3mm 逐渐增加，剃齿刀与工件齿轮的瞬时瞬时传动比逐渐减小。当中心距误差为 0 时，瞬时传动比为理

论值。而在中心距误差从-0. 3mm 增加到 0. 3mm 的过程中，瞬时传动比数值 2. 76499 减小到 2. 76422，其差值远小于轴交角误差变化所引起的传动比变化。

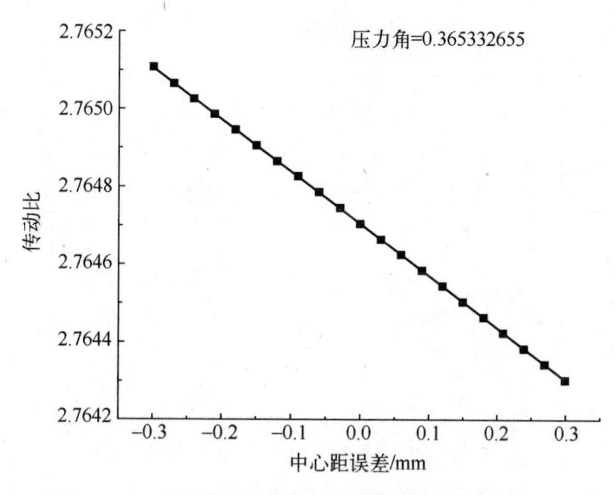

图 5. 12　中心距误差下工件齿轮节圆处的传动比

根据齿轮啮合原理可知：渐开线齿轮传动的可分性特性使得中心距在小范围内变动，而传动比保持不变，造成这种偏差的可能原因为：针对名义中心距而言，传动比为基圆之比或齿数之比，但实际中心距中传动比为角位移之比，由于运动误差、加工误差和安装误差，角位移不再按照理想状态下运动。

3. 中心距误差对剃齿齿形切深误差的影响

不同中心距误差对剃齿齿形切深误差的影响如 5. 13 所示，不同中心距误差对工件齿轮节圆处的齿形切深误差影响如图 5. 14 所示。

图 5. 13 和图 5. 14 表明：随着中心距误差从-0. 2°到 0. 2°变化，工件齿轮节圆位置处的齿形切深误差逐渐减小（从 14. 5μm 减小到-14. 5μm）；在中心距误差最小的剃齿刀齿顶圆处和中心距误差最大的剃齿刀齿根处，齿形切深误差达到最大正值；在中心距误差最大的剃齿刀齿顶圆处和中心距误差最小的剃齿刀齿根处，齿形切深误差达到最小负值。可见，中心距对工件齿轮齿形误差有重要的影响，要保证中心距误差最小才能得到较好的齿形。

理论上，中心距误差与轴交角误差均只影响工件齿轮剃削的有效渐开线长度，而不影响渐开线的齿形曲线，但在剃齿刀设计中，中心距大小会影响啮合角的选取，啮合角又直接影响剃齿重合度，中心距误差会使得剃齿啮合状态发生较大改变，从而对工件齿轮齿形产生影响。

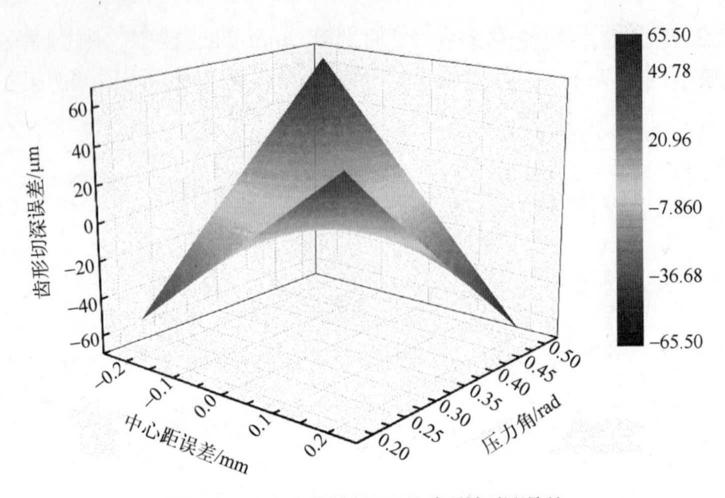

图 5.13　中心距误差下的齿形切深误差

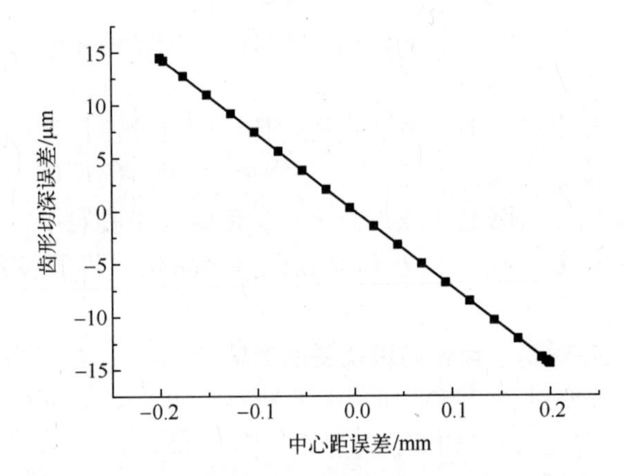

图 5.14　中心距误差下工件齿轮节圆处的齿形切深误差

5.4.3　轴交角误差和中心距误差对齿廓的影响

通过上述分析可知，轴交角误差和中心距误差会对剃齿加工产生重要的影响。给定轴交角误差为+0.5°、中心距误差为+0.05mm 时，完整齿廓上任意曲率半径处的剃齿传动误差如图 5.15 所示，传动比如图 5.16 所示，齿形切深误差如图 5.17 所示。

图 5.15 至图 5.17 表明：传动误差、传动比和齿形切深误差大小均与齿廓位置有关；随着剃齿刀齿廓上压力角从齿根变化到齿顶位置（压力角从 0.2 至 0.5），相对应的工件齿轮从齿顶被剃削到齿根，传动误差从 1.08×10^{-3} 至

1. 83×10^{-3}逐渐增大，而传动比从 2. 76429 至 2. 76408 逐渐减小，但变化很小；齿形切深误差从 17. 7μm 变化到−130. 5μm。

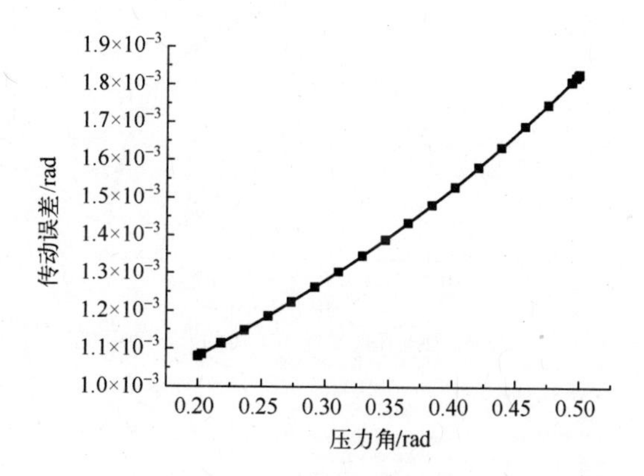

图 5. 15　完整齿廓上的传动误差

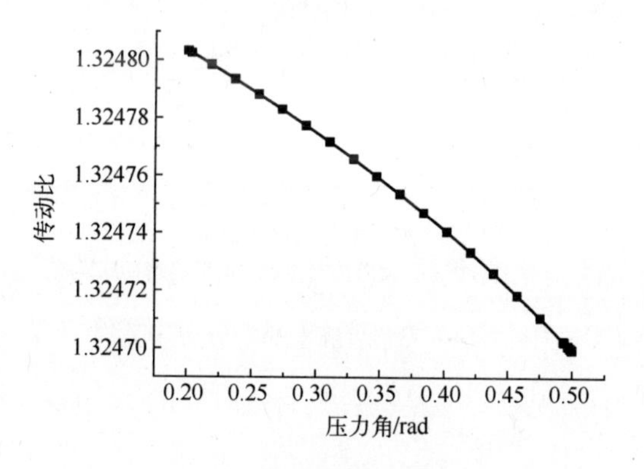

图 5. 16　完整齿廓上的传动比

轴交角误差和中心距误差对传动误差的影响趋势相似，且在轴交角误差、中心距误差为零时传动误差要也为 0；结合图 5. 4 和图 5. 6，以及图 5. 10 和图 5. 11，可知在工件齿轮节圆位置处，轴交角误差对传动误差和传动比的影响要比中心距误差大；结合 5. 8 和 5. 14 可知，在剃齿加工中选用的安装误差范围内，工件齿轮节圆位置处的轴交角误差对齿形切深误差的影响要比中心距误差大。

研究结果表明：剃齿时，轴交角误差对工件齿轮的齿形影响较大，为了获得更好的剃齿加工质量，应根据实际剃齿参数调整最佳轴交角以达到最好的剃齿效果。

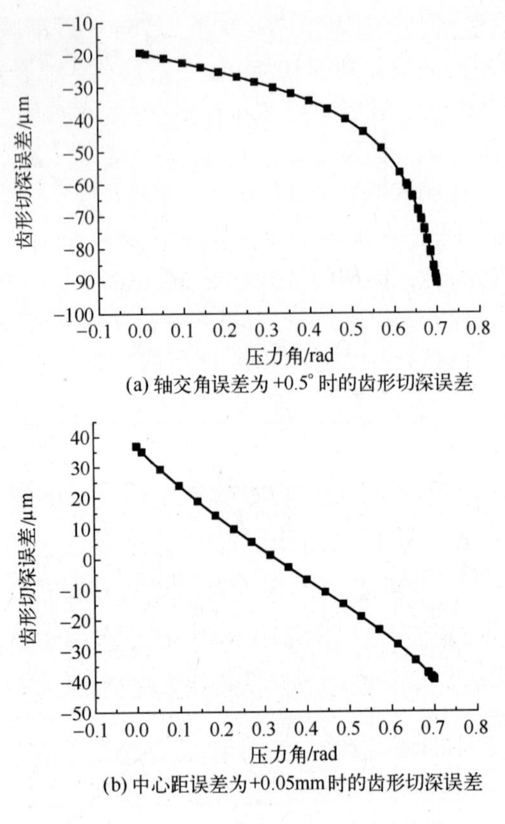

(a) 轴交角误差为 +0.5° 时的齿形切深误差

(b) 中心距误差为+0.05mm时的齿形切深误差

图 5.17 完整齿廓上的齿形切深误差

5.5 剃齿安装误差对剃齿加工影响的有限元分析

建立含安装误差的有限元剃齿分析模型，对剃齿加工传动误差与传动比进行分析，验证含安装误差的剃齿分析模型的正确性。

5.5.1 含安装误差的有限元剃齿模型的建立

建立精确的三维模型对有限元分析结果的正确性与准确性起着至关重要的作用，而合适的仿真前处理会使仿真结果更加精确、更加逼近实际值。因此，应用 CATIA 软件对剃齿刀与工件齿轮进行三维建模，然后导入 ABAQUS 软件进行前处理。

1. 三维模型的建立

与普通斜齿轮不同的是，剃齿刀齿面上交错分布着容屑槽与切削刃，为了提高剃齿刀三维模型精度，建模时应考虑容屑槽和切削刃，如 Fuentes[51] 虽对剃齿刀与工件齿轮进行了传动特性分析，但模型中均没有考虑容屑槽、切削刃和剃前余量的存在，从而降低了仿真精度。

CATIA 拥有强大的曲面设计功能，能够对复杂曲面进行精确建模，且 CATIA 拥有良好的兼容性，能够与 ABAQUS 和 ANSYS 等一系列有限元软件很好地兼容。因此，应用 CATIA 对剃齿刀与工件齿轮进行参数化曲面建模，并依据国家标准（GB/T14333—2008）选择 Ⅱ 型容屑槽，在剃齿刀齿面上建立容屑槽与切削刃。剃齿刀与工件齿轮基本参数见表 5.1，工件齿轮模型如图 5.18 所示，剃齿刀模型如图 5.19 所示。

图 5.18　工件齿轮模型

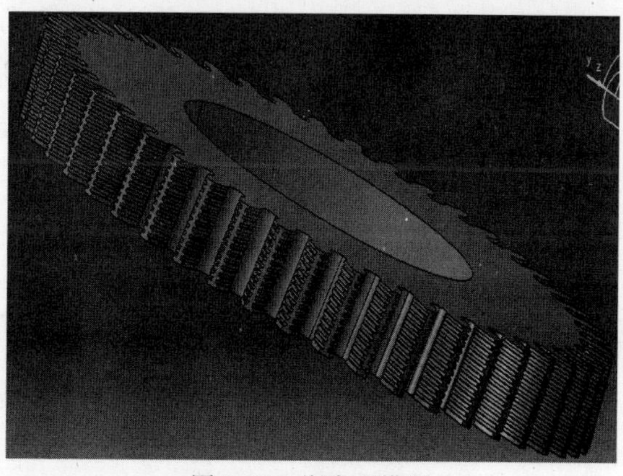

图 5.19　剃齿刀模型

剃齿刀模型与工件齿轮模型在 CATIA 装配模块下进行装配。Celik[52] 对整体模型与部分模型的仿真结果进行对比，验证了部分模型的仿真结果可以代替整体模型满足工程应用。因此，为了提高有限元仿真计算的时间与效率，采用五齿模型代替全齿模型进行有限元分析。

需要对装配好的剃齿刀与工件齿轮模型进行碰撞检测，以确保装配无误。基于 CATIA 的 DMU 运动机构模块，分别设置剃齿刀与工件齿轮的运动关系，并使用"碰撞"命令对整个传动过程中的干涉情况进行检测，使剃齿刀与工件齿轮在传动过程中的干涉情况符合实际加工状态。普通的剃齿加工剃前工件齿轮余量一般为 0.08~0.12mm，因此剃齿刀与工件齿轮干涉不能过大，否则会影响仿真结果的真实性。因此，在剃齿刀与工件齿轮的运动中控制干涉深度为 0.014mm，如图 5.20 所示。

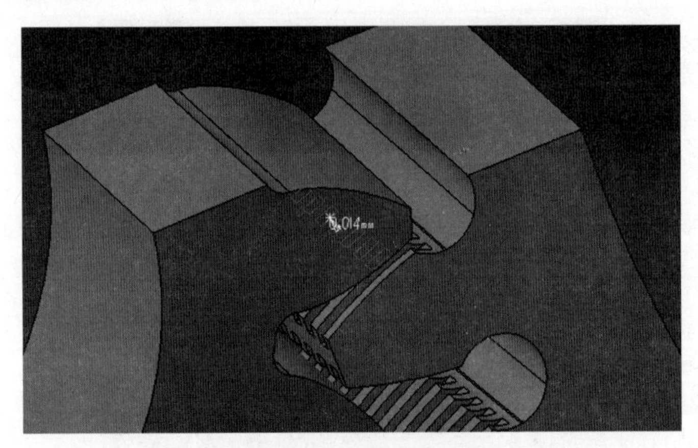

图 5.20　剃齿碰撞检测

2. 仿真前处理

剃齿加工仿真分析前处理主要包括齿轮材料属性设定、模型网格划分、定义装配、设置分析部、边界条件等。材料属性设置的是否合理，直接影响仿真结果的准确性，剃齿刀与工件齿轮的材料属性见表 5.2。设定材料属性时不能直接将材料属性赋予齿轮模型上，需先定义材料属性和创建截面，然后将材料赋予截面。

表 5.2　剃齿刀与工件齿轮的材料属性

参　数	剃 齿 刀	工 件 齿 轮
材料	W18Cr4V	20CrMnTi
密度	7800	7800

（续）

参　数	剃　齿　刀	工件齿轮
泊松比	0.3	0.25
杨氏模量	218GPa	206GPa
屈服极限	—	≥835MPa

由于工件齿轮在仿真中存在接触变形，因此在网格划分上采用六面体网格。六面体网格具有求解精度高、收敛性好、抗变形能力强、对位移求解结果准确等优势，是体网格化的首选类型。在分析计算过程中由于模型几何扭曲度大，在施加载荷的工况条件下会致使网格发生严重扭曲，而缩减积分单元 C3D8R 在严重扭曲的情况下对分析精度影响较小，因此，选择缩减积分单元。由于存在容屑槽与切削刃导致剃齿刀的结构复杂，且在实际加工中剃齿刀基本没有接触变形，因此，不对其进行重点考察。剃齿刀的网格划分采用四面体自由划分，划分结果如图 5.21 所示。

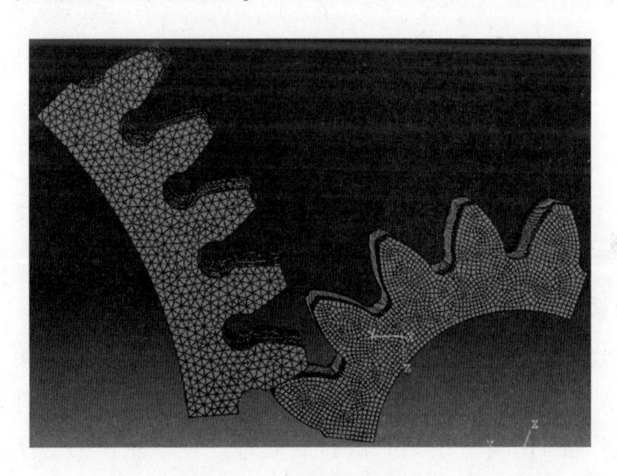

图 5.21　有限元网格划分

剃齿刀与工件齿轮模型导入之前已经在 CATIA 中进行了装配，但在 ABAQUS 中无法对已有的装配体进行识别。因此，需对模型进行重新定义装配，在 Load 模块中可对仿真模型加载载荷和定义边界条件，设置剃齿刀转速为 160r/min，工件齿轮轴向进给速度 120mm/min。

5.5.2　安装误差对剃齿加工传动特性影响的有限元仿真分析

研究主要考察轴交角误差与中心距误差对剃齿加工传动特性的影响，因此需要在模型装配时人为地设置不同的轴交角误差与中心距误差，考察不同安装误差对剃齿加工传动特性的影响。为了能较为全面地对不同轴交角误差与中心距误差数值进行分析研究，在剃齿刀与工件齿轮装配时共设置了九组含有不同安装误差的模型，分析对传动误差与传动比的影响，具体安装误差参数见表 5.3。

表 5.3　不同安装误差参数

序　号	轴交角误差/(°)	中心距误差/mm
1	0	0
2	-0.5	0
3	-0.2	0
4	0.2	0
5	0.5	0
6	0	-0.2
7	0	-0.1
8	0	0.1
9	0	0.2

1. 轴交角误差的有限元仿真分析

一般有限元模型设置前处理后就可以进行动态仿真。由于仿真结果中只提取工件齿轮与剃齿刀的转角，不能直观反映出剃齿加工传动特性中的传动比与传动误差，因此需对仿真分析结果进行后处理。提取剃齿刀与工件齿轮瞬时角速度数据对比可得到瞬时传动比；提取工件齿轮与剃齿刀转角数据，以工件齿轮实际转角减去剃齿刀实际转角后再乘以二者的齿数比就可得到传动误差数据，从而得到传动误差与传动比曲线。

表 5.3 中第 1 组参数的剃齿刀模型为理想状态，轴交角误差与中心距误差均为 0。该剃齿模型导入 ABAQUS 进行前处理后进行动态仿真分析，分别可得到剃齿刀与工件齿轮的转角与瞬时角速度，并计算出该剃齿加工模型的瞬时传动误差与传动比，仿真分析结果如图 5.22 所示。

图 5.22 表明：传动误差曲线与传动比曲线在进入剃削初始阶段的波动较大，主要原因是剃齿刀与工件齿轮在剃削初始阶段不可避免地存在较大的啮合

冲击，使得剃削的初始阶段产生较大的系统振动，使初始阶段的传动变得不稳定。但随着剃削过程的进行，较大的啮合冲击逐渐被抵消，从而导致剃齿刀与工件齿轮间的振动逐渐减小。

剃齿加工的传动特性曲线与普通的交错轴齿轮啮合传动特性不同。首先，对普通的交错轴齿轮啮合传动特性进行分析时，两个齿轮视为刚体进行啮合传动，不考虑接触变形对传动特性的影响，因此，普通齿轮啮合的传动误差曲线在趋于稳定后，会在传动误差 0 附近有较大波动。其次，由于剃齿加工过程是剃齿刀与工件齿轮作无侧隙啮合且重合度较大，因此，剃齿刀与工件齿轮在后期的啮合冲击相对于有侧隙的齿轮间啮合要小，导致趋于稳定后的传动误差曲线与传动比曲线波动较小（几乎趋近于直线）。剃齿加工传动误差曲线趋于稳定后会向负方向偏移，这是因为在剃齿加工过程中的接触变形会使工件齿轮的角速度存在一定的滞后所造成。

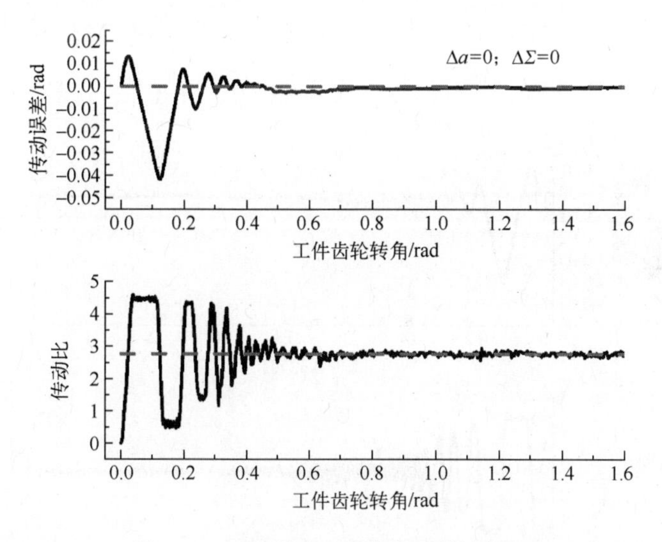

图 5.22　理想状态下剃齿加工传动特性

使用同样的方法，对表 5.3 中 2、3、4 和 5 四组参数的剃齿加工模型进行仿真分析，得到不同轴交角误差下的剃齿加工传动特性曲线，如图 5.23 所示。

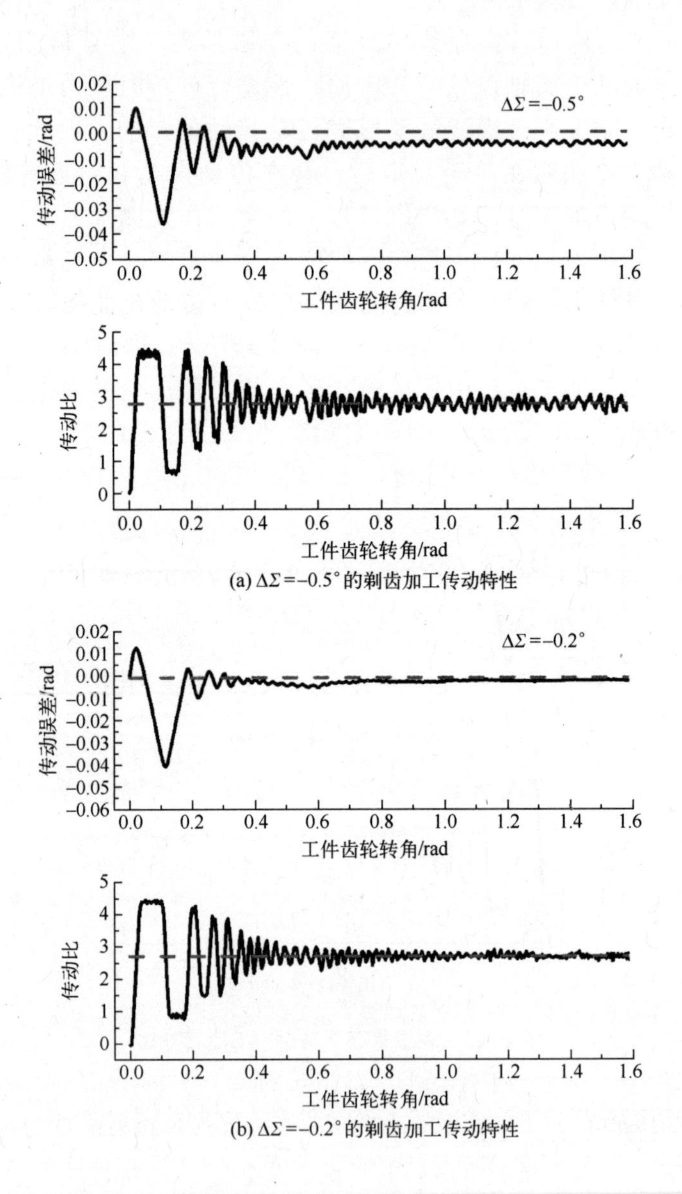

(a) ΔΣ=−0.5°的剥齿加工传动特性

(b) ΔΣ=−0.2°的剥齿加工传动特性

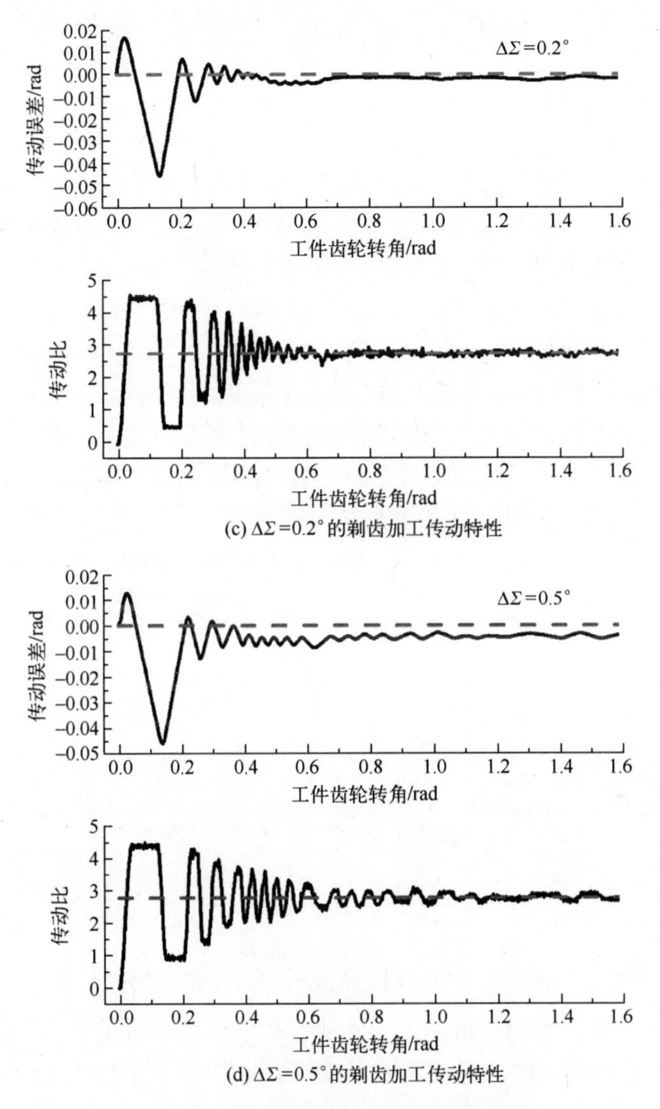

(c) ΔΣ=0.2°的剃齿加工传动特性

(d) ΔΣ=0.5°的剃齿加工传动特性

图 5.23　不同轴交角误差传动特性曲线

图 5.23 表明：传动特性曲线随着轴交角误差的改变而变化。与图 5.22 相似，不同轴交角误差下的传动误差曲线与传动比曲线初始阶段也存在由啮合冲击造成的较大的波动，不同轴交角误差下的传动误差曲线均向负值方向有一定偏移，且偏移量不同，随着轴交角误差绝对值增大，传动误差曲线向负方向偏移越来越明显，随着轴交角误差绝对值增加，趋于平稳后的传动误差曲线与传动比曲线波动幅度越来越大。这说明轴交角误差绝对值的增加，导致剃齿加工

过程中的振动增加、平稳性降低，严重影响了剃齿加工质量。虽然轴交角误差在-0.5°与+0.5°时，传动误差曲线与传动比曲线波动均有增加，但波动周期不同。轴交角误差在+0.5°时的传动误差曲线与传动比曲线波动周期明显大于轴交角误差为-0.5°。

剃齿加工传动特性曲线波动的幅值决定剃齿加工过程的振动与噪声大小，波动的幅值越大，剃齿加工过程所产生的振动与噪声也就越大，剃齿加工质量的影响就越大。为了便于研究不同轴交角误差的传动特性曲线与理论值的偏离程度，选用均值与标准差对不同轴交角误差的传动误差曲线进行计算分析。均值可以反映出实际传动误差曲线与理论状态下传动误差曲线的差距，标准差则可以更直观地反映出传动误差曲线的离散程度，也就是曲线的波动幅度。由于传动误差曲线初始阶段的较大波动主要由剃齿刀与工件齿轮初始啮合冲击与模型误差所造成，可不作为分析重点，因此，只对平稳后的传动误差曲线进行分析，得到不同轴交角误差下传动误差的均值与标准差，如图5.24和图5.25所示。

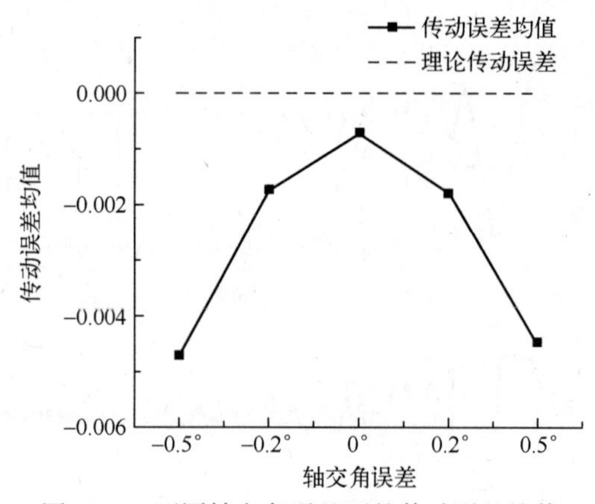

图5.24　不同轴交角误差下的传动误差均值

图5.24表明：当轴交角误差为0时，传动误差的均值为-0.00068；当轴交角误差为0.2°时，传动误差的均值为-0.00178；当轴交角误差为0.5°时，传动误差的均值为-0.00447；当轴交角误差为-0.2°时，传动误差的均值为-0.00169；当轴交角误差为-0.5°时，传动误差的均值为-0.00472。因此，可以得出以下结论：随着轴交角误差的增大，传动误差均值先增加后减小；轴交角误差绝对值越大，传动误差均值越偏离理论0值。传动误差均值与理论0值的距离为图5.23所示的传动误差曲线向负方向偏移的状况。传动误差曲线向负方向偏移是由剃齿加工过程的接触变形所产生的，因此可以看出随着轴交角误差的增加（无论是正向或负向）均会导致剃齿加工过程的接触变形增加，从而影响剃齿加工质量。

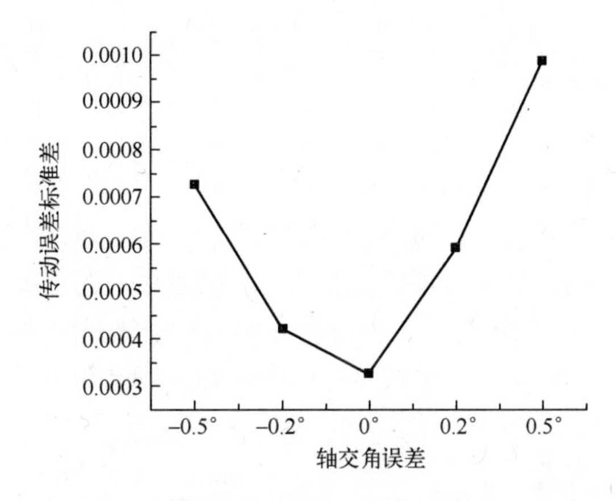

图 5.25　不同轴交角误差下的传动误差标准差

图 5.25 表明：当轴交角误差为 0 时，传动误差的标准差为 0.00033；当轴交角误差为 0.2°时，传动误差的标准差为 0.00059；当轴交角误差为 0.5°时，传动误差的标准差为 0.00099；当轴交角误差为−0.2°时，传动误差的标准差为 0.00042；当轴交角误差为−0.5°时，传动误差的标准差为 0.00073。因此，可以得出以下结论：随着轴交角误差的增大，传动误差标准差的值先减小后增加；当轴交角误差为 0.5°时，传动误差的标准差取到最大值 0.00099，远大于轴交角误差为−0.5°时的标准差。这说明随着轴交角误差增大（无论是正向或负向），传动曲线的波动幅度都会增加，但当轴交角误差向正方向增大时，传动误差标准差的增大速度要大于负向。其原因为在剃齿加工中增大轴交角会使剃齿加工过程中的剃削力增加，造成剃齿加工过程的不稳定，工件齿轮表面的接触变形较大，使得传动误差曲线的波动幅度增大。

2. 中心距误差的有限元仿真分析

对表 5.3 所列的 6、7、8 和 9 四组数据进行有限元仿真分析，得到不同中心距误差的剃齿加工传动特性曲线如图 5.26 所示。

图 5.26 表明：不同中心距误差的传动特性曲线随中心距误差的变化均有所不同。与图 5.22 和图 5.23 相似，图 5.26 所示的不同中心距误差的传动误差曲线与传动比曲线初期均有较大的波动，且稳定后均会向负方向有一定的偏移。但与轴交角误差的传动特性曲线相比较，传动误差曲线向负方向的偏移量较小，而后期平稳后的曲线波动幅值较大。当中心距误差向负方向增大时，平稳后的传动误差曲线波动周期较长，波动幅度较小，平稳后的传动比曲线波动周期与传动误差曲线相同，波动幅度很小；当中心距误差向正方向增大时，平稳后的传动误差曲线与传动比曲线均随着中心距误差的增加波动周期与波动幅

值均增大。

随着中心距误差沿正方向逐渐增大（即中心距增大），剃齿刀与工件齿轮间的间隙增加，二者间的无侧隙啮合会变为有侧隙啮合，导致剃齿加工过程的稳定性下降，传动的平稳性降低，振动增大。随着中心距增大，剃齿刀齿面与工件齿轮齿面之间的接触点数减小，切削力增加。中心距过大会造成工件齿轮切深不够，导致欠切，使工件齿轮齿厚增加。随着中心距误差沿负方向逐渐增大（即中心距减小），剃齿刀与工件齿轮间的接触越来越紧密，导致剃削力减小，工件齿轮切削深度增加，造成工件齿轮过切，影响剃齿加工质量。

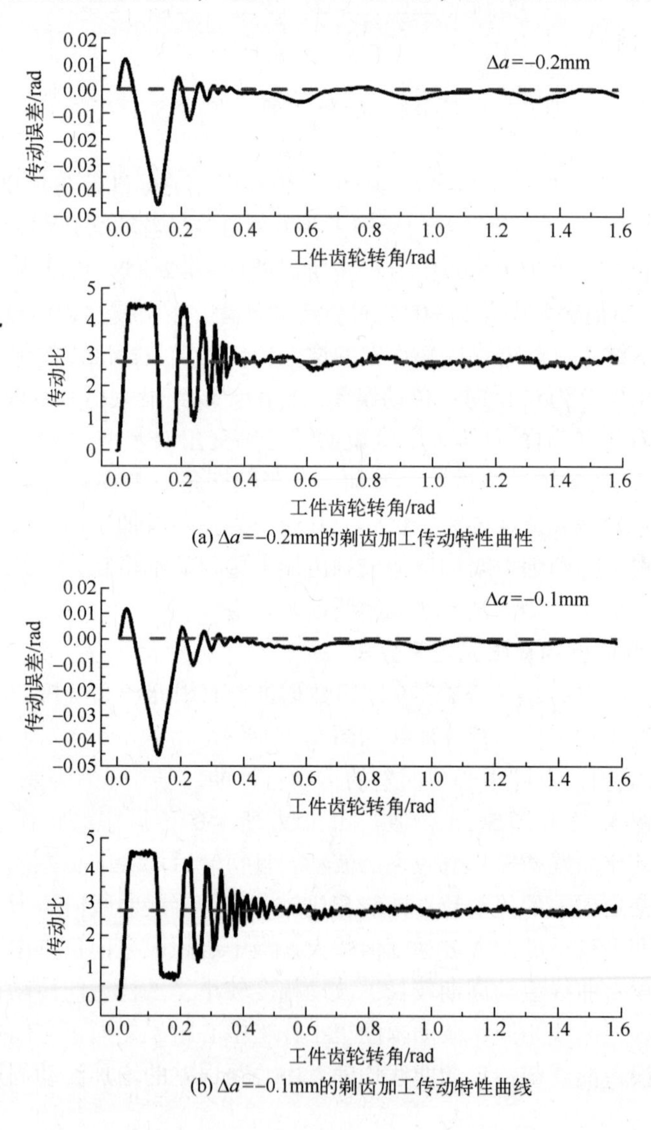

(a) Δa=−0.2mm的剃齿加工传动特性曲性

(b) Δa=−0.1mm的剃齿加工传动特性曲线

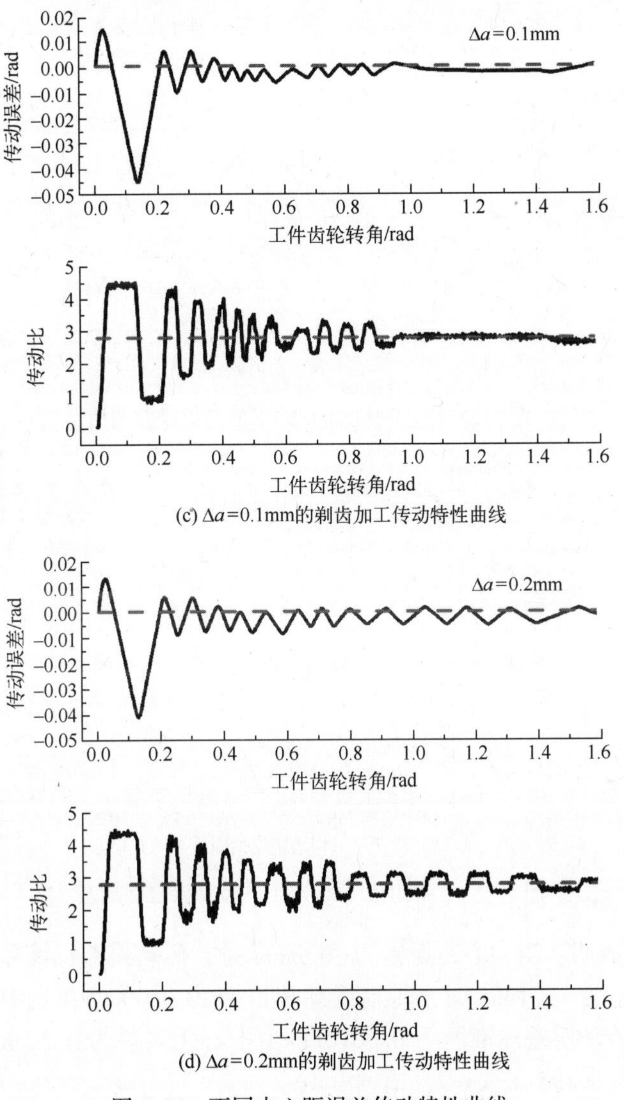

(c) Δa=0.1mm的剃齿加工传动特性曲线

(d) Δa=0.2mm的剃齿加工传动特性曲线

图 5.26　不同中心距误差传动特性曲线

不同中心距误差的传动误差曲线的均值与标准差如图 5.27 和图 5.28 所示。

图 5.27 表明：当中心距误差为-0.2mm 时，传动误差均值为-0.00171；当中心距误差为-0.1mm 时，传动误差均值为-0.00167；当中心距误差为 0.1mm 时，传动误差均值为-0.00157；当中心距误差为 0.2mm 时，传动误差均值为-0.00203。

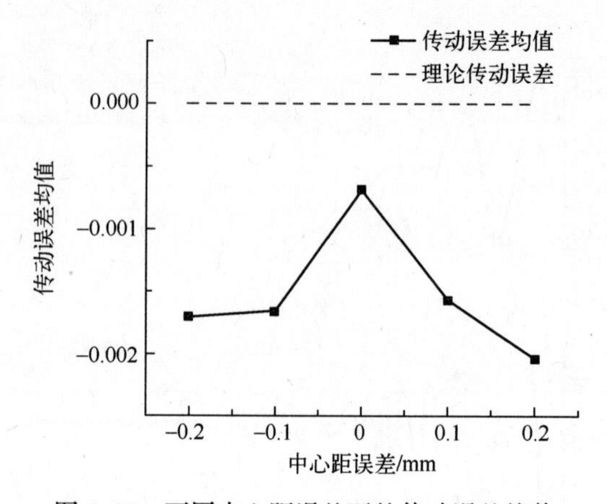

图 5.27　不同中心距误差下的传动误差均值

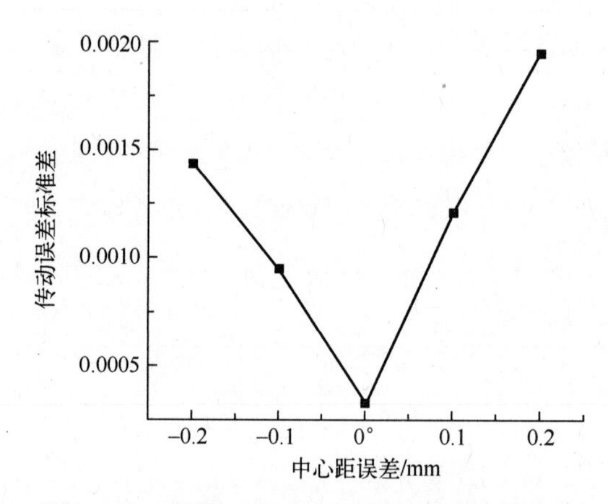

图 5.28　不同中心距误差下的传动误差标准差

图 5.28 表明：当中心距误差为-0.2mm 时，传动误差标准差为 0.00143；当中心距误差为-0.1mm 时，传动误差标准差为 0.00095；当中心距误差为 0.1mm 时，传动误差标准差为 0.00121；当中心距误差为 0.2mm 时，传动误差标准差为 0.00195。

图 5.27 与图 5.28 表明：随着中心距误差的增加（正向或负向），传动误差标准差值均增加，说明随着中心距误差增加，传动误差曲线波动幅度会加大。但是从图 5.27 中可以看出，传动误差均值随中心距误差的增加而越来越偏离理论值。与图 5.28 相对比，中心距误差变化引起的传动误差均值变化要远小于轴交角误差。传动误差均值的变化程度是反映剃齿加工过程中工件齿轮齿面接触变形的变化程度，由此轴交角误差对剃齿加工传动特性的影响要大于中心距误差。

5.6　剃齿实验验证

1. 轴交角误差对剃齿加工质量的影响

在剃齿加工允许的范围内，轴交角是影响剃齿齿形的主要因素，且在实际加工中，中心距方向上有径向进给运动，导致中心距随加工进行而变化。因此实验针对轴交角误差对剃后工件齿轮齿形的影响。根据单一变量原则，控制不同的轴交角误差来试剃工件齿坯，并对剃后工件齿轮进行齿形、齿向、单个齿距偏差、齿距累积偏差以及径向跳动检测。

不同轴交角误差对剃齿加工质量影响的验证实验选取某机床厂提供的 YX4230CNC5 剃齿机，剃后工件齿轮齿面形貌采用 LINKS CNC3906 齿轮检测中心进行检测。剃齿刀采用标准渐开线的剃齿刀，材料为 W6Mo5Cr4V2；工件齿轮的剃前余量为 0.12mm，材料为 45#调质钢。剃齿刀与工件齿轮的主要参数，见表 5.4。实验检测精度选用剃后工件齿轮的基本精度 7 级，其中齿廓总偏差为 21 μm 以下，齿廓形状偏差为 16μm 以下，齿廓斜率偏差及齿廓凸度不作为主要考察目标。

表 5.4　剃齿刀与工件齿轮参数

参　数	剃　齿　刀	工 件 齿 轮
齿数	53	40
模数	4	4
压力角	20°	20°
螺旋角	15°	0°
材料	W6Mo5Cr4V2	45

(1) 实验方案设计。剃齿刀与工件齿轮在装夹时，可能会使剃齿刀与工件齿轮不能直接装配到理论进刀位置，导致剃削初期有较大的啮合冲击造成剃齿刀刀齿的损坏，因此，在装夹时需要将剃齿刀刀齿高于理论装夹位置，减小剃齿刀非正常损坏的概率。

本次实验分四次进刀，进刀量逐次递减，四次进刀量分别为 0.055mm、0.050mm、0.045mm 和 0.030mm，总进给量为 0.18mm，大于工件齿轮余量的 0.12mm。为保证工件齿轮齿面光整，在剃削完成后会对工件齿轮齿面进行光整，以去除加工中的毛刺，减小粗糙度提高加工质量。同时为降低外部条件对实验结果的影响，避免剃齿机床自身制造与装配误差和机床运动参数对剃齿加工实验结果的影响，对不同轴交角误差的剃齿加工实验必须使用同一台剃齿机床与相同的机床运动参数，剃齿机床运动参数见表 5.5。

表 5.5 剃齿机床运动参数

运动参数	主轴转速	径向进给速度	轴向进给量
剃削	160r/min	1mm/min	120mm/min
光整	160r/min	5mm/min	120mm/min

实验设置了 5 种不同的轴交角误差，为避免加工的小概率事件发生，每个轴交角误差进行两组实验（对照组只进行一组），共进行 9 组实验。具体实验方案见表 5.6。

表 5.6 实验方案

序号	1	2	3	4	5
轴交角误差	0°	-0.5°	-0.2°	0.2°	0.5°
组数	1	2	2	2	2

(2) 实验结果分析。经过上述实验方案对每一组工件齿轮进行剃齿加工，并将加工后的工件齿轮进行检测。针对不同的轴交角误差进行剃齿加工可得到工件齿轮的齿形图，轴交角误差为 0 时的剃削齿形图如图 5.29 所示，不同轴交角误差的剃削齿形图分别如图 5.30、图 5.31、图 5.32 和图 5.33 所示。

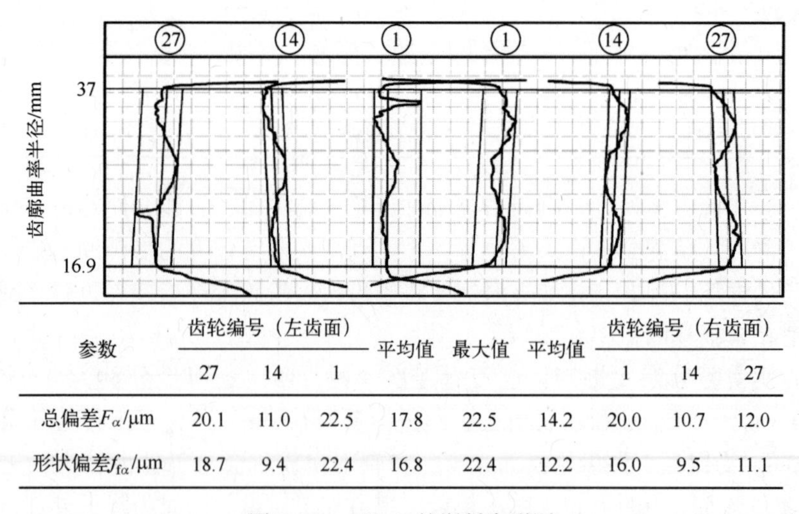

参数	齿轮编号（左齿面） 27	14	1	平均值	最大值	平均值	齿轮编号（右齿面） 1	14	27
总偏差F_{α}/μm	20.1	11.0	22.5	17.8	22.5	14.2	20.0	10.7	12.0
形状偏差$f_{f\alpha}$/μm	18.7	9.4	22.4	16.8	22.4	12.2	16.0	9.5	11.1

图 5.29 ΔΣ=0°的剃削齿形图

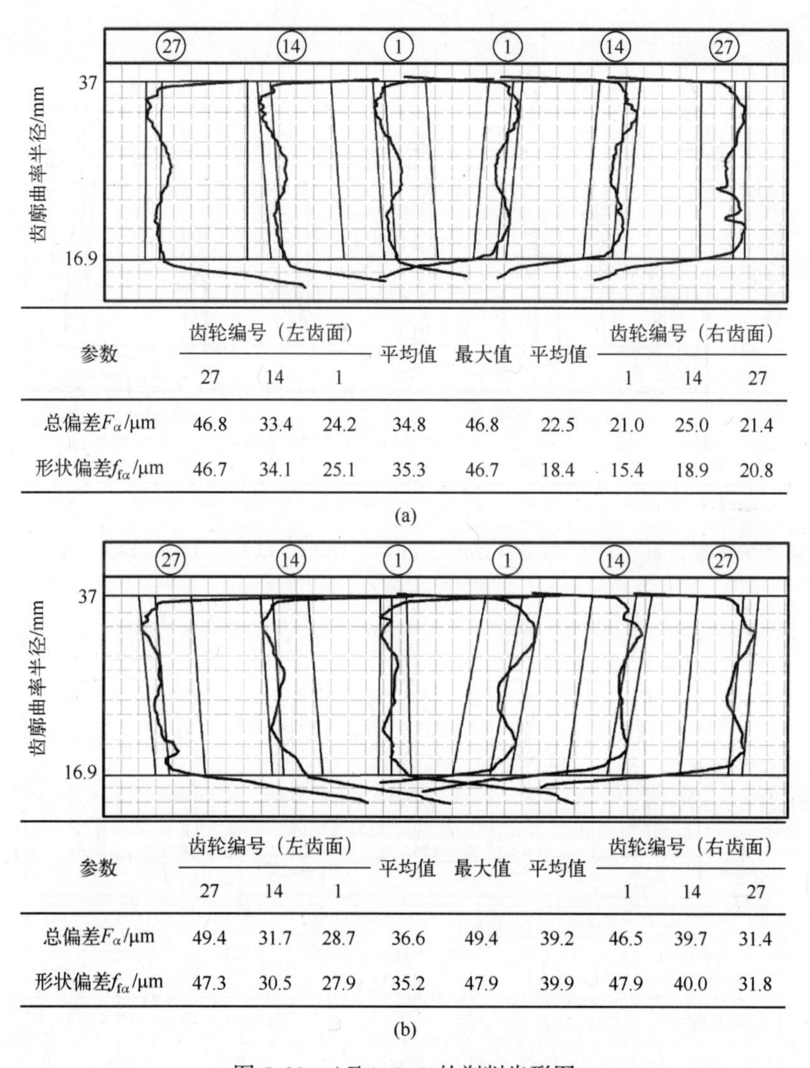

参数	齿轮编号（左齿面）			平均值	最大值	平均值	齿轮编号（右齿面）		
	27	14	1				1	14	27
总偏差F_{α}/μm	46.8	33.4	24.2	34.8	46.8	22.5	21.0	25.0	21.4
形状偏差$f_{f\alpha}$/μm	46.7	34.1	25.1	35.3	46.7	18.4	15.4	18.9	20.8

(a)

参数	齿轮编号（左齿面）			平均值	最大值	平均值	齿轮编号（右齿面）		
	27	14	1				1	14	27
总偏差F_{α}/μm	49.4	31.7	28.7	36.6	49.4	39.2	46.5	39.7	31.4
形状偏差$f_{f\alpha}$/μm	47.3	30.5	27.9	35.2	47.9	39.9	47.9	40.0	31.8

(b)

图 5.30　$\Delta\Sigma=-0.5°$的剃削齿形图

综合图 5.29、图 5.30、图 5.31、图 5.32 和图 5.33 可知：含有剃齿安装误差的剃后工件齿轮齿形图齿廓总偏差和形状偏差均比无剃齿安装误差的齿形图大，轴交角误差越大，相应的偏差也越大；理论计算的齿形切深误差有正负之分，其中正值表示工件齿轮表面余量欠切，负值表示工件齿轮表面余量过切，而在齿轮检测仪上检测值均为正值，只表示与理论齿廓的偏差值。

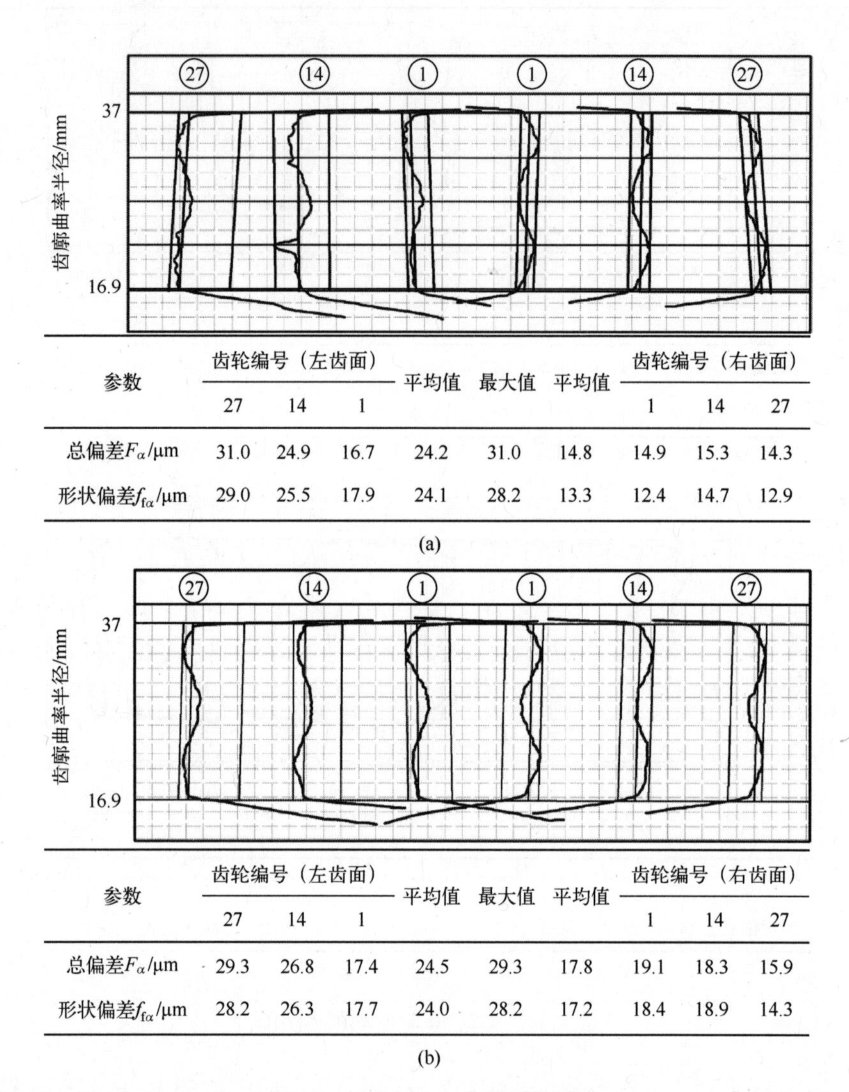

参数	齿轮编号（左齿面）			平均值	最大值	平均值	齿轮编号（右齿面）		
	27	14	1				1	14	27
总偏差F_{α}/μm	31.0	24.9	16.7	24.2	31.0	14.8	14.9	15.3	14.3
形状偏差$f_{f\alpha}$/μm	29.0	25.5	17.9	24.1	28.2	13.3	12.4	14.7	12.9

(a)

参数	齿轮编号（左齿面）			平均值	最大值	平均值	齿轮编号（右齿面）		
	27	14	1				1	14	27
总偏差F_{α}/μm	29.3	26.8	17.4	24.5	29.3	17.8	19.1	18.3	15.9
形状偏差$f_{f\alpha}$/μm	28.2	26.3	17.7	24.0	28.2	17.2	18.4	18.9	14.3

(b)

图 5.31　$\Delta\Sigma=-0.2°$的剃削齿形图

为了更加明确地得到不同轴交角误差对剃齿加工齿廓的影响，分别对剃削后的工件齿轮齿廓总偏差与齿廓形状偏差的均值与最大值进行对比分析，不同轴交角误差的齿廓总偏差如图 5.34 所示，不同轴交角误差的齿廓形状偏差如图 5.35 所示。

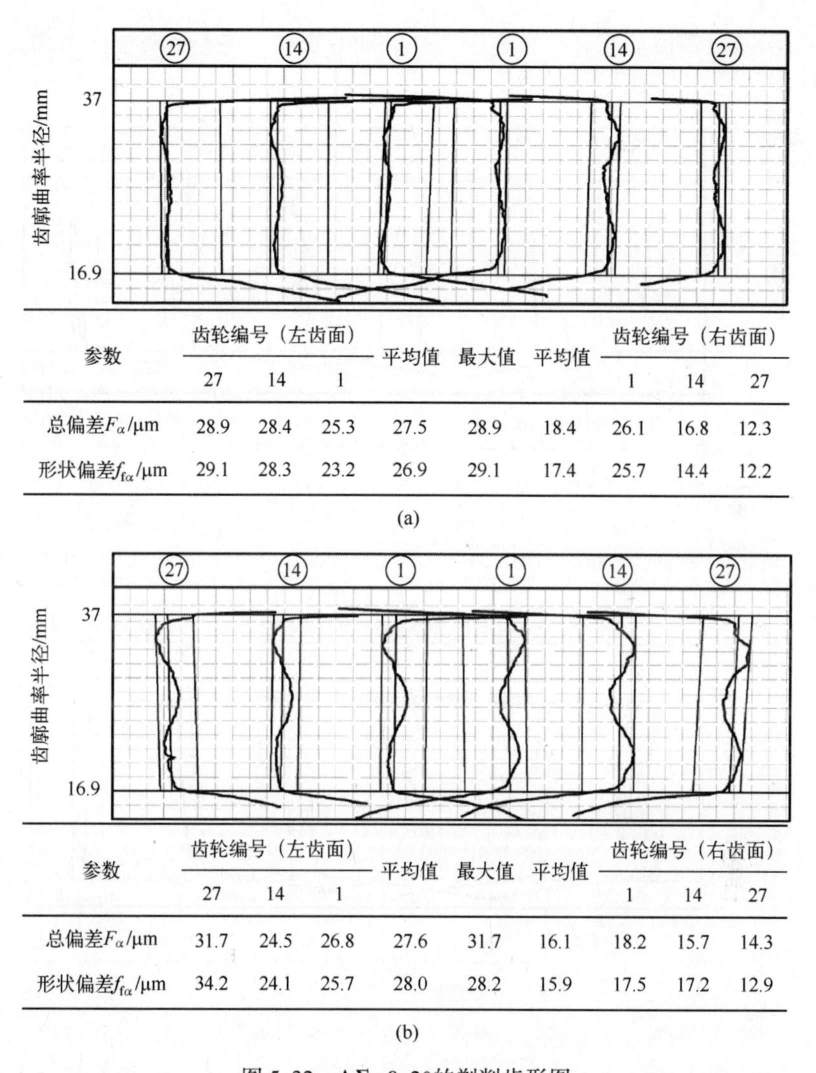

参数	齿轮编号（左齿面）			平均值	最大值	平均值	齿轮编号（右齿面）		
	27	14	1				1	14	27
总偏差F_α/μm	28.9	28.4	25.3	27.5	28.9	18.4	26.1	16.8	12.3
形状偏差$f_{f\alpha}$/μm	29.1	28.3	23.2	26.9	29.1	17.4	25.7	14.4	12.2

(a)

参数	齿轮编号（左齿面）			平均值	最大值	平均值	齿轮编号（右齿面）		
	27	14	1				1	14	27
总偏差F_α/μm	31.7	24.5	26.8	27.6	31.7	16.1	18.2	15.7	14.3
形状偏差$f_{f\alpha}$/μm	34.2	24.1	25.7	28.0	28.2	15.9	17.5	17.2	12.9

(b)

图 5.32　$\Delta\Sigma$= 0.2°的剃削齿形图

图 5.34 所示，当轴交角误差为-0.5°时，两组实验所得的齿廓总偏差值为 33.275，最大值为 49.4；当轴交角误差为-0.2°时，齿廓总偏差均值为 19，最大值为 31；当轴交角误差为 0°时，齿廓总偏差均值为 16，最大值为 22.5；当轴交角误差为 0.2°时，齿廓总偏差均值为 22.4，最大值为 31.7；当轴交角误差为 0.5°时，齿廓总偏差均值为 34.375，最大值为 54.7。从数据上来看，随着轴交角误差的不同，剃削所得工件齿轮齿廓总偏差的均值与最大值均不同，且随着轴交角误差绝对值的增加，齿廓总偏差均值与最大值均增加；当轴交角误差正向增大时的均值与最大值均略大于轴交角误差负向增大时的值。这说明

轴交角误差对剃齿加工有较大影响，并且随着轴交角误差绝对值的增加，齿廓总偏差增大，加工质量也随之降低。

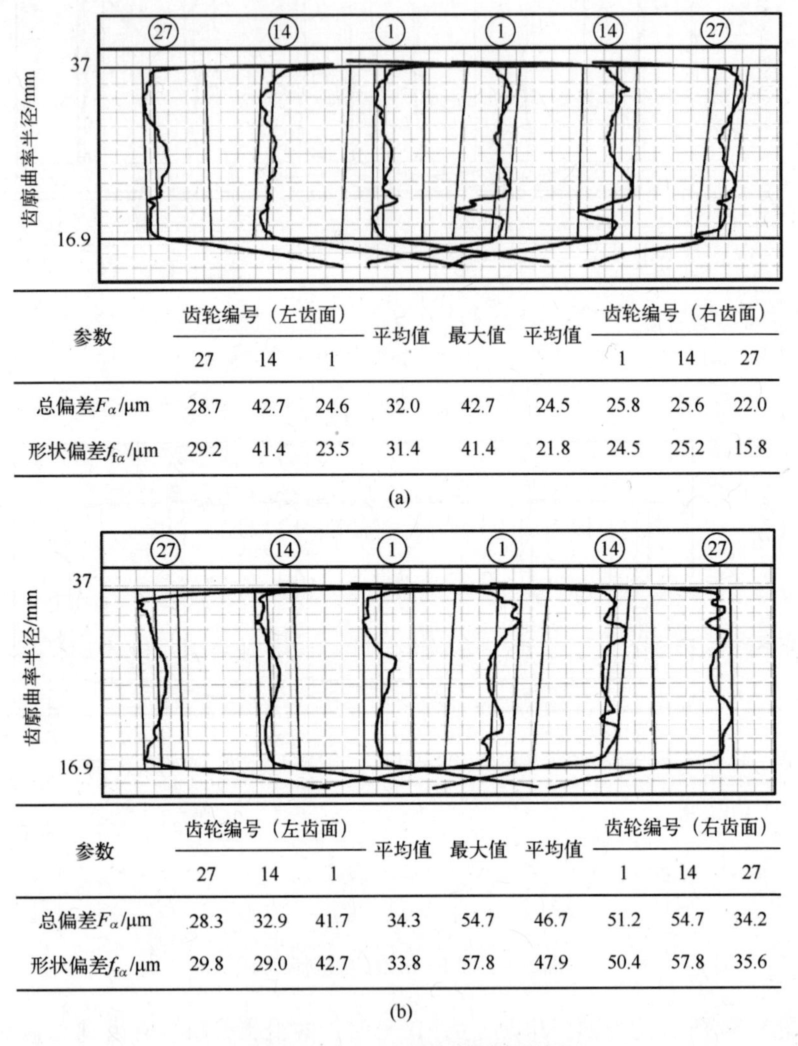

参数	齿轮编号（左齿面）			平均值	最大值	平均值	齿轮编号（右齿面）		
	27	14	1				1	14	27
总偏差F_α/μm	28.7	42.7	24.6	32.0	42.7	24.5	25.8	25.6	22.0
形状偏差$f_{f\alpha}$/μm	29.2	41.4	23.5	31.4	41.4	21.8	24.5	25.2	15.8

(a)

参数	齿轮编号（左齿面）			平均值	最大值	平均值	齿轮编号（右齿面）		
	27	14	1				1	14	27
总偏差F_α/μm	28.3	32.9	41.7	34.3	54.7	46.7	51.2	54.7	34.2
形状偏差$f_{f\alpha}$/μm	29.8	29.0	42.7	33.8	57.8	47.9	50.4	57.8	35.6

(b)

图 5.33　$\Delta\Sigma=0.5°$的剃削齿形图

图 5.35 所示，轴交角误差为-0.5°时，两组实验所得的齿廓总偏差值为 32.2，最大值为 47.9；当轴交角误差为-0.2°时，齿廓总偏差均值为 16.6，最大值为 29；当轴交角误差为 0°时，齿廓总偏差均值为 14.5，最大值为 22.4；当轴交角误差为 0.2°时，齿廓总偏差均值为 21.475，最大值为 29.1；当轴交角误差为 0.5°时，齿廓总偏差均值为 34.75，最大值为 57.8。与图 5.34 相似，

随着轴交角误差的增大，齿廓形状偏差的均值与最大值均增加，且轴交角误差正向增大时的齿廓形状偏差均值与最大值均大于轴交角误差沿负方向增大时的值，与齿廓总偏差的结论一致。

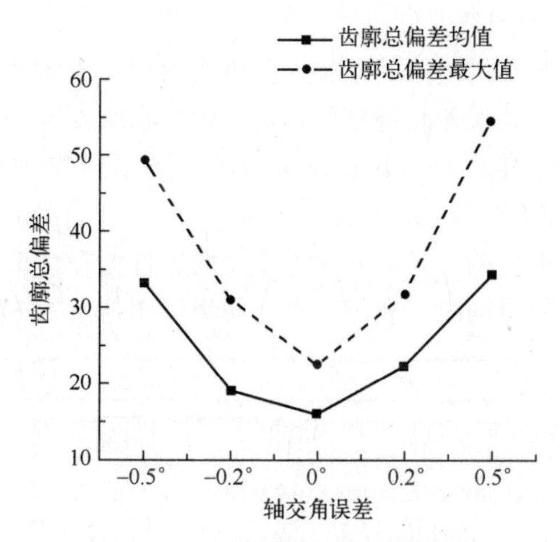

图 5.34　不同轴交角误差齿廓总偏差

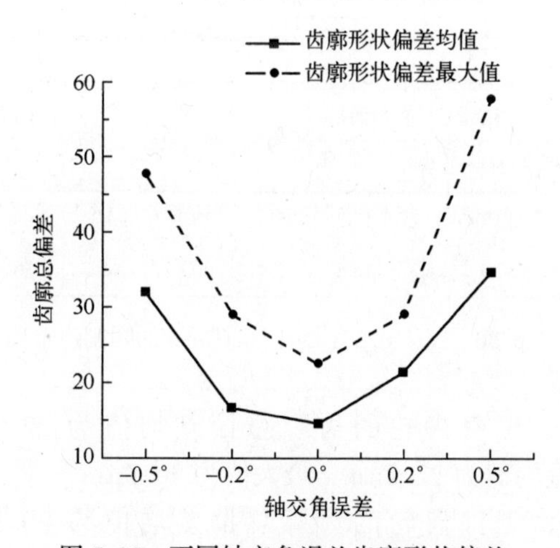

图 5.35　不同轴交角误差齿廓形状偏差

由此可以发现，轴交角误差值会影响剃齿加工质量，而轴交角误差正向增大对剃齿加工质量的影响要大于轴交角误差的负向增加。这是由于当轴交角误差正向增大剃削时，切削力增大，导致剃削过程稳定性降低，剃削过程的振动增加，传动平稳性减小，从而影响了剃齿加工质量。因此，在工程应用中，应当避免轴交角误差过大，增大齿廓总偏差与齿廓形状偏差，影响工件齿轮的加工质量。

满足实际加工允许误差之内的四组含轴交角误差的剃齿加工中，剃后工件齿轮均产生了不同程度的剃齿齿形中凹误差，且随着轴交角误差的绝对值增大，剃齿齿形中凹误差越来越明显。

2. 剃齿安装误差的补偿位移量

为了验证补偿位移量模型的正确性，进行两组实验验证。一组为只含安装误差，另一组含有安装误差与补偿位移量。两组实验安装误差量均相同，轴交角误差为 0.2°，中心距误差为 0.03mm。将该安装误差数值代入式（5.46）可得出工件齿轮的补偿位移量为 0.068°。采用与表 5.5 相同的加工参数进行加工得到工件齿轮齿形检测结果，安装误差下的工件齿轮齿形图如图 5.36 所示，安装误差与补偿位移量同时存在的工件齿轮齿形图如图 5.37 所示。

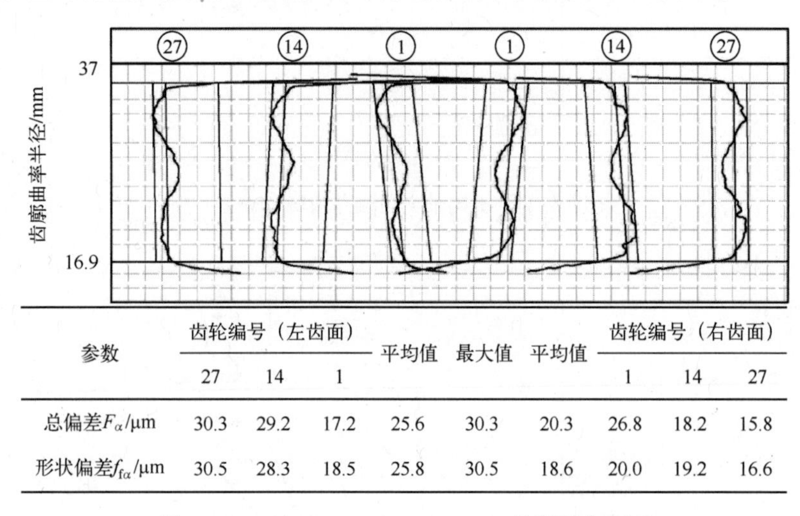

参数	齿轮编号（左齿面）			平均值	最大值	平均值	齿轮编号（右齿面）		
	27	14	1				1	14	27
总偏差F_{α}/μm	30.3	29.2	17.2	25.6	30.3	20.3	26.8	18.2	15.8
形状偏差$f_{f\alpha}$/μm	30.5	28.3	18.5	25.8	30.5	18.6	20.0	19.2	16.6

图 5.36　$\Delta\Sigma=0.2°$，$\Delta a=0.03$mm 的剃削齿形图

图 5.36 所示，工件齿轮的齿廓总偏差均值为 22.95μm，最大值为 30.3μm，形状偏差均值为 22.2μm，最大值为 30.5μm。

图 5.37 所示，工件齿轮的齿廓总偏差均值为 20.55μm，最大值为 28.9μm，形状偏差均值为 19.75μm，最大值为 28.6μm。

结合图 5.36 与图 5.37 可知，在同样的轴交角误差与中心距误差下，含剃齿安装误差补偿位移量的剃后工件齿轮的总偏差与形状偏差的均值与最大值均小于无补偿位移量的工件齿轮。同时，图 5.37 的齿形曲线相比图 5.36 更为理想，表明剃齿安装误差补偿位移量有助于增强剃齿加工传动的平稳性，提升剃齿加工的精度。

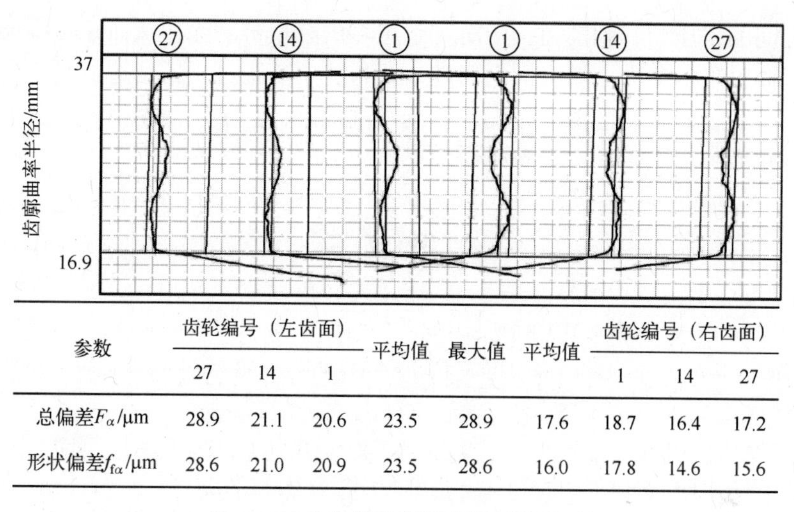

参数	齿轮编号（左齿面）			平均值	最大值	平均值	齿轮编号（右齿面）		
	27	14	1				1	14	27
总偏差F_{α}/μm	28.9	21.1	20.6	23.5	28.9	17.6	18.7	16.4	17.2
形状偏差$f_{f\alpha}$/μm	28.6	21.0	20.9	23.5	28.6	16.0	17.8	14.6	15.6

图 5.37　含补偿位移量的剃削齿形图

5.7　剃齿安装误差对剃齿齿形中凹误差的影响

剃齿实验证明了剃齿加工的齿形切深误差与剃齿齿形中凹误差之间的对应关系，通过对比分析，从剃齿安装误差的角度阐述了剃齿齿形中凹误差的形成机理。研究结果表明：齿形切深误差直接造成工件齿轮的齿形误差，而传动误差和传动比则通过作用于整个剃齿加工过程的振动、冲击以及刚度等因素影响工件齿轮的齿形加工质量。轴交角误差对剃齿传动误差、传动比和齿形切深误差的影响均比中心距误差的影响大。

结合剃齿实验，分别选取轴交角误差为-1°、-0. 5°、+0. 5°和+0. 2°，采用标准中心距安装，轴向进给速度为 2mm/s，主轴转速为 2. 67rad/s，四次径向进给量分别为 0. 055mm、0. 05mm、0. 045mm 和 0. 03mm，径向进给速度为 0. 017mm/s，此时工件齿轮节圆位置处（压力角为 0. 3653）造成的齿廓形状偏差平均值为 54. 1μm、37. 5μm、31. 4μm 和 17. 4μm，而剃齿齿形中凹误差一般为 10~30μm。

在实际加工中，当中心距误差沿正值超出一定范围（中心距过大）时，剃齿刀和工件齿轮之间的距离变大，剃齿啮合不充分，只能剃削部分渐开线，此时剃齿加工中不再严格按照无侧隙啮合，导致齿面间的振动冲击，剃齿过程不平稳；当中心距误差沿负值超出一定范围（中心距过小）时，剃齿刀和工件齿轮啮合过紧，增加了齿面间的磨损，在剃齿过程中就会加大剃齿刀和工件齿轮之间的挤压力和剃削力，同时导致过多的余量被剃除，从而缩短剃齿刀的使用寿命，降低工件齿轮齿面的精度。此外，中心距过小还会造成剃齿过程冷却效果不足，导致切削温度过高，影响剃削效果，甚至还会使得剃齿刀齿顶与工件齿轮齿根发生干涉，导致剃齿加工事故。

参考文献

[1] B RUYÈRE JÈ RÔM E D J B O. Statistical tolerance analysis of bevel gear by tooth contact analysis and Monte Carlo simulation [J]. Mechanism and Machine Theory, 2007, 42: 785-803.

[2] SIMON V. Influence of tooth errors and misalignments on tooth contact in spiral bevel gears [J]. Mechanism and Machine Theory, 2008, 43: 1253-1267.

[3] SIMON V. The influence of misalignments on mesh performances of hypoid gears [J]. Mechanism and Machine Theory, 1998, 33: 1277-1291.

[4] LITVIN F L Z J. Spur gears: optimal geometry, methods for generation and tooth contact analysis (TCA) program [R]. ILlinois UNIV at Chicago Circle Dept of Mechanical Engineering, 1988.

[5] LITVIN F L V D Y K. Reduction of noise of loaded and unloaded misaligned gear drives [J]. Computer Methods in Applied Mechanics and Engineering, 2006, 195 (41): 5523-5536.

[6] LITVIN F L F A M B. Computerized design, generation, simulation of meshing and contact, and stress analysis of formate cut spiral bevel gear drives [J]. NASA National Technical Information Service, 2003.

[7] LIN C Y T S C B. Computer-aided manufacturing of spiral bevel and hypoid gears with minimum surface-deviation [J]. Mechanism and Machine Theory, 1998, 33: 785-803.

[8] ZANZI C P J I. Application of modified geometry of face gear drive [J]. Computer Methods in Applied Mechanics and Engineering, 2005, 194 (27): 3047-3066.

[9] VELEX P, MAATAR M. A Mathematical model for analyzing the influence of shape deviations and mounting errors on gear dynamic behaviour [J]. Journal of Sound & Vibration, 1996, 191 (5): 629-660.

[10] 唐进元，杜晋．考虑安装误差敏感性的螺旋锥齿轮主动设计方法 [J]. 中国机械工程，2009 (10): 1197-1202.

[11] 唐进元，陈兴明，罗才旺．考虑齿向修形与安装误差的圆柱齿轮接触分析 [J]. 中南大学学报（自然科学版），2012 (05): 1703-1709.

[12] 唐进元，雷国伟，杜晋，等．螺旋锥齿轮安装误差敏感性与容差性研究 [J]. 航空动力学报，2009 (08): 1878-1885.

[13] 周凯红，唐进元，李淑．点啮合齿面安装误差敏感性的定量评价方法 [J]. 铁道科学

与工程学报，2009，6（4）：82-86.
[14] 唐进元，卢延锋，周超．有误差的螺旋锥齿轮传动接触分析［J］．机械工程学报，2008，44（7）：16-23.
[15] 王星，方宗德，李声晋，等．安装误差对准双曲面齿轮啮合性能的影响［J］．机械科学与技术，2014，33（12）：1781-1785.
[16] 王峰，方宗德，李声晋，等．考虑安装误差的摆线齿准双曲面齿轮轮齿接触分析［J］．农业机械学报，2012，43（9）：213-218.
[17] 付学中，方宗德，向龙，等．偏置面齿轮安装误差容差性与敏感性［J］．哈尔滨工程大学学报，2018，39（07）：1227-1232.
[18] 苏进展，方宗德．弧齿锥齿轮误差敏感性优化设计［J］．航空动力学报，2012，27（1）：183-189.
[19] 陈鸿，朱如鹏，靳广虎．安装误差对非正交面齿轮传动接触轨迹的影响［J］．机械科学与技术，2011（12）：1990-1994.
[20] 李政民卿，朱如鹏．装配偏置误差对正交面齿轮传动接触特性的影响［J］．航空学报，2009，30（7）：1353-1360.
[21] 汪中厚，余剑，张兴林．安装误差对弧齿锥齿轮齿面接触轨迹影响的分析研究［J］．机械传动，2014（2）：21-24.
[22] 刘光磊，张瑞庭，赵宁，等．一种弧齿锥齿轮安装误差变动范围的确定方法［J］．机械工程学报，2012，48（3）：34-40.
[23] 王会良，邓效忠，徐恺，等．考虑安装误差的拓扑修形斜齿轮承载接触分析［J］．西北工业大学学报，2014（5）：781-786.
[24] 苏宇龙，徐敏，赵兴龙，等．考虑安装误差的弧齿锥齿轮齿面接触印痕仿真分析［J］．西安理工大学学报，2017，33（1）：107-112.
[25] 曹雪梅，娄佳佳，马战勇．直齿锥齿轮修形齿面安装误差敏感性分析［J］．机械传动，2014（4）：40-43.
[26] 朱增宝，朱如鹏，李应生，等．安装误差对封闭差动人字齿轮传动系统动态均载特性的影响［J］．机械工程学报，2012，48（3）：16-24.
[27] 朱伟林，巫世晶，王晓笋，等．安装误差对变刚度系数的复合行星轮系均载特性的影响分析［J］．振动与冲击，2016，35（12）：77-85.
[28] 吴训成，毛世民，吴序堂，等．点接触齿面的安装误差敏感性研究［J］．中国机械工程，2000，11（5）：700-703.
[29] 吴训成，毛世民，吴序堂，等．点接触齿面在控制误差敏感性条件下的二阶参数设计［J］．西安交通大学学报，1999，33（11）：86-89.
[30] 吴训成，胡宁，陈志恒，等．准双曲面齿轮点接触齿面啮合分析的理论公式［J］．机械工程学报，2005，41（6）：81-84.
[31] 凌四营，李军，于佃清，等．安装误差对直齿标准齿轮螺旋线偏差的影响规律［J］．光学精密工程，2017（09）：2367-2376.

[32] 佟操，孙志礼，马小英，等．考虑安装与制造误差的齿轮动态接触仿真［J］．东北大学学报（自然科学版），2014（07）：996-1000.

[33] 徐璞，冯肇锡，蔺启恒，等．剃齿时齿形中凹误差产生的原因及消除措施［J］．太原工学院学报，1983（01）：18-30.

[34] 徐炎竑，徐璞，蔺启恒．轴向剃齿时齿向误差的形成机理及消除措施［J］．太原工业学报，1987（4）：74-86.

[35] 吕明，郭文亮．轴间距和轴交角对平行剃齿质量的影响［J］．太原工业大学学报，1992（1）：50-53.

[36] SIMON V V. Design and manufacture of spiral bevel gears with reduced transmission errors [J]. Journal of Mechanical Design，2015，131（4）：41007-41017.

[37] SIMON V. Design of face-hobbed spiral bevel gears with reduced maximum tooth contact pressure and transmission errors [J]. Chinese Journal of Aeronautics，2013，26（3）：777-790.

[38] TORDION G V，GAUVIN R. Dynamic Stability of a two-stage gear train under the influence of variable meshing stiffnesses [J]. Transactions of ASME Journal of Engineering for Industry，1977，99（3）：785.

[39] SWEENEY P J. Transmission error measurement and analysiS [D]. Sydney：University of New SouthWales，1995.

[40] FUENTES A，NAGAMOTO H，LITVIN F L，et al. Computerized design of modified helical gears finished by plunge shaving [J]. Computer Methods in Applied Mechanics and Engineering，2010，199（25-28）：1677-1690.

[41] BIBEL G，KUMAR A，REDDY S，et al. Contact stress analysis of spiral bevel gears using nonlinear finiteelement static analysis [J]. Journal of Mechanical Design，1995，117（2A）：235-240.

[42] 蒋进科，方宗德，苏进展．高阶传动误差斜齿轮修形设计与加工［J］．哈尔滨工业大学学报，2014（9）：43-49.

[43] JIANG J，FANG Z. High-order tooth ank correction for a helical gear on a six-axis CNC hob machine [J]. Mechanism and Machine Theory，2015，91：227-237.

[44] JIANG J，FANG Z. Design and analysis of modified cylindrical gears with a higher-order transmission error [J]. Mechanism and Machine Theory，2015，88：141-152.

[45] 唐进元．齿轮传递误差计算新模型［J］．机械传动，2008，32（6）：13-14.

[46] 徐爱军，邓效忠，徐恺，等．基于时钟细分法的弧齿锥齿轮传动误差测量研究［J］．机械传动，2012（8）：1-5.

[47] 邓效忠，徐爱军，张静，等．基于时标域频谱的齿轮传动误差分析与试验研究［J］．机械工程学报，2014，50（1）：85-90.

[48] 邓效忠，徐爱军，张静，等．齿距啮合偏差对准双曲面齿轮传动误差的影响［J］．航空动力学报，2013，28（3）：597-602.

[49] 汪中厚，王杰，王巧玲，等. 基于有限元法的螺旋锥齿轮传动误差研究 [J]. 振动与冲击，2014 (14)：165-170.

[50] 刘磊，蔡安江，耿晨，等. 基于剃齿啮合传动特性的剃齿刀优化设计 [J]. 航空动力学报，2018 (05)：1084-1092.

[51] FUENTES A，NAGAMOTO H，LITVIN F L. Computerized design of modified helical gears finished by plunge shaving [J]. Computer Methods in Applied Mechanics and Engineering. 2010，199 (25/26/27/28)：1677-1690.

[52] CELIK M. Comparison of three teeth and whole body models in spur gear analysis [J]. Mechanism and Machine Theory. 1999，34 (8)：1227-1235.

第 6 章　剃齿加工技术

6.1　剃齿刀间齿刃磨技术

剃齿后的工件齿轮常出现剃齿齿形中凹误差，使工件齿轮齿形精度达不到设计要求，影响承载能力和传动品质（振动和噪声）。因此，在分析剃齿加工过程的理论基础上，推导平衡剃齿的条件，提出间齿刃磨剃齿刀在剃齿加工过程中是可以满足剃齿区域间的平衡条件，能较好地解决剃齿齿形中凹误差，弥补剃齿加工的工艺缺陷。

6.1.1　平衡剃齿的条件

剃齿过程相当于一对交叉轴传动的圆柱螺旋齿轮的无侧隙空间自由啮合，且伴有不连续的切削和挤压作用的传动过程。在剃齿过程中，轮齿间为凸齿对凸齿的点接触，工件齿轮齿面两侧都存在接触点（切削点），啮合线上齿面接触点的数量是变化的，如图 6.1 所示，b 点和 c 点分别表示剃齿刀齿顶与工件齿轮的齿根及工件齿轮齿顶与剃齿刀齿根相啮合。一般剃齿时，尤其是法向重合度为 $1<\varepsilon<2$，研究其啮合过程可以看出，当齿顶与齿根进入啮合时，同时存在两对齿啮合区，而在节点附近齿廓啮合时，则为单对齿啮合区[1]。由于剃齿过程中剃齿刀与工件齿轮之间施加的径向压力是不变的，因此在单对齿啮合区剃齿刀与齿面之间的接触压力要比两对齿啮合区剃齿刀与齿面之间的接触压力大得多，剃去的金属也多，导致工件齿轮在节圆处附近产生剃齿齿形中凹误差。

在剃齿过程中，若能保证工件齿轮齿面两侧在啮合线上同时接触点的数目相等，则其接触压力也相等（这里不考虑由渐开线曲率的不同所引起的接触变形），从而使齿廓两侧切削力平衡，从根本上消除剃齿齿形中凹产生的条件[2]，此为平衡剃齿的条件。

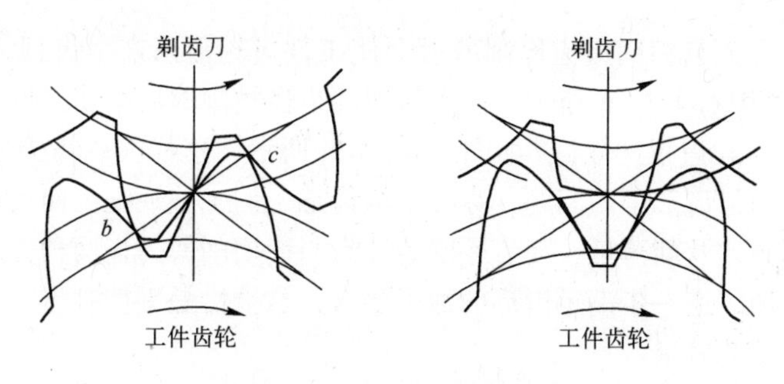

图 6.1　剃齿刀的修形曲线

6.1.2　剃齿刀间齿刃磨技术

剃齿刀的设计若能满足剃齿过程中工件齿轮齿面两侧在啮合线上同时接触点的数目相等，就达到了平衡剃齿的条件，解决了剃齿齿形中凹误差。

剃齿刀间齿刃磨（标准剃齿刀间齿全齿廓削薄）后，在剃齿加工过程中就可以彻底排除两对齿啮合的状态，如图 6.2 所示，使得在正常啮合情况下工件齿轮齿面两侧在啮合线上同时接触点的数目相等，也就达到了平衡剃齿的条件。目前，剃齿刀间齿刃磨主要有齿厚削薄和齿槽削薄两种形式。

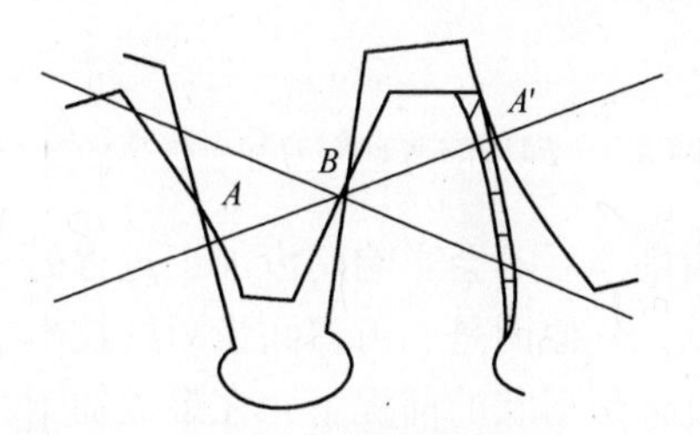

图 6.2　间齿削薄剃齿刀

渐开线齿轮啮合的基本条件是法向基节相等[3]。剃齿刀间齿刃磨使得剃齿刀的法向基节与工件齿轮的法向基节出现了不完全相等，会导致线外啮合。当剃齿刀的齿厚削薄齿退出啮合状态时，如图 6.3（a）所示，工件齿轮加速，工件齿轮齿顶 B 处产生让刀，剃齿刀齿顶 C 点与工件齿轮齿根提前接触而在齿根“刮行”，导致工件齿轮齿形在驱动侧（其受力使工件转动加速）产生齿顶“正”，而在阻动侧（其受力使工件转动减速）产生齿根“负”；当剃齿刀的齿厚削薄齿进入啮合状态时，如图 6.3（b）所示，工件齿轮减速，工件齿轮齿顶 A 处产生让刀，同时剃齿刀齿顶 C 点与工件齿轮齿根重新接触而“刮行”，导致工件齿轮齿形在驱动侧产生齿顶“正”，而在驱动侧产生齿根

“负”。因此，剃齿刀间齿齿厚削薄后会使工件齿轮齿形产生齿顶“正”和齿根“负”，如图6.4（a）所示，而剃齿刀间齿齿槽削薄后会使工件齿轮齿形产生齿顶“负”和齿根“正”，如图6.4（b）所示，这样，剃齿刀间齿刃磨不仅可以解决剃齿齿形中凹问题，弥补了剃齿加工的工艺缺陷，而且可以通过合理选择削薄方式及削薄量，使齿厚削薄刀齿与齿槽削薄刀齿两种方式所加工的齿形效果叠加，进一步满足齿形的加工要求，这恰恰是平衡剃齿工艺无法达到的剃齿加工工艺效果。

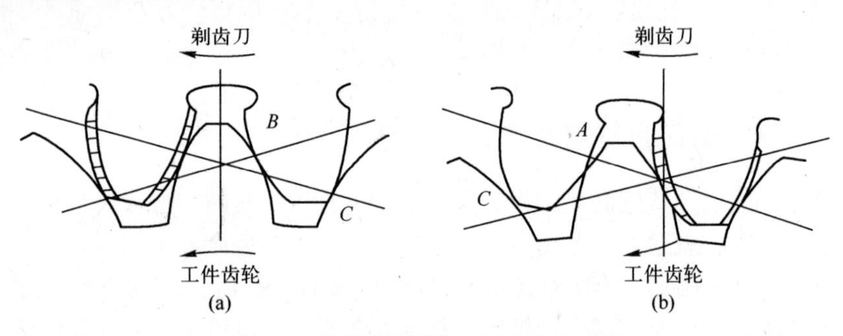

图6.3　间齿削薄剃齿刀加工啮合过程

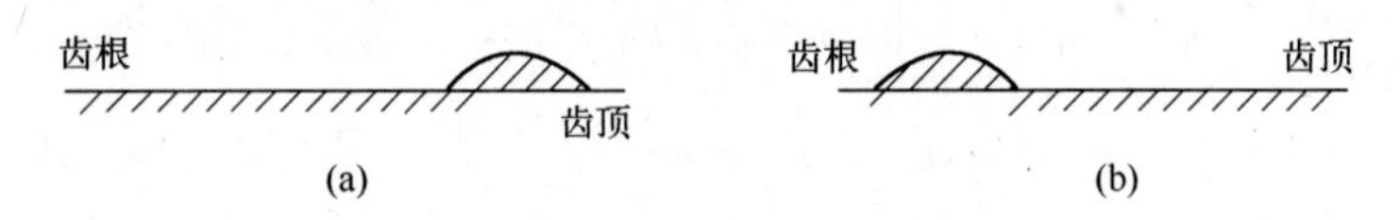

图6.4　间齿削薄剃齿刀加工齿形的特征

此外，剃齿刀间齿削薄后不会影响剃齿加工过程的平稳性，更不会导致工件齿轮运动精度的降低。其原因是剃齿刀间齿刃磨技术中的关键是分齿，而分齿的重要原则是在保证齿形形状的前提下，在最短加工时间内保证齿厚削薄刀齿、齿槽削薄刀齿与工件齿轮上每一个齿啮合的次数（可以近似），剃齿刀的正常刀齿与削薄齿又是相间排列的，且削薄量（一般为0.015mm）相对于工件齿轮齿形的误差要小得多。

剃齿刀间齿刃磨技术经工业试验后，验证了方法原理的可行性，并已将其应用于汽车变速箱齿轮的生产，满足了变速箱齿轮齿形中凹量不超过0.005mm的加工要求（原剃齿加工时所用的剃齿刀一直沿用美国伊顿公司提供的修形曲线进行修磨，但常有齿形超差，无法满足加工要求），且证明了该技术具有以下几个特点：

（1）剃齿刀间齿刃磨技术从试验和实际生产的使用结果来看，工件齿轮的齿形呈“平直”或“中凸”状，消除了剃齿齿形中凹现象，提高了齿轮的加工质量。

（2）修形简便，间齿刃磨剃齿的修形曲线是标准的渐开线，且只要选择合理的削薄方式及削薄量就可以获得理想的齿形。

（3）目标性强，提高了刀具使用寿命，间齿刃磨剃齿刀的修磨方案不受新、旧剃齿刀齿厚变化的影响，修磨成功率高，大大降低了重磨次数。

（4）通用性好，设计简单。间齿刃磨剃齿刀对剃前齿形的依赖性小，且一般普通剃齿刀通过合理的分齿，就能达到较为满意的加工效果，而设计上除了齿数及分齿方法外，与普通剃齿刀的设计基本一样。

剃齿刀间齿刃磨技术应是一种原理可行、形式新颖、方法简便、技术可靠、效率突出、齿形精度高的新工艺。

6.2　基于剃齿修形的啮合角数值计算方法

剃齿刀正确修形是解决剃齿齿形中凹误差的有效途径。目前常用的剃齿刀修形方法仅提供了实现剃齿刀反凹修形的工艺方法，而修形的具体位置是靠试切法逐步确定的，工件齿轮齿形误差的控制能力与修形目标性较差。端面啮合角是确定剃齿刀修形位置的关键，决定了消除剃齿齿形中凹的工艺效果，因此，端面啮合角的最优解计算方法研究就成为剃齿刀修形技术的关键。

6.2.1　啮合角计算解析

剃齿加工时，剃齿刀与工件齿轮相当于一对无侧隙的交错轴圆柱齿轮（螺旋齿轮）啮合。对于交错轴齿轮传动啮合角的计算，理论上没有一个显性的公式可以直接得到其啮合角或渐开线函数值。

设工件齿轮齿数为 Z_1、法向模数为 m_{n1}、分度圆法向压力角为 α_{n1}、分度圆螺旋角为 β_1、分度圆法向弧齿厚为 $\widehat{S}_{n1}$、渐开线终止点曲率半径为 ρ_{max1}、渐开线起始点曲率半径为 ρ_{min1}、剃齿超越量为 δ、剃齿刀齿数为 Z_0、法向模数为 m_{n0}、分度圆法向压力角为 α_{n0}、分度圆螺旋角为 β_0、分度圆法向弧齿厚为 $\widehat{S}_{n0}$。

交错轴圆柱齿轮无侧隙啮合时，节圆法向节距 P_{jn} 与工件齿轮、剃齿刀节圆的法向弧齿厚 $\hat{s}_{jn1}$、$\hat{s}_{jn0}$ 存在以下关系：

$$P_{jn}=\hat{s}_{jn1}+\hat{s}_{jn0} \tag{6.1}$$

一对螺旋齿轮啮合时，其节圆法向压力角相等，即 $\alpha_{jn}=\alpha_{jn1}=\alpha_{jn0}$，经一系列推导代入，式（6.1）可表示为

$$\begin{aligned}\pi m_n=\hat{s}_{n1}+\hat{s}_{n0}+m_n\Big[&z_1\operatorname{inv}\alpha_{t1}+z_0\operatorname{inv}\alpha_{t0}\\&-z_1\operatorname{inv}\alpha_{jt1}+z_0\operatorname{inv}\arcsin\left(\sin\alpha_{jt1}\frac{\cos\beta_{b1}}{\cos\beta_{b0}}\right)\Big]\end{aligned} \tag{6.2}$$

式中：α_{t1}为工件齿轮端面啮合角；α_{t0}为剃齿刀端面啮合角；α_{jt1}为工件齿轮的节圆端面啮合角；α_{jt0}为剃齿刀的节圆端面啮合角。

式（6.2）是关于端面啮合角 α_{jt1} 计算的一阶多维超越方程，无法直接求解，只能采用数值计算的方法求其最优解。令

$$f(\alpha_{jt1})=\hat{s}_{n1}+\hat{s}_{n0}+m_n\left\{z_1\,\mathrm{inv}\alpha_{t1}+z_0\,\mathrm{inv}\alpha_{t0}-z_1\,\mathrm{inv}\alpha_{jt1}+z_0\,\mathrm{inv}\left[\arcsin\left(\sin\alpha_{jt1}\frac{\cos\beta_{b1}}{\cos\beta_{b0}}\right)\right]\right\}-\pi m_n \tag{6.3}$$

式（6.3）为一阶多维非线性超越方程，存在求解时易出现数值解发散不收敛、求得的最优解精确度不高、可微性难以判断等缺陷，因此，该类方程只能用数值计算的迭代法求解[4]。

6.2.2 啮合角计算方法

目前，端面啮合角普遍采用近似计算的方法，但在啮合角较小、节圆直径与分度圆直径差值较大或啮合压力角与分度圆压力角差值较大的情况下，采用该方法计算所得的端面啮合角就会产生较大的误差。端面啮合角决定了理论啮合线长度计算的精确性，与剃齿齿形中凹误差有着密不可分的联系。

端面啮合角的计算可以采用数值计算中的迭代法来获得啮合角的最优解，从而提高啮合角计算的精确性，即可通过牛顿迭代法和史蒂芬森-牛顿类迭代法（S-N 迭代法）求得端面啮合角的最优解。

1. 牛顿迭代法

牛顿迭代法是目前求解超越方程较好的迭代法，具有求解精度较高、迭代次数较小的特点[5]。

将式（6.3）对 α_{jt1} 微分得到 $\dot{f}(\alpha_{jt1})$，采用牛顿迭代法通过有限次迭代，就可以求得满足式（6.2），且可满足精度要求的 α_{jt1}，由得出 α_{jt1} 并可得到法向啮合角：

$$\alpha_{jn}=\alpha_{jn1}=\alpha_{jn0}=\arcsin(\sin\alpha_{jt1}\cos\beta_{b1}) \tag{6.4}$$

通过（6.5）可以较精确地计算出理论啮合线长度，从而准确得到剃齿刀的修形位置。

$$L=d_{b1}\frac{\tan\alpha_{jt1}}{2\cos\beta_{b1}}+d_{b0}\frac{\tan\alpha_{jt0}}{2\cos\beta_{b0}} \tag{6.5}$$

式中：d_{b1}、d_{b0}分别为被剃齿轮和剃齿刀的基圆直径。

应用牛顿迭代法计算端面啮合角的值时可精确到 10^{-7} rad，甚至更高。牛顿迭代法与目前普遍采用的近似计算相比，端面啮合角的计算值在 10^{-2}就显出

差异。端面啮合角计算值的误差必然会导致剃齿刀修形位置的变化，使剃齿刀修形位置计算的有效性大大降低。

2. S-N 迭代法

式（6.3）为复杂的一阶多维非线性超越方程，为克服牛顿迭代法求解时需式（6.3）具备二阶微分收敛的特性[6]，提出基于牛顿迭代法和史蒂芬森迭代法[7]的 S-N 迭代法，并将其用于端面啮合角最优解的计算。

若 $\dot{f}(x)$ 在其零点 x_0 处的领域内连续可微，并且 $\dot{f}(x)\neq 0$；假设 x_k 为该方程的近似解，则根据牛顿迭代法公式可得

$$x_{k+1}=x_k-f(x_k)/\dot{f}(x_k) \tag{6.6}$$

式（6.6）应用欧拉法，可得

$$x_{n+1}=x_n-h_n f(x_n)/(uf(x_n)+\dot{f}(x_n)) \tag{6.7}$$

式中：u 为修正系数，取值为 0~1；h_n 为 n 次步长。

根据端面啮合角的精确度要求，对式（6.7）中的 u 进行重新选择，以使求解过程更稳定，数值解趋于最优解。

利用差商公式代替式（6.7）中的 $\dot{f}(x_n)$，可得到用于端面啮合角计算的 S-N 迭代法公式：

$$x_{n+1}=x_n-\frac{f^2(x_n)}{u_n f^2(x_n)+f(x_n+f(x_n))-f(x_n)} \tag{6.8}$$

式中：u_n 为第 n 次修正系数，取值为 0~1。

式（6.8）用于啮合角一阶多维超越方程的求解时，克服了牛顿迭代法求解时要求在含根区间上 $\dot{f}(x)\neq 0$ 及函数 $f(x)=0$ 在其精确解 x_0 的领域内连续可微的不足，并且可以根据啮合角一阶多维非线性超越方程的特点，不断选择修正系数 μ，使求解过程更稳定，数值解趋于最优解。

用 S-N 迭代法计算端面啮合角时，式（6.8）中的修正系数 μ 越接近 0，数值解越趋于最优解，求解过程越稳定。当 $\mu>0.45$ 时，其迭代过程就会陷入发散不收敛的状态，不利于端面啮合角的数值计算。

6.2.3　啮合角计算分析

数值计算迭代法的参数设置中，初始值、误差容限、迭代次数会直接影响收敛速度和最优解的精确性。初始值的选择直接决定着该迭代法是否能够达到全局最优解；误差容限的选择决定了求解的精度要求。

下面通过具体的算例对啮合角的最优求解方法（S-N 迭代法和牛顿迭代法）进行比较[7]。

工件齿轮各参数如下：齿数 $z_1=42$，法向模数 $m_{n1}=5.08\text{mm}$，分度圆法向压力角 $\alpha_{n1}=20°$，分度圆螺旋角 $\beta_1=10°$，分度圆法向弧齿厚 $\hat{s}_{n1}=8.413\text{mm}$，渐开线终止点曲率半径 $\rho_{\max1}=49.3681$，渐开线起始点曲率半径 $\rho_{\min1}=27.774$。

剃齿刀各参数如下：齿数 $z_0=43$，法向模数 $m_{n0}=5.08\text{mm}$，分度圆法向压力角 $\alpha_{n0}=20°$，分度圆螺旋角 $\beta_0=15°$，分度圆法向弧齿厚 $\hat{s}_{n0}=6.9547\text{mm}$。

超越方程具有非线性，可以通过误差容限判断迭代过程的稳定性，通过迭代次数判断迭代过程的快速性，通过数值最优解判断求解的精确性。

1. 误差容限

误差容限一般作为迭代计算的跳出准则。根据啮合角一阶多维超越方程的迭代特性和求解目的，将误差容限取为 10^{-4} rad。从图 6.5、图 6.6 可以看出：在计算过程中，牛顿迭代法的啮合角误差大大超出了 10^{-4}rad，啮合角误差在计算区域内跳动很大，不稳定，在迭代 157 次后才达到收敛；S-N 迭代法的啮合角误差相对稳定，在大多数计算区域内误差跳动不大，具有稳定性，迭代至 97 次后就达到收敛。

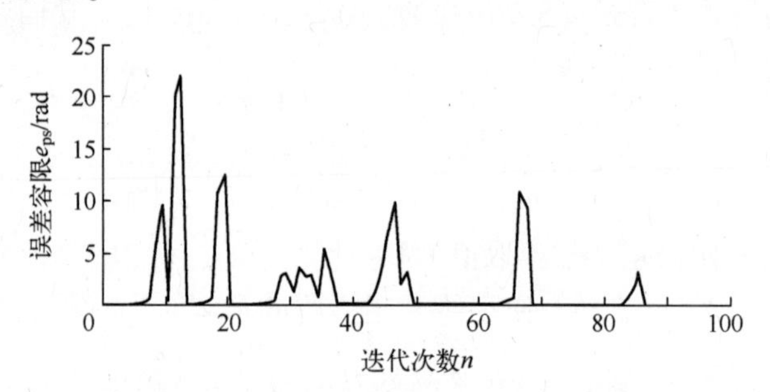

图 6.5　S-N 迭代法误差容限控制的跟踪图

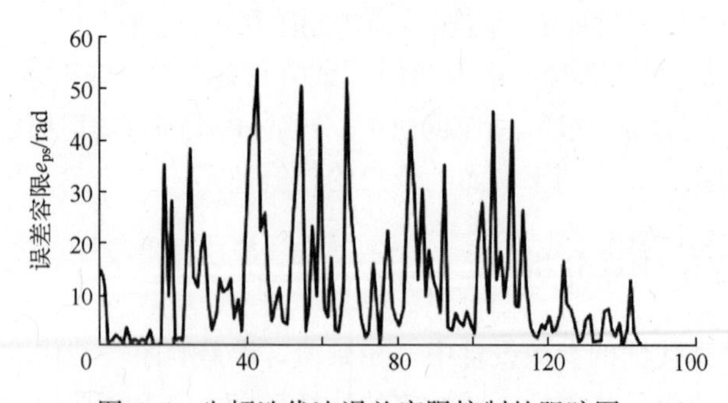

图 6.6　牛顿迭代法误差容限控制的跟踪图

2. 迭代次数

求解超越方程时，迭代次数是很重要的衡量指标，一般要求以较少的迭代次数得出最优解。从图6.7可以看出：采用S-N迭代法计算啮合角时，啮合角在大部分区域内波动较小，迭代97次后，啮合角达到收敛，且在迭代69次后就逐渐趋于最优解。从图6.8可以看出：采用牛顿迭代法计算啮合角时，啮合角在大部分区域内波动较大，不利于啮合角最优解的求解，在迭代157次后才达到收敛，且在迭代至139次后才开始趋于最优解。因此，在啮合角的计算中，S-N迭代法具有求解稳定、迭代次数较小等优点，同时也避免了求解一阶多维超越方程需求导带来的复杂运算。

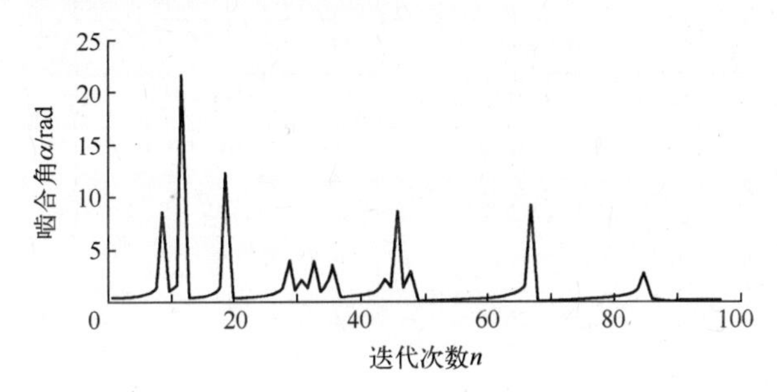

图6.7　S-N迭代法啮合角求解的跟踪图

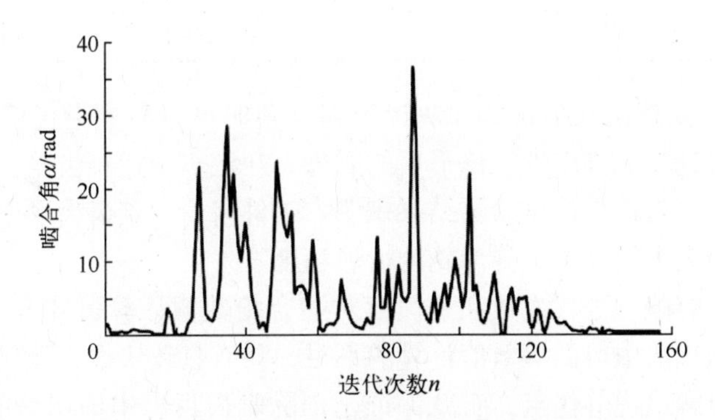

图6.8　牛顿迭代法啮合角求解的跟踪图

3. 啮合角最优解

根据剃齿加工经验，可将算例啮合角的初始值 x_0 取0.3317rad。采用S-N迭代法和牛顿迭代法计算啮合角一阶多维超越方程的结果如表6.1所示。S-N迭代法和牛顿迭代法在啮合角计算过程中的总体趋势基本一致，S-N迭代法的啮合角计算结果更接近其最优解（剃齿加工中的实际啮合角），而牛顿迭代法在啮合角计算的迭代过程中，其近似解往往偏离最优解，且计算过程极易发散。因此，S-N迭代法在求解啮合角一阶多维超越方程中优于牛顿迭代法。

表 6.1 两种迭代法对啮合角超越方程的计算结果

迭代次数	S-N 迭代法	迭代次数	牛顿迭代法
10	0.986705	10	1.488509
20	0.435791	20	0.627559
30	1.143502	30	2.195609
40	0.692652	40	15.286664
50	0.605023	50	18.910039
60	0.457461	60	8.598233
70	0.202196	70	6.079893
80	0.505695	80	8.810087
90	0.332578	90	9.734902
92	0.332677	100	2.802681
93	0.331598	110	2.566623
94	0.331616	120	0.874441
95	0.331691	130	0.669243
96	0.331693	140	0.331689
97	0.331693	150	0.331673
		157	0.331671

应用 S-N 迭代法和牛顿迭代法计算啮合角时可以得到最优解，提高了剃齿刀修形位置计算的准确性，修形后的剃齿刀在汽车变速箱齿轮、减速箱齿轮等生产中进行了工业生产试验。结果表明：工件齿轮的剃齿齿形中凹误差基本得到了消除，大大提高了工件齿轮的齿形精度。

通过误差容限、迭代次数和最优解对啮合角数值计算可知 S-N 迭代法能够避免牛顿迭代法中可微等数值计算的不足，具有收敛快速、迭代次数小、求解稳定、数值解最优等优点，有效保证了消除剃齿齿形中凹误差的工艺效果。具体结论如下：

(1) 采用 S-N 迭代法和牛顿迭代法进行啮合角的计算，可得到啮合角的最优解，能避免端面啮合角计算误差导致的啮合线长的计算误差，提高了剃齿刀修形位置计算的有效性，保证了消除剃齿齿形中凹误差的工艺效果。

(2) 在啮合角的计算中，S-N 迭代法比牛顿迭代法更接近最优解，具有求解稳定、迭代次数较小等优点，同时也避免了求解一阶多维超越方程时求导带来的复杂运算。

(3) 应用 S-N 迭代法求解啮合角一阶多维超越方程时，调整修正系数 μ 可以使求解过程更稳定，使数值解趋于最优解，从而有效地解决了啮合角计算精确性的技术难题。

6.3　多源耦合剃齿齿形中凹误差的预测模型

基于齿轮啮合原理，建立含剃齿安装误差的剃齿分析模型；引入单次切削面积，建立包含重合度、机床运动参数和安装误差的剃齿齿形中凹误差多源耦合预测模型；通过分析剃齿齿形中凹误差与啮合点单次切削面积的关系，研究剃齿齿形中凹误差的形成机理。

6.3.1　建立剃齿分析模型

剃齿加工中，剃齿刀和工件齿轮的轴交角误差 $\Delta\Sigma$、中心距误差 Δa 和两个高速轴的同步误差 $\Delta\omega_1$ 和 $\Delta\omega_2$ 都会反应到工件的齿向误差上[8]，因此，针对这四个误差参数建立剃齿啮合点几何模型，如图 6.9 所示。

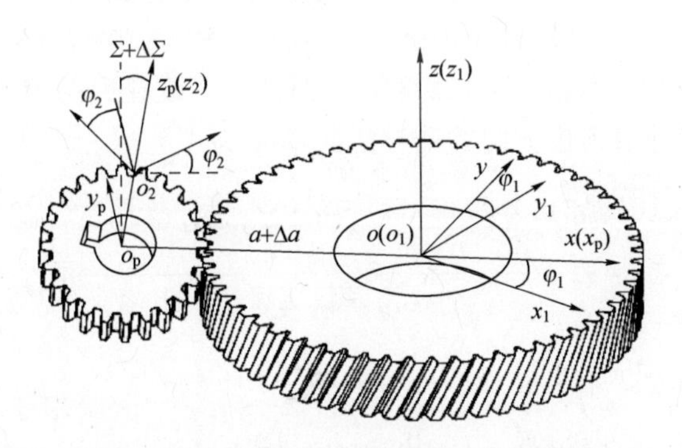

图 6.9　含安装误差的剃齿啮合几何模型

考虑几何模型中的安装误差参数，根据剃齿刀与工件齿轮的运动关系推导出啮合点的相对滑动速度 V 为

$$V=\begin{Bmatrix} -\omega_2' z\sin\Sigma'+\omega_2' y\cos\Sigma\omega_1' y, \\ \omega_1' x-\omega_2'(x-a')\cos\Sigma'-v_{02}\sin\Sigma', \\ \omega_2'(x-a')\sin\Sigma'-v_{02}\cos\Sigma' \end{Bmatrix} \tag{6.9}$$

其中

$$\begin{cases}\Sigma'=\Sigma+\Delta\Sigma\\ a'=a+\Delta a\\ \omega_1'=\omega_1+\Delta\omega_1\\ \omega_2'=\omega_2+\Delta\omega_2\end{cases}$$

式中：(x,y,z)为啮合点在坐标系 S 中的坐标；Σ 为剃齿刀与工件齿轮的轴交角；a 为中心距；ω_1 为剃齿刀的角速度；ω_2 为工件齿轮的角速度；v_{02}为工件齿轮的轴向进给速度。

根据空间几何关系，相对滑移速度 V 在刀刃垂直方向上的分量切削速度 V_1 为

$$\begin{aligned}V_1=&\omega_2(x-a')\sin\Sigma'\cos\beta_2+\omega_2(x-a')\cos\Sigma'\sin\beta_1\\&+v_{02}\sin\Sigma'\sin\beta_1-v_{02}\cos\Sigma'\cos\beta_2-\omega_1 x\sin\beta_1\end{aligned}\tag{6.10}$$

式中：β_1、β_2 分别为剃齿刀与工件齿轮的螺旋角。

安装误差会使啮合点位置发生变化，根据齿轮啮合原理可以求出改变后的啮合点轨迹方程 $r_e^{(2)}$ 为[9]

$$r_e^{(2)}(u_2,\theta_2;\Sigma',a'\omega_1',\omega_2')=\boldsymbol{M}_{21}r^{(1)}(u_1,\theta_1)\tag{6.11}$$

式中：$r^{(1)}$为剃齿刀在坐标系 S_1 中的齿面方程；$\boldsymbol{M}_{21}$为坐标系 S_1 到坐标系 S_2 的转换矩阵；(u,θ)为齿面的曲线参变数。根据位置改变后的齿轮啮合轨迹方程可以确定啮合点处沿刀齿方向的诱导法曲率 K 为[10]

$$K=\frac{\sin\lambda-\left[1-\dfrac{1}{r_{b1}^2+P^2}r_{b1}\sin\Sigma\Sigma'\cos\Delta_1+P\cos\Sigma'\right]}{\sqrt{x^2+y^2+z^2}}\tag{6.12}$$

其中 $\Delta_1=\tan^{-1}\left(\dfrac{x}{y}\right)-\sin^{-1}[r_{b1}(x^2+y^2)^{-\frac{1}{2}}]$

式中：r_{b1}为剃齿刀基圆半径；λ 为齿廓的转角参变数；P 为剃齿刀齿面的螺旋参数。

背吃刀量由径向进给量、啮合点压下量和轮齿的弯曲程度决定，剃齿时啮合点的背吃刀量 a_p 为

$$a_p=\Delta f_r+\delta_c+\delta_w\tag{6.13}$$

式中：Δf_r 为剃齿刀每次径向进给量，当工件齿轮总切削余量已知时，该值由径向进给次数确定；δ_c 为啮合点的压下量；δ_w 为啮合点轮齿的总弯曲量。

剃齿刀单次径向进给量 Δf_r 和啮合点的压陷量 δ_c 分别为[11]

$$\Delta f_r=\frac{\Delta}{2\sin\alpha}\tag{6.14}$$

$$\delta_c = e\left(\frac{3\pi\lambda F_{nc}}{m}\right)^{\frac{2}{3}} \tag{6.15}$$

式中：Δ 为剃齿切削余量；α 为剃齿法向压力角；e 为剃齿刀容屑槽槽距与槽宽之比；c_i 取决于两接触曲面主曲率大小及两主曲率方向之间的夹角；F_{nc} 为啮合点垂直切削刃的作用力。

斜齿轮弯曲变形计算非常复杂，将工件齿轮简化为直齿变截面悬臂梁模型，如图 6.10 所示。

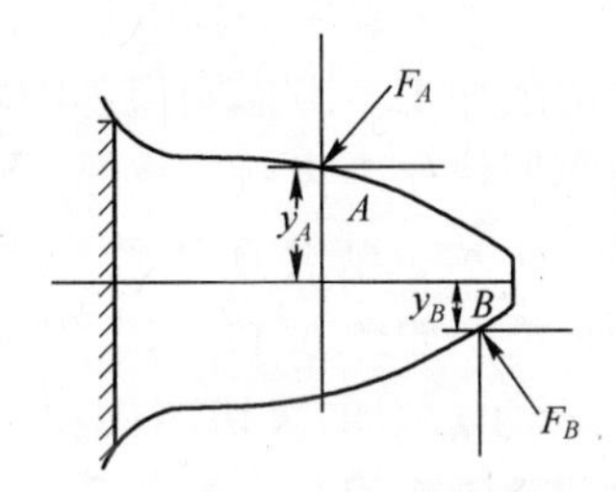

图 6.10　工件齿轮变截面悬臂梁模型

假设齿轮左右齿面的啮合点分别为 A 和 B，则啮合点 A 处的弯曲变形 δ_w[16] 为

$$\delta_w = \delta_{F_A A w} - \delta_{F_B A w} \tag{6.16}$$

式中：F_A、F_B 分别为啮合点 A、B 受到的剃齿径向力；$\delta_{F_A A w}$、$\delta_{F_B A w}$ 分别为 F_A 和 F_B 沿 y 轴方向上的分力对 A 点的弯曲变形。

由于剃齿加工是无间隙的切削加工运动，中心距误差 Δa 会直接影响剃齿过程中的背吃刀量，根据空间几何关系可以求出剃齿加工背吃刀量误差为 Δa_p：

$$\Delta a_p = \sqrt{(z\sin\Sigma' - y\cos\Sigma')^2 + (x + a')^2 \sin\Sigma'} \tag{6.17}$$

最终求得剃齿时每次径向进给的背吃刀量：

$$a_p = \frac{\Delta}{2\sin\alpha} + e\left(\frac{3\pi\lambda F_{nc}}{2\sum\limits_{i=1}^{m}\frac{K}{c_i^{3/2}}}\right)^{\frac{2}{3}} + \sum_{i=1}^{n}(\delta_{F_A A_{vi}} - \delta_{F_B A_{vi}}) + \sqrt{(z\sin\Sigma' - y\cos\Sigma')^2 + (x + a')^2 \sin\Sigma'} \tag{6.18}$$

该模型同时考虑了安装误差、相对滑移速度、诱导法曲率和背吃刀量，可以更全面地分析较多因素对剃齿加工的影响，为剃齿加工的多因素耦合研究打下基础。

6.3.2 剃齿齿形中凹误差预测模型

1. 剃齿啮合点单次切削面积

重合度、安装误差和机床运动等均是影响剃齿齿形中凹误差的重要因素，基于剃削原理可将这些因素耦合为单次切削面积，进而可以通过单次切削面积来研究多因素耦合对剃齿齿形中凹误差的影响规律。

根据剃削原理可知：剃齿是在单点啮合的同时对工件的侧表面进行刮剃加工，工件齿轮每转动一周剃齿刀在啮合点处进行一次切削加工，将这次切削加工定义为啮合点单次切削加工。考虑剃齿各啮合点之间的切削要素完全不同，基于传统正交切削模型建立剃齿啮合点单次切削模型，其中单次切削的实体模型如图 6.11（a）所示，啮合点 A 经历的开始接触—背吃刀量最大—结束接触三种接触状态模型如图 6.11（b）所示。这三种接触状态对应的剃齿刀转角分别为 φ_1、φ_2、φ_3，单次切削面积指的是在啮合点单次切削加工中工件齿廓侧表面被剃除的面积。求解啮合点的单次切削面积，需推导出啮合点处实际背吃刀量 a_p'关于诱导法曲率 K、切削速度 V_1 和剃齿刀转角 φ 的函数。

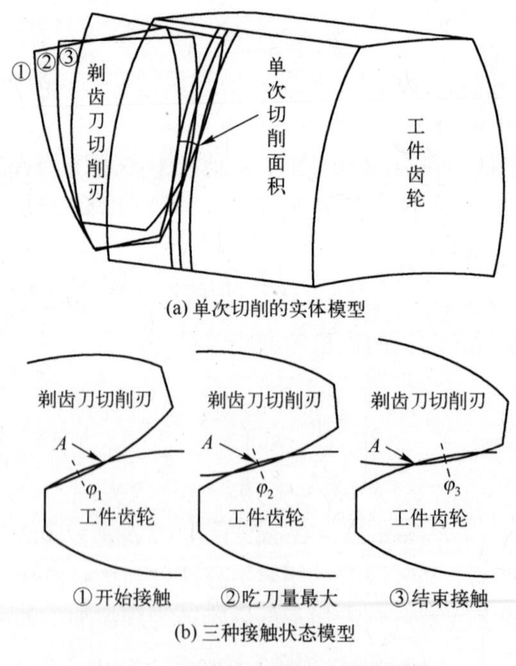

(a) 单次切削的实体模型

(b) 三种接触状态模型

图 6.11　剃齿啮合点单次切削模型

根据啮合点 A 在开始接触状态和结束接触状态的实际背吃刀量为 0，可知剃齿刀转角 φ_1、φ_2、φ_3 之间满足

$$\begin{cases} a_p(\varphi_1) - \int_{s(\varphi_1)}^{s(\varphi_2)} K(\varphi)\mathrm{d}s = 0 \\ a_p(\varphi_3) - \int_{s(\varphi_2)}^{s(\varphi_3)} K(\varphi)\mathrm{d}s = 0 \end{cases} \tag{6.19}$$

式中：$s(\varphi)$ 为切削刃上啮合点距离剃齿刀齿根的弧长。

$$s(\varphi) = \frac{r_{b1}\varphi^2\pi^2}{64800}$$

啮合点的实际背吃刀量 a'_p 与接触中心背吃刀量 a_p 之间满足

$$a'_p = \begin{cases} a_p(\varphi) - \int_{s(\varphi)}^{s(\varphi_2)} K(\varphi)\mathrm{d}s, & \varphi_1 < \varphi < \varphi_2 \\ a_p(\varphi) - \int_{s(\varphi_2)}^{s(\varphi)} K(\varphi)\mathrm{d}s, & \varphi_2 < \varphi < \varphi_3 \end{cases} \tag{6.20}$$

单次切削过程中的切削长度 l 为

$$l = \int V_1(\varphi)\mathrm{d}\varphi \tag{6.21}$$

联立式（6.20）和式（6.21）求积分，得单次切削面积 U 为

$$U = \int_{\varphi_1}^{\varphi_3} a'_p(\varphi) V_1 \mathrm{d}\varphi \tag{6.22}$$

2. 建立剃齿齿形中凹误差预测模型

剃齿加工过程中，剃齿齿形中凹误差一般通过测量工件齿轮齿廓的形状偏差值来表示。齿廓的形状偏差是指在计量范围内，包容实际齿廓迹线的两条与平均齿廓迹线完全相同的曲线间的距离，即齿廓的形状偏差由实际齿廓轨迹上的最高点和最低点决定。考虑到啮合点单次切削面积与实际齿廓轨迹的深度呈负相关，将啮合点单次切削面积的最大值和最小值作为影响齿廓形状偏差的关键因素，通过遗传算法改进 BP 神经网络（GA-BP）建立剃齿齿形中凹误差的预测模型。遗传算法改进 BP 神经网络（GA-BP）是通过遗传算法（GA）的搜索最优解功能来优化 BP 神经网络中初始神经元之间的权值和阈值的选择，其流程图如图 6.12 所示。

由于遗传算法搜索的是预测误差平方和最小的网络阈值和权值，且遗传算法只能朝适应度函数值越来越大的方向进化，因此，选择均方误差（MSE）的倒数作为适应度函数：

$$f(x) = \frac{1}{\sum(T-O)^2/N} \tag{6.23}$$

式中：$f(x)$ 为适应度函数；T 为期望输出；O 为实际输出；N 为输入样本数。

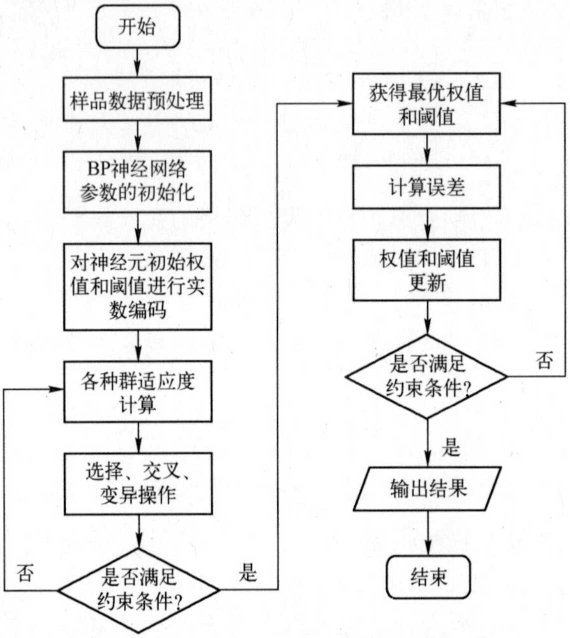

图 6.12　遗传算法改进 BP 神经网络流程图

6.3.3　讨论与分析

1. 模型验证

剃齿齿形中凹误差常发生在小模数齿轮和重合度小于 2 的剃齿加工中，根据齿轮手册[12]选取齿数为 17、模数为 4.2333、压力角为 20°、变位系数为 0.0468 的小模数工件齿轮，并基于齿轮刀具设计与选用手册[13]选取四组不同重合度的剃齿刀，如表 6.2 所示。

表 6.2　剃齿刀参数

参　数	剃齿刀编号			
	1	2	3	4
齿数	53	52	53	52
模数	4.2333			
压力角	20°			
螺旋角	15°	15°	10°	10°
变位系数	−0.3793	−0.3744	−0.3649	−0.3603
重合度	1.8294	1.7712	1.7133	1.6548

根据齿轮手册选定剃齿加工的主轴转速 n 范围为 5.33~12.47rad/s，径向进给速度 $V_{径}$ 范围为 3.3~5.8μm/s，轴向进给速度 $V_{轴}$ 范围为 0.43~1.21mm/s，根据工程实际分别选取主轴转速为 6rad/s、8rad/s、10rad/s、12rad/s，径向进给速度为 3.3μm/s、3.9μm/s、4.5μm/s、5.8μm/s，轴向进给速度为 0.5mm/s、0.6mm/s、0.85mm/s、1mm/s。假设中心距误差范围为 0.01~0.06mm，轴交角误差范围为 0.1°~0.7°，两个高速轴的同步误差范围为 0.01~0.05r/min，分别对机床的位移、角度和速度参数进行微调，并用微调参数来表示实际的安装误差。

选取表 6.2 中的四组剃齿刀参数分别在 YW423 剃齿机上试剃工件齿轮，应用万能齿轮测量仪 GM3040a 对剃后工件齿轮进行齿形齿向检测，并采用相同微调参数对应的安装误差、剃齿刀参数以及剃齿机床运动参数来计算剃削过程中的单次切削面积。

为选取合理的样本，基于单一变量原则选用 24 组参数组合，通过加工实验得到 24 组工件齿轮左右齿面齿形中凹误差实测值及其中心位置齿廓展开角，考虑左右齿面的对称性，选取其中 14 组右齿面实验测量值作为预测模型的训练数据样本，剩余 10 组右齿面实验测量值作为模型的验证数据样本。

在 MATLAB 中建立剃齿齿形中凹误差预测模型，其中输入参数为单次切削面积的最大值 U_{max}、最小值 U_{min} 和最大值对应齿廓展开角 θ_{max}，输出参数为剃齿齿形中凹误差值 E 和中凹误差中心位置齿廓展开角 θ，隐含层节点数为 10，训练步长为 10000，目标误差设置为 0.0001，学习效率为 0.01。表 6.3 为仿真预测值与实测值的对比误差，由表 6.3 可知剃齿齿形中凹误差预测值与实测值的最大误差为 9.35%、最大误差值为 2.2μm、平均误差为 6.93%，剃齿齿形中凹误差中心位置预测值与实测值的最大误差为 3.89%、最大误差值为 1.09°、平均误差为 2.19%。对比结果说明预测模型对剃齿齿形中凹误差值和剃齿齿形中凹误差中心位置具有较高的预测精度，验证了预测模型的可行性与准确性。

表 6.3 仿真预测值与实测值的误差

序号	1	2	3	4	5	6	7	8	9	10
U_{max}/μm²	2.157	2.349	2.235	2.219	1.216	1.516	1.624	1.245	0.804	0.756
U_{min}/μm²	0.745	0.846	0.694	0.679	0.397	0.541	0.467	0.347	0.216	0.214
θ_{max}/(°)	27.11	28.57	27.76	27.78	25.45	26.24	26.78	25.54	24.78	24.54
E/mm	0.0303	0.0249	0.0297	0.0315	0.0213	0.0231	0.0239	0.0227	0.0181	0.0160
E 实测值	0.0321	0.0267	0.0319	0.0330	0.0229	0.0249	0.0261	0.0246	0.0194	0.0176
误差/(%)	5.56	6.48	6.78	4.53	6.95	7.15	8.34	7.76	6.46	9.35

（续）

序号	1	2	3	4	5	6	7	8	9	10
θ/(°)	27.57	29.08	28.99	28.47	25.37	26.66	27.48	26.42	25.23	24.92
θ实测值	26.96	27.99	27.95	27.20	25.76	26.53	26.71	26.38	25.45	25.28
误差/(%)	2.26	3.89	3.72	4.67	1.51	0.49	2.88	0.15	0.86	1.42

2. 单次切削面积对剃齿齿形中凹误差的影响

为了研究单次切削面积对剃齿齿形中凹误差的影响，分别对剃齿齿形中凹误差值及其中心位置随单次切削面积的变化规律进行了分析，如图 6.13、图 6.14 所示。

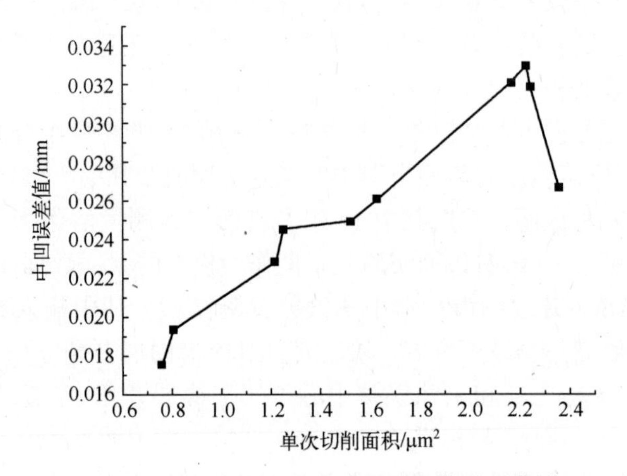

图 6.13　单次切削面积与中凹误差值关系曲线

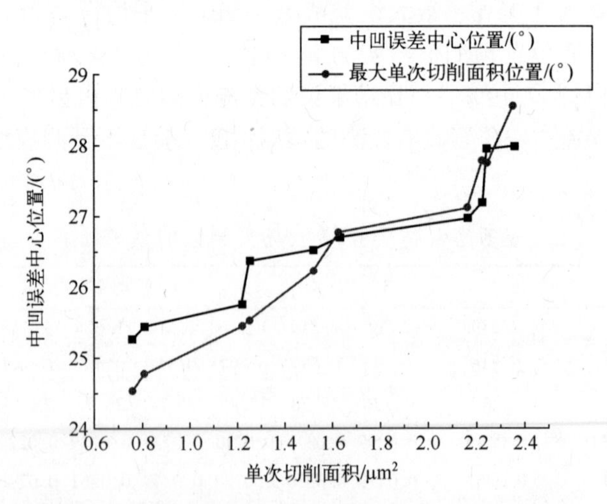

图 6.14　单次切削面积与中凹误差中心位置关系曲线

图6.13表明，工件齿轮的剃齿齿形中凹误差随着单次切削面积的增大而增大，当单次切削面积超过一定值后剃齿齿形中凹误差减少，这说明过量切削是剃齿齿形中凹误差形成的主要原因，且单次切削面积与中凹误差值关系曲线中存在极大值点，极大值点对应的剃齿齿形中凹误差值最大，因此选取剃削参数时应该避免单次切削面积极大值点的出现。剃齿加工是多刀刃的重复切削，而每次切削加工产生的剃齿齿形中凹会导致其齿形中凹位置的诱导法曲率减小，即剃齿齿形中凹位置后续的实际单次切削面积不断减小。当剃齿齿形中凹位置的单次切削面积小于其两侧时，剃齿齿形中凹误差会产生修正现象，而剃齿齿形中凹位置的初始单次切削面积越大，其后续单次切削面积的减小速度就越快，当初始单次切削面积超过一定值时就会出现齿廓偏差的修正现象。

图6.14表明：剃齿齿形中凹误差的中心位置与最大单次切削面积的位置基本重合，随着单次切削面积的增大其齿形中凹误差的中心位置逐渐向齿顶移动。其原因最大单次切削面积的位置决定了剃齿齿形中凹误差的中心位置；当啮合点径向力增加时，工件齿轮齿顶侧的弯曲变形增长速度比齿根侧的大，使得齿顶侧单次切削面积增长速度也偏大，导致齿面整体单次切削面积增大时最大单次切削面积的位置向齿顶移动。

3. 切削参数对单次切削面积的影响

为分析各切削参数对单次切削面积的影响，基于单一变量原则选取12组切削参数计算得出最大单次切削面积，如表6.4所示。

表6.4　不同切削参数的最大单次切削面积

序号	重合度	$V_{轴}$/(mm/s)	$V_{径}$/(μm/s)	n/(rad/s)	$\Delta\Sigma$/(°)	Δa/mm	$\Delta\omega_1$/(r/min)	U_{max}/μm^2
1	1.8294	1	5.8	6	0.1	0.01	0.01	2.157
2	1.7712	1	5.8	6	0.1	0.01	0.01	2.349
3	1.7133	1	5.8	6	0.1	0.01	0.01	2.235
4	1.6548	1	5.8	6	0.1	0.01	0.01	2.219
5	1.8294	1	5.8	6	0.1	0.01	0.01	1.216
6	1.8294	1	5.8	8	0.1	0.01	0.01	1.516
7	1.8294	0.5	5.8	6	0.1	0.01	0.01	1.624
8	1.8294	0.85	5.8	6	0.1	0.01	0.01	1.245
9	1.8294	1	3.3	6	0.1	0.01	0.01	0.804
10	1.8294	1	5.8	6	0.3	0.01	0.01	1.756
11	1.8294	1	5.8	6	0.1	0.03	0.01	1.534
12	1.8294	1	5.8	6	0.1	0.01	0.03	1.195

由表 6.4 可知：当剃齿啮合的重合度从 1.6548 增加到 1.7112 时，单次切削面积减小；当重合度继续增加到 1.8294 时，单次切削面积增大。这是因为重合度的增大会导致诱导法曲率的减小和切削长度的增大，当重合度大于一定值时，切削长度变化的影响要大于诱导法曲率变化的影响，即过大的重合度会导致单次切削面积增大，从而增大了剃齿齿形中凹误差。

剃齿的径向进给速度和轴向进给速度与剃齿单次切削面积成正相关，主轴转速与剃齿单次切削面积呈负相关。这是因为径向进给速度越大，啮合点的背吃刀量越大，单次切削面积也就越大；轴向进给速度越大，啮合点的切削速度越大，单次切削面积也就越大；主轴速度越大，啮合点的相对滑移速度越大，单次切削面积也就越小。

剃齿的轴交角误差、中心距误差和高速轴同步误差与剃齿单次切削面积成正相关，其中轴交角误差和中心距误差对剃齿单次切削面积的影响最明显，高速轴的同步误差对剃齿单次切削面积的影响几乎可以忽略。这是因为增加轴交角误差和中心距误差都会直接增加单次切削过程中实际的背吃刀量，导致单次切削面积快速增大。

考虑安装误差的情况下，剃齿啮合点的单次切削面积过大是导致剃齿齿形中凹误差的主要成因，实现多因素耦合的剃齿齿形中凹误差的定量预测，对剃齿齿形中凹误差的控制和剃齿刀的优化设计具有指导意义，其主要结论如下：

（1）建立考虑安装误差、相对滑移速度、诱导法曲率和背吃刀量的剃齿分析模型，基于剃削原理将剃齿加工过程中的多源因素耦合为啮合点单次切削面积，为剃齿加工多因素耦合分析提供了一种新方法。

（2）通过遗传算法改进 BP 神经网络（GA-BP）建立了剃齿齿形中凹误差预测模型，对比预测结果与实验测试结果可知，剃齿齿形中凹误差预测值和其齿形中凹误差中心位置预测值的平均误差分别为 6.93% 和 2.19%，验证了所建立预测模型的可行性和准确性。

（3）切削参数对剃齿单次切削面积有直接的影响，可以通过增大重合度、主轴转速以及减小径向进给速度、轴向进给速度、轴交角误差和中心距误差等方式减小剃齿的单次切削面积，达到控制剃齿齿形中凹误差的目的。

（4）定量分析剃齿齿形中凹误差的变化规律，发现单次切削面积过大是引起剃齿齿形中凹误差形成的主要原因，剃齿齿形中凹误差与单次切削面积成正相关，剃齿齿形中凹误差的中心位置会随着单次切削面积的增大向工件齿轮齿顶移动。

6.4　基于剃齿啮合传动特性的剃齿刀优化设计

6.4.1　剃齿刀设计

剃齿刀的设计遵从齿轮啮合原理，即根据交错轴螺旋圆柱齿轮啮合的基本条件及啮合几何学，由工件齿轮及其共轭齿轮参数逆推出剃齿刀的几何结构参数，其设计流程如图 6.15 所示。

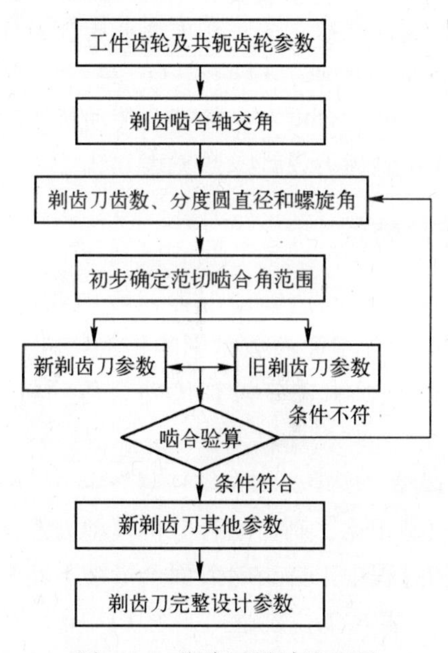

图 6.15　剃齿刀设计流程图

除特殊用途材料外，在一般生产实践中，剃齿刀与工件齿轮的材料差别不大，因此，此处针对一般剃齿加工，不考虑材料性能对剃齿传动特性的影响。剃齿刀与工件齿轮不同几何参数会引起重合度的改变，直接影响整个剃齿过程的啮合状态，其剃齿啮合传动特性会发生不同程度的变化，最终影响剃削效果。根据啮合原理，重合度有设计（最大）重合度及实际重合度之分，其中设计重合度计算公式[14]如式（6.24）所示，而实际重合度因误差及载荷的不同而变化，一般小于设计重合度，需根据实际工况计算求知。

$$\varepsilon=\frac{1}{2\pi}\left[z_1(\tan\alpha'_{t1}-\tan\alpha_{\alpha t1})+z_2(\tan\alpha'_{t2}-\tan\alpha_{\alpha t2})\right] \tag{6.24}$$

式中：z_1、z_2 为剃齿刀和工件齿轮齿数；α'_{t1}、α'_{t2}表示剃齿刀和工件齿轮的端面啮合角；$\alpha_{\alpha t1}$、$\alpha_{\alpha t2}$为剃齿刀和工件齿轮的齿顶圆端面压力角。

选用工件齿轮参数如表 6.5 所示。

表 6.5 工件齿轮参数

参　数	数值及详情	参　数	数值及详情
齿数	17	螺旋角/(°)	
模数	4.2333	变位系数	0.0468
压力角/(°)	20	材料	20GrMnTi

计算相应的剃齿刀设计参数，满足剃齿刀通用性验算及刃磨条件后，会有若干组剃齿刀参数满足加工要求，根据式（6.24）计算剃齿刀和工件齿轮的设计重合度。为了考察不同重合度对剃齿啮合传动特性的影响，针对表 6.5 参数的工件齿轮，选取 4 组剃齿刀设计参数见表 6.2。

6.4.2 剃齿啮合传动特性

剃齿啮合传动特性主要包括传递误差、传动效率、传递能力、传动比等[19]。在一般传动中，啮合相关参数是影响传动特性最主要的因素，故通过考察重合度对剃齿啮合的影响来分析剃齿啮合传动特性与齿面成形误差的关系。

1. 剃齿啮合分析模型

与普通齿轮传动模型相比，剃齿啮合分析模型需考虑剃齿刀齿面容屑槽及切削刃的存在，且剃齿过程中工件齿轮表面余量被不断剃削，使得工件齿轮齿面发生变化。由表 6.4、表 6.2 参数建立如图 1.7 所示模型，并构建相应坐标系，其中(o_p, x_p, y_p, z_p)表示与工件齿轮固连的固定坐标系。图 1.7 中 Σ 为无侧隙啮合时的轴交角；φ_1、φ_2 为剃齿刀和工件齿轮绕 z_1、z_2 轴的转角，假设以剃齿刀齿顶啮入瞬间作为起始角度。剃齿刀齿面和理论接触迹线 AF 如图 6.16 所示，剃齿刀齿面容屑槽（阴影部分）和螺旋渐开面沿螺旋线方向交替分布，啮合过程中齿面间接触是不连续的，可知剃削是切削和挤压交替的过程。选取Ⅱ型容屑槽，剃齿啮合接触为点接触，在理想数学模型上容屑槽本身并不参与啮合，故在 BC 上的实际接触点为 B 点或 C 点，相当于形成一个接触支点，剃削力在此接触段陡然增大，金属间产生相对滑移 v（见图 6.16 中速度分量 v_t 和 v_α），剃齿刀的切削刃产生剃削。

显然，根据齿轮啮合原理的啮合方程和剃齿刀齿面方程推导出的接触迹线方程，并不满足剃齿啮合分析模型，其接触迹线方程变为

$$
\begin{cases}
x_{l1}=r_{b1}\cos\left[\theta_1-\dfrac{r_{b1}^2(c_1-\theta_1)}{p_1^2}\right]+r_{b1}\theta_1\sin\left[\theta_1-\dfrac{r_{b1}^2(c_1-\theta_1)}{p_1^2}\right]\\
y_{l1}=-r_{b1}\sin\left[\theta_1-\dfrac{r_{b1}^2(c_1-\theta_1)}{p_1^2}\right]+r_{b1}\theta_1\cos\left[\theta_1-\dfrac{r_{b1}^2(c_1-\theta_1)}{p_1^2}\right]\\
z_{l1}=\dfrac{r_{b1}^2(c_1-\theta_1)}{p_1^2}\\
\lambda_1\in\left[0,\dfrac{B\cos\beta}{r_{b1}\cot\beta_{b1}}\right]\cap\left[\dfrac{(B+nt-b)\cos\beta}{r_{b1}\cot\beta_{b1}},\dfrac{(B+nL)\cos\beta}{r_{b1}\cot\beta_{b1}}\right]\\
n\in N
\end{cases}
\tag{6.25}
$$

式中：r_{b1}为剃齿刀基圆半径；θ_1 为剃齿刀端面渐开线接触点展角；p_1 为螺旋参数；λ_1 为剃齿刀螺旋转角参数；β 为剃齿刀分度圆螺旋角；β_{b1}为剃齿刀的基圆螺旋角；B、t、b 为剃齿刀容屑槽结构参数，如图 6.17 所示；c_1 为常数值，且

$$
c_1=\frac{i_{21}\cot(-\theta_1+\lambda_1+\varphi_1)(r_{b1}^2+ap_1\cot\Sigma)}{i_{21}r_{b1}^2}+\frac{r_{b1}\csc(-\theta_1+\lambda_1+\varphi_1)(ai_{21}+i_{21}p_1\cot\Sigma+p_1\csc\Sigma)}{i_{21}r_{b1}^2}
\tag{6.26}
$$

式中：i_{21}为剃齿刀与工件齿轮间的传动比；a 为中心距。

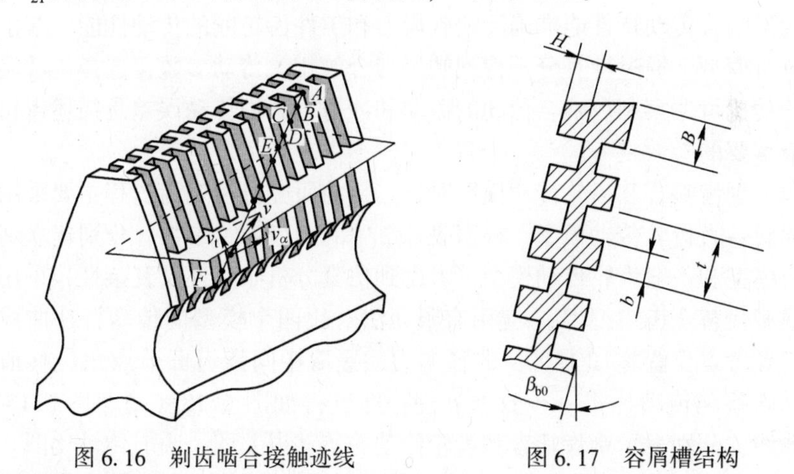

图 6.16　剃齿啮合接触迹线　　　　图 6.17　容屑槽结构

在径向进给作用下，剃齿刀与工件齿轮两齿面在数学模型上产生干涉，剃齿刀切削刃剃除工件齿轮表面余量，故齿轮齿厚不断减小，啮合状态不断变化。

假设剃齿刀与工件齿轮之间为理想剃削行为，即剃削均匀，且剃削瞬间无

弹性避让，则工件齿轮齿面在坐标系 $o_2-x_2y_2z_2$ 的参数方程为

$$\begin{cases}x_2=\{r_{b1}[\cos(u_1+\lambda_1+\varphi_1)+u_1\sin(u_1+\lambda_1+\varphi_1)]+a'\}\cos(i_{21}\varphi_1+i''l_2)+\\ \quad\{r_{b1}[\sin(u_1+\lambda_1+\varphi_1)-u_1\cos(u_1+\lambda_1+\varphi_1)]\cos\Sigma-p_1\lambda_1\sin\Sigma\}\sin(i_{21}\varphi_1+i''l_2)\\ y_2=-\{r_{b1}[\cos(u_1+\lambda_1+\varphi_1)+u_1\sin(u_1+\lambda_1+\varphi_1)]+a'\}\sin(i_{21}\varphi_1+i''l_2)+\\ \quad\{r_{b1}[\sin(u_1+\lambda_1+\varphi_1)-u_1\cos(u_1+\lambda_1+\varphi_1)]\cos\Sigma-p_1\lambda_1\sin\Sigma\}\cos(i_{21}\varphi_1+i''l_2)\\ z_2=r_{b1}\sin(u_1+\lambda_1+\varphi_1)\sin\Sigma+p_1c_0\cos\Sigma+\dfrac{r_{b1}^2i''u_1}{i_{21}}-l_2\end{cases}\tag{6.27}$$

式中：u_1 为参变数，$u_1=\tan\alpha_{nk1}$，α_{nk1} 为剃齿刀渐开线任意点的法向压力角；a'为主轴旋转一周径向进给一次之后的中心距，$a'=a-f_rN/n$，f_r 为径向进给速度，n 为工件齿轮转速；i''为工件齿轮角速度 ω_2 和轴向进给速度 v_{02}的传动比；l_2 为工件齿轮坐标系 $O_2-x_2y_2z_2$ 与绝对坐标系 $O-xyz$ 原点间的距离；常数 c_0 为

$$c_0=\frac{ai_{21}[p\cos(u_1+\lambda_1+\varphi_1)\cos\Sigma+r_{b1}\sin\Sigma]}{i_{21}p^2\sin\Sigma\sin(u_1+\lambda_1+\varphi_1)}-\frac{(1-i_{21}\cos\Sigma)r_{b1}}{i_{21}p\sin\Sigma\sin(u_1+\lambda_1+\varphi_1)}+\frac{r_{b1}^2}{p^2}\cot(u_1+\lambda_1+\varphi_1)\tag{6.28}$$

2. 剃齿啮合传动特性分析

剃齿啮合传动特性能准确反映剃齿刀和工件齿轮间的传动性能，基于剃齿啮合分析模型，通过计算分析得到剃齿啮合的相关传动参数，选择传动误差及瞬时传动比可考察剃齿啮合传动的振动和冲击，其中传动误差是描述齿轮传动性能最重要的参数之一。

(1) 剃齿啮合和齿轮传动模型对比。目前研究分析剃齿过程主要采用简化的普通斜—直齿轮传动模型。根据表 6.2 中的剃齿刀 1 参数，分别建立剃齿啮合分析模型和一般齿轮传动模型。考虑到仿真分析收敛性及复杂性，采用五齿局部模型代替全齿模型[15]。应用有限元法对比两个模型的传动特性曲线，在剃齿刀参考点位置施加 1200N 的径向力，提取中间齿齿面节点角位移值，结合传动误差和传动比进一步数据处理，即可得如图 6.18 (a)、图 6.18 (b) 所示曲线，分别表示剃齿啮合和齿轮传动的传动误差图、瞬时传动比图。

如图 6.18 所示，剃齿啮合传动误差相比于普通齿轮传动误差波动幅值更小，收敛更快，瞬时传动比曲线也和传动误差曲线呈现相同规律，表明剃齿啮合时传动更加平稳。原因如下：剃齿加工需要对工件齿轮进行余量剃削，故其中心距一般比共轭齿轮啮合小，且齿面余量的存在会有一定程度的干涉，故简化的斜-直齿轮传动模型会导致传动更加不平稳。

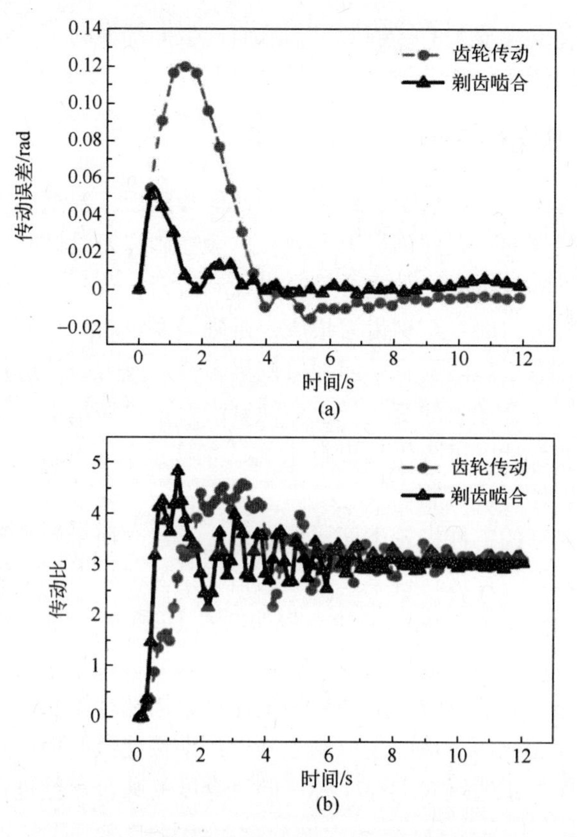

图6.18　齿轮传动和剃齿啮合传动特性比较

（2）齿轮传动和剃齿啮合传动特性比较。为研究重合度对于剃齿啮合传动特性的影响，在分析过程中需尽量保持除重合度外的其他参数一致，对比重合度作为单一因素对剃齿啮合传动的影响。

单一因素重合度的改变并不能较大程度地改变传动误差的幅值，只能改变传动误差的周期变化趋势；不同重合度通过改变剃齿过程的啮合状态，使得工件齿轮齿面接触变形发生较大变化，从而影响剃齿传动。即不同重合度的剃齿啮合状态引起的接触变形才是影响剃齿啮合传动特性的主要因素。

在剃齿啮合初期，有较大的啮合冲击及模型误差存在，接触变形会导致工件齿轮的角速度有一定程度的迟滞，使得传动误差明显向负值方向偏移。趋于稳定之后的传动误差曲线及瞬时传动比曲线大致呈现正弦变化，且随着重合度不断的增大，其对应收敛后的误差幅值逐渐减小，波动周期增大，表明剃齿啮合传动误差变化越来越小，剃齿加工状态平稳。若此时重合度继续增大，则传动误差波动幅值增大，可能的原因是：当重合度增大到一定程度后，伴随着局部受力增大，会出现较大的接触变形，从而产生局部振动，导致啮合更加不平稳，最终在传动误差曲线上表现为局部振荡。

6.4.3 剃齿刀优化设计

传统剃齿刀设计中，选定工件齿轮的几何参数后，根据剃齿刀设计原理得出满足通用性验算的一系列剃齿刀参数。一般在剃齿刀设计时，依靠工程经验单一地通过减小啮合角或增大重合度来设计剃齿刀，若剃齿刀试剃结果满足要求，则继续剃削、刃磨直至剃齿刀报废，否则需要重新设计剃齿刀。此外，即使剃齿刀一开始满足剃削要求，但随着剃齿刀修形或刃磨的进行，剃削条件的改变伴随着刀齿啮合参数的变化，也会使剃齿刀不再满足加工条件。可见传统模式下的剃齿刀设计，过分依赖设计人员的生产经验，效率低下，缺乏高效、合理的剃齿刀设计评价机制。

为了获取更高的工件齿轮齿面成形质量，需建立衡量剃齿刀性能优劣的有效判据，对剃齿刀设计进行科学、合理的指导是保证剃齿环节工作效率及产品质量的重要步骤。剃齿刀优化设计流程如图 6.19 所示，即对满足通用性验算的若干组剃齿刀设计参数进行剃齿啮合传动特性分析，主要考察传动误差曲线和传动比曲线稳定后的幅值及周期，幅值越小、周期越大，表明剃齿啮合过程振动小、周期性变化慢。从中选取剃齿啮合传动性能最好的一组数据作为剃齿刀设计参数。例如，通过对上述 4 种不同重合度的啮合参数进行剃齿啮合传动

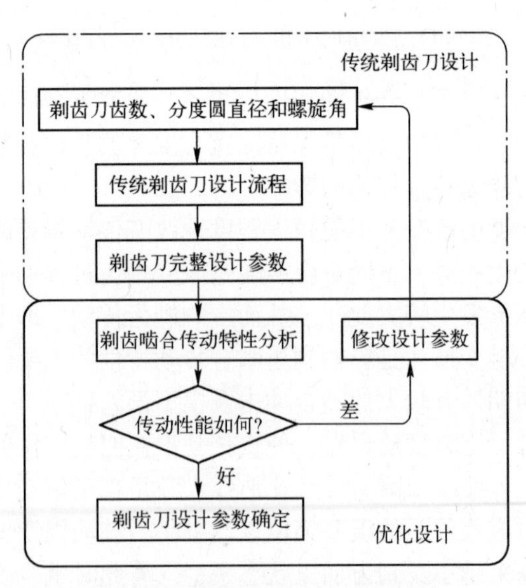

图 6.19 剃齿刀优化设计流程图

特性分析，可知表 6.2 中剃齿刀 2 为传动性能最好的剃齿刀，故选取该组参数作为该剃齿刀优化设计参数。

若传动性能明显不满足加工要求，则需要重新修改剃齿刀设计参数，如齿数、齿轮端面有效啮合线超越量、节圆法向啮合角等。修改剃齿刀分度圆螺旋角

$$\beta_1=\beta_2-\Sigma_0 \tag{6.29}$$

式中：β_2 为工件齿轮分度圆螺旋角；Σ_0 为初定的剃齿刀和工件齿轮轴交角，$\Sigma_0=10°\sim15°$。修改齿数 z_1 需满足公式

$$z_1 \leqslant \frac{\cos\beta_1 d_{1\max}}{m_n} \tag{6.30}$$

式中：$d_{1\max}$ 为剃齿刀最大公称分度圆直径；m_n 为法向模数。且剃齿刀和工件齿轮的齿数应为互质。修改新刀节圆法向啮合角 α'_{wn}

$$\alpha'_{wn}=\alpha_n-\Delta\alpha_n \tag{6.31}$$

式中：α_n 为工件齿轮法向压力角；$\Delta\alpha_n$ 随着法向模数 m_n 不同而不同。减小剃削时齿轮端面有效啮合线超越量

$$\Delta l=\rho_{l2}-\left(\frac{\sqrt{r_1'2+r_{b1}^2}}{\cos\beta_{b1}}+\frac{\sqrt{r_2'^2+r_{b2}^2}}{\cos\beta_{b2}}-\frac{\rho_{\alpha2}}{\cos\beta_{b1}}\right)\cos\beta_{b2} \tag{6.32}$$

式中：ρ_{l2} 表示工件齿轮啮合极点处的齿形曲率半径；$\rho_{\alpha2}$ 表示工件齿轮齿顶圆曲率半径；r_1'、r_{b1} 和 r_2'、r_{b2} 分别表示剃齿刀与工件齿轮的节圆半径和基圆半径；β_{b1}、β_{b2} 分别表示剃齿刀和工件齿轮的基圆螺旋角。由通用性验算可知，需要满足 $\Delta l \geqslant 0.2$mm。

6.4.4　实验验证与分析

为了验证剃齿刀优化设计原则的正确性，选取上述 4 种不同参数的剃齿分别在 YW4232 剃齿机上试剃工件齿轮，同时保持进给速度、主轴转速等工参数一致。应用万能齿轮测量仪 GM3040a 对剃后工件齿轮进行齿形齿向检测，选取各齿轮其中 3 个轮齿的左齿面齿形图，如图 6.20 所示。

由图 6.20（a）、图 6.20（c）、图 6.20（d）可知：一般重合度越大，啮合越稳定，剃齿齿形偏差就越小，这也符合工程实际应用中剃齿刀设计的经验。

图 6.20（b）剃齿刀 2 的试剃结果较其余剃齿刀剃削数据更为理想，其重合度（1.7712）却比剃齿刀 1 重合度（1.8294）要小。原因在于：随着重合度增大，有效啮合线上双啮合区变大，使得啮合接触位置受力更加平衡，剃齿过程传动更加稳定，齿面成形质量提高。当重合度增大到一定程度后，其局部

接触位置受力会随着重合度的增大而增大，导致剃齿啮合不平稳，从而在工件齿面上表现为更大的剃齿齿形中凹误差。此外，重合度过大会导致剃齿啮合初始阶段的传动误差及瞬时传动比波动幅值过大，剃齿刀与工件齿轮间振动剧烈，最终在工件齿轮齿面上表现为不可修复的齿面误差。

①：K线　②：理论齿形　③：试验齿形

参数	齿轮编号			平均值
	10	6	1	
总偏差/mm	0.0341	0.0309	0.0312	0.0321
形状偏差/mm	0.0426	0.0368	0.0347	0.0380

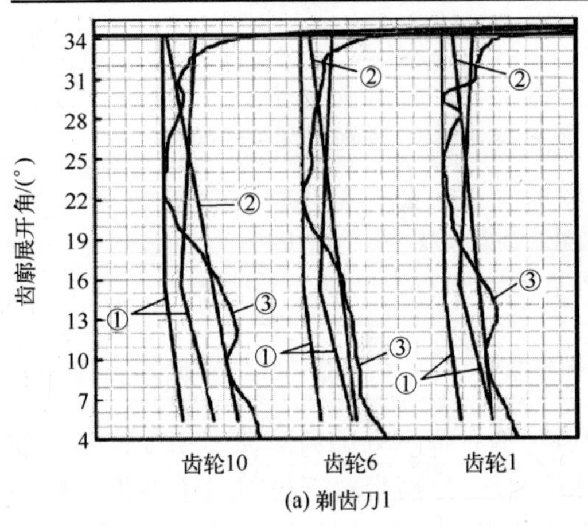

(a) 剃齿刀1

参数	齿轮编号			平均值
	10	6	1	
总偏差/mm	0.0267	0.0199	0.0274	0.0247
形状偏差/mm	0.0248	0.0266	0.0305	0.0273

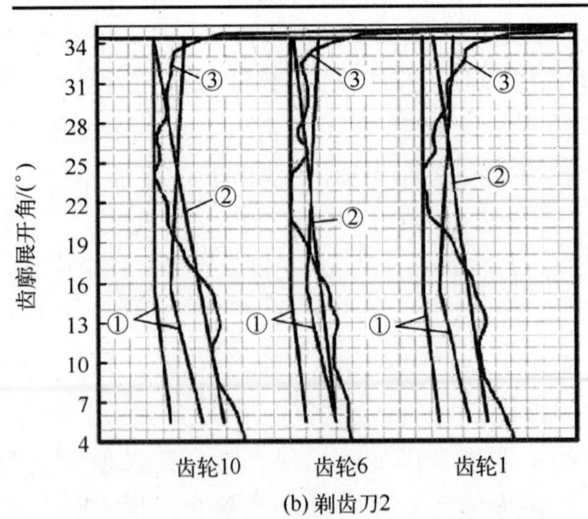

(b) 剃齿刀2

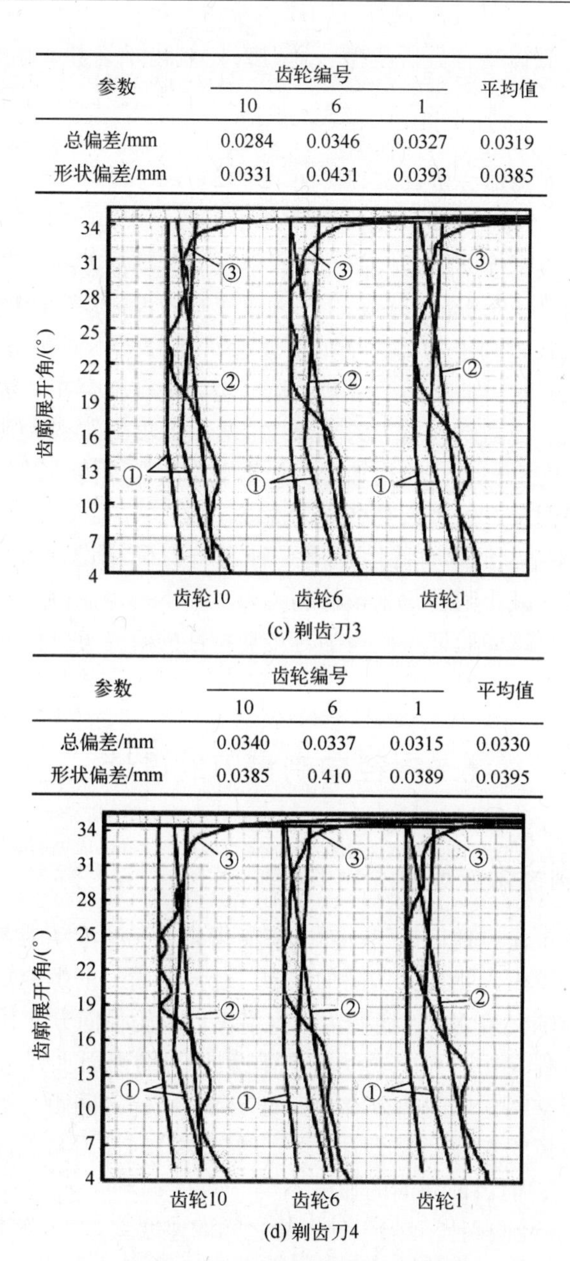

参数	齿轮编号			平均值
	10	6	1	
总偏差/mm	0.0284	0.0346	0.0327	0.0319
形状偏差/mm	0.0331	0.0431	0.0393	0.0385

(c) 剃齿刀3

参数	齿轮编号			平均值
	10	6	1	
总偏差/mm	0.0340	0.0337	0.0315	0.0330
形状偏差/mm	0.0385	0.410	0.0389	0.0395

(d) 剃齿刀4

图 6.20　四组剃齿刀的齿形试验图

针对剃齿齿形中凹误差问题，建立了剃齿啮合分析模型，提出了一种剃齿刀优化设计方法，研究了剃齿啮合传动特性及其对剃齿齿形中凹误差的影响，其主要结论如下：

（1）构建了剃齿啮合分析模型，通过对比剃齿啮合模型和齿轮传动模型的传动特性可知：在分析剃齿加工过程中，剃齿模型若简化为普通斜—直齿轮传动模型，所得结果偏差较大。考虑剃齿刀齿面容屑槽和切削刃及工件齿轮余量去除，能更加准确地分析真实剃齿加工过程。

（2）通过施加刚体约束的剃齿啮合传动特性分析可知：重合度本身并不能在较大程度上改变传动误差幅值，而只能改变传动误差的周期变化势。不同重合度的剃齿啮合状态引起的接触变形才是影响剃齿传动性能的主要因素。

（3）考虑剃齿过程中的接触变形，通过对比分析不同重合度的剃齿啮合传动误差曲线和瞬时传动比曲线可知：适当增大重合度会在一定程度上改善剃齿啮合传动性能，提高剃齿加工的平稳性。若重合度继续变大则会导致工件齿轮齿面局部接触变形过大，使得啮合更加不平稳而导致传动误差增加。故合理的重合度才能得到最好的剃齿啮合传动性能。

（4）基于剃齿啮合传动特性提出一种剃齿刀优化设计方法，对比可知：通过增大重合度或减小啮合角来设计剃齿刀，并不一定能得到剃削效果最佳的剃齿刀设计参数。试验验证了剃齿啮合传动特性的研究可以作为剃齿刀优化设计的有效判据。

6.5　径向剃齿刀的设计

6.5.1　径向剃齿工作原理

径向剃齿的工作原理近似于一对外螺旋齿轮作无隙滚动啮合运动。径向剃齿刀的外形与齿轮极为相近，切削加工中，径向剃齿刀的螺旋角与工件齿轮的螺旋角形成一个轴交角 Σ，径向剃齿刀仅沿工件齿轮径向方向作进给运动，具有较小的进给行程，如图 6.21 所示。径向剃齿刀的齿面上开有许多小槽，形成切削刃和容屑空间，切削凸刃沿着齿向方向、按一定间距呈螺旋线排列。径向剃齿刀与工件齿轮作螺旋滚动啮合运动时，剃径向齿刀与工件齿轮在齿面法向的速度 $v_{1n}=v_{2n}$，但齿面切向的速度不等，即有 $v_w=v_{2t}-v_{1t}$（v_{1t}可视为剃齿加工的切削速度），径向剃齿刀与工件齿轮之间的速度差 v_w 以及径向剃齿刀齿面上切削刃的存在，使得工件齿轮的齿面被加工出来，如图 6.22 所示。径向剃齿时，径向剃齿刀和工件齿轮是由点接触开始，然后在径向进给运动形成的切削力的作用下逐步变为线接触，最终变为面接触；工件齿轮在齿面上（从齿顶到齿根）留下一系列的接触斑点痕迹，此切削痕迹是应用其他切削方法无法达到的。它有利于提高啮合精度，避免产生啮合冲击，可减少噪声。

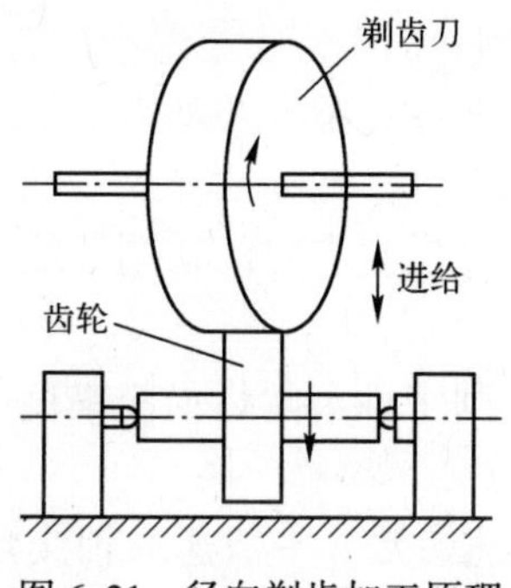

图 6.21　径向剃齿加工原理

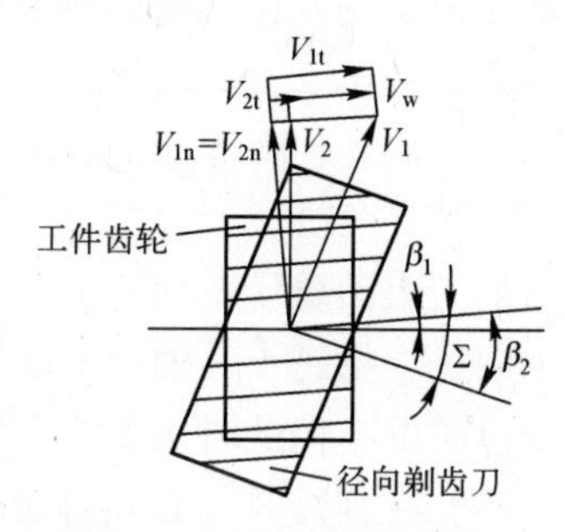

图 6.22　径向剃齿运动简图

6.5.2　径向剃齿刀齿数 Z 的计算

剃齿过程中，径向剃齿刀的齿数是一个极为重要的参数。齿数选取范围要与工件齿轮的齿数、模数相适应，否则在加工过程中会不协调，引起径向剃齿刀局部早期磨损或工件齿轮齿面精度不高等。因此，径向剃齿刀设计时，应根据工件齿轮的技术参数，首先选取合适的剃齿刀齿数范围。

径向剃齿刀齿数选择的基本原则：

（1）径向剃齿刀的齿数与工件齿轮齿数互为质数关系。

（2）结合工件齿轮的质量特性，剃齿刀齿数的选取计算公式为

$$Z_{刀}=\frac{D_{刀}}{M_{n}} \tag{6.33}$$

式中：$D_{刀}$为剃齿刀分度圆直径（通常 $D_{刀}=200\sim250\text{mm}$）；$M_n$ 为齿轮法向模数。

径向剃齿刀齿数的选取范围为

$$Z_{刀\min}\sim Z_{刀\max}=\frac{200}{M_n}\sim\frac{250}{M_n}$$

6.5.3　径向剃齿轴交角 Σ 的选取

径向剃齿刀与工件齿轮的轴交角 Σ 是直接影响径向剃齿刀切削性能及工件齿轮齿形精度的主要因素之一，尤其对加工表面质量（如齿面粗糙度）有极大的影响。径向剃齿刀和工件齿轮在切削过程中形成的螺旋齿轮啮合在理论上是点接触，因为制造误差和弹性变形等原因实际上为面接触，再加上径向剃齿机床没有轴向进给机构，因此，径向剃齿时径向剃齿刀与工件齿轮的轴交角 Σ 变得更为重要，直接影响切削进给量、工件齿轮上的切削痕迹及齿面粗糙度。因此，径向剃齿时必须保证轴交角 Σ 在适当的范围内。

分析轴交角 Σ 对切削效果的影响关系可知：

(1) 增大轴交角 Σ 可增加齿面相对滑动速度；增大切削力；使接触区宽度减小，易发生振动，降低加工表面质量。

(2) 减小轴交角 Σ 可增大接触区宽度，降低剃齿刀的切削性能，增大切削力，提高加工表面质量及加工精度。

(3) 轴向进给量越小，轴交角 Σ 越大，则工件齿轮齿面粗糙度越小，加工表面质量也越好，但此时切削效率低。

综上所述，在剃齿时，必须合理选择上述参数。一般选取轴交角 Σ 范围为 10°~20°，常用 15°。对于带有台肩的齿轮，为防止产生干涉可减小轴交角，一般选用轴交角 Σ 为 5°。

6.5.4 径向剃齿刀切削槽设计

径向剃齿时，径向剃齿刀和工件齿轮的轴向位置固定不动，剃齿对滚时，径向剃齿刀切削刃在工件齿轮齿面上的相对运动轨迹固定不变，由于径向剃齿刀切削刃不是连续的，因此若像普通剃齿刀那样各齿的切削刃都在同一个端内，则齿轮齿面将会像瓦楞一样，因此，径向剃齿刀各齿切削刃的轴向位置必须错开。这种切削槽排列方式一般称为错槽，即径向剃齿刀各齿之间切削刃呈螺旋排列。径向剃齿刀切削槽的排列是根据轴交角、齿轮齿数和径向剃齿刀齿数等专门设计的。

剃齿过程中应使加工余量一片接一片无间隙地切去，并使径向剃齿刀齿面对工件齿轮齿面的相对滑动方向与切削刃对工件齿轮齿面的接触过程相一致(相当于顺剃)。剃齿时，剃削厚度是变化的。逆剃时切削厚度由零变到最大。由于刀刃不是绝对锋锐的，有一个半径为 r_n 的圆弧，当切削厚度小于圆弧半径 r_n 时，刀刃不切削，因此，逆剃开始时剃齿刀只是打滑，挤压到一定厚度才开始切削，从而使径向剃齿刀磨损大，齿面冷硬大，加工粗糙度大。顺剃时，切削厚度是由最大减小到零，因此无打滑现象，剃齿刀磨损小，齿面冷硬小，加工表面粗糙度也小。

为了方便叙述，取工件齿轮齿数 $z_1 = 5$，径向剃齿刀齿数 $z_2 = 14$，径向剃齿刀齿数分两组。设槽距为 T，切削槽错位量为 t，且 $0.5z_2t = T$。图 6.23 所示，假定开始时，工件齿轮的第 1 个齿与径向剃齿刀第 1 齿啮合，当工件齿轮转过一圈后与工件齿轮齿面 1 啮合的是剃齿刀刀齿 6，剃削过程中，工件齿轮的齿 1 依次被径向剃齿刀刀齿 1—6—11—2—7—12—3—8—13—4—9—14—5—10 切削，这样径向剃齿刀的所有刀齿上切削刃的位置就固定了。如果从工件齿轮的齿 1 开始数，工件齿轮转到第 n 圈时，工件齿轮的齿 1 与径向剃齿刀

的第 z_2' 齿接触，则有

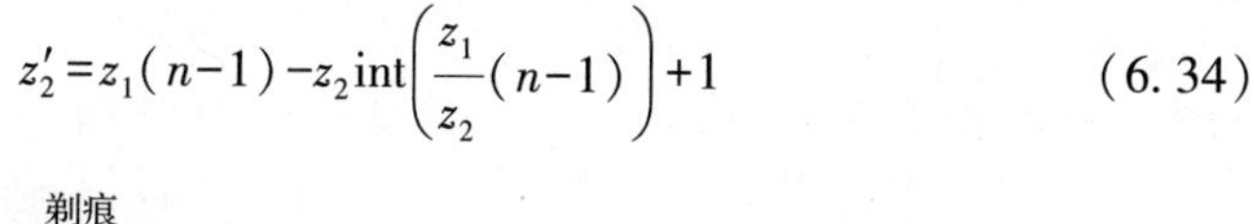

$$z_2' = z_1(n-1) - z_2 \mathrm{int}\left(\frac{z_1}{z_2}(n-1)\right) + 1 \tag{6.34}$$

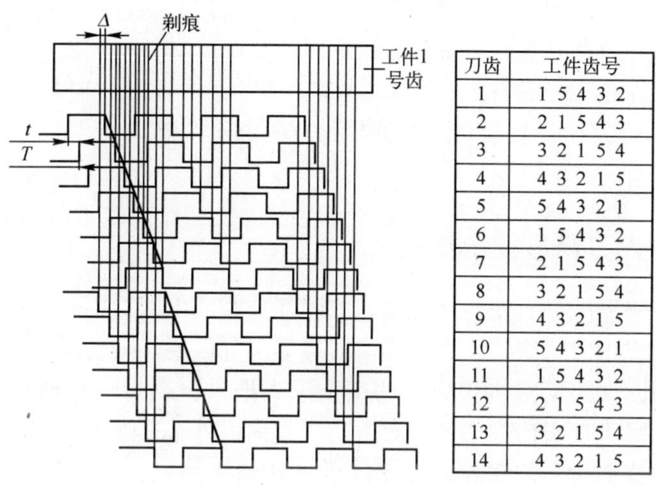

刀齿	工件齿号
1	1 5 4 3 2
2	2 1 5 4 3
3	3 2 1 5 4
4	4 3 2 1 5
5	5 4 3 2 1
6	1 5 4 3 2
7	2 1 5 4 3
8	3 2 1 5 4
9	4 3 2 1 5
10	5 4 3 2 1
11	1 5 4 3 2
12	2 1 5 4 3
13	3 2 1 5 4
14	4 3 2 1 5

图 6.23　径向剃齿切削槽排列

径向剃齿刀圆柱面上由相等间隔的剃齿刀齿 1—2—3—4—5—6—7 及 8—9—10—11—12—13—14 齿面切削刃的错位量形成螺旋线。此螺旋线的旋向非常关键，要得到顺剃的效果，应使螺旋排列的切削槽的螺旋线方向以及轴交角 Σ 的方向按下列方法互相配合。

从径向剃齿刀向工件齿轮看，若径向剃齿刀轴线对工件齿轮轴线为顺时针方向倾斜，则切削槽应按左旋螺旋线排列；反之，径向剃齿刀轴线对工件齿轮轴线为逆时针方向倾斜，那么切削槽应按右旋螺旋线排列。当然，实际情况中工件齿轮和径向剃齿刀的齿数都不会这么少，一般情况下将径向剃齿刀的齿数分成几组，每组内相应刀齿上切削槽错位量为 t，组与组之间有一定的错位间隙 Δ。

图 6.23 所示，组与组之间有一定的错位量之后，在工件齿轮齿面上所产生的剃痕分布更加均匀。因此，在保证径向剃齿刀齿数与工件齿轮齿数互质的前提下，径向剃齿刀的齿数最好为组数的整数倍。例如，$z_1 = 33$，$z_2 = 76$，$T = 2$，径向剃齿刀齿数可分为四组，每组为 19 个齿，$t = T/19$，相当于一把剃齿刀有四个头的螺旋线切削刃。显然，采用径向剃齿刀只要转普通剃齿刀的 1/4 圈就能切出全齿面了。不言而喻，径向剃齿刀不仅加工效率高，而且其加工质量和剃齿刀具寿命都会有明显的提高。

随着现代制造技术的不断发展，已先后研制开发了径向切入型等高刚性CNC剃齿机和高硬度的剃齿刀具。结合径向剃齿的特点，根据工件齿轮齿数和剃齿刀齿数所确定的啮合顺序来确定容屑槽的错位方式，使剃痕更加细密和均匀，从而克服剃痕显露的问题。合理选择轴交角及剃齿刀的齿数，既可以提高加工效率和刀具寿命、改善齿面粗糙度，又可以降低生产成本。

6.6 剃齿刀修形技术

6.6.1 剃齿刀修形技术概述

剃齿刀修形就是有意识地将剃刀节圆部分修成中凹，用来补偿剃齿时工件齿轮齿形形成中凹的缺陷，因此剃齿刀修形十分重要。随着国内外众多学者对剃齿齿形中凹误差形成机理研究的逐步深入推进，剃齿刀修形技术作为最直接、经济的减小剃齿齿形中凹误差方法，是国内外企业普遍使用的方法之一。

剃齿刀修磨一般都是在国产 Y7125 磨齿机上进行的，然后利用修形样板对砂轮进行修整，使之磨出的剃齿刀齿面形成中凹。当然修形样板数据的确定目前还不能用理论分析和计算的方法来解决，都是采用试剃的方法，通过测量出齿轮的齿形偏差，再根据齿形偏差的形状和大小与制定的齿形修正曲线进行对照，经过多次反复修磨，最终才确定比较合适的剃齿刀的齿形修正曲线[16]。

目前，齿轮生产企业常用的剃齿刀修形方法主要有以下几种方法：

1. 靠模板修形法

在大平面磨齿机上利用靠模板将剃齿刀齿形修磨成中凹状，再用磨好的剃齿刀加工出中凹齿形的工件齿轮。这样，经过多次剃齿刀修磨，加工出的工件齿轮齿形将会大大改善。但此方法费时费力，须用专门的磨齿机和专业的技术工人，剃齿刀修磨 1 次需 6~8h。靠模板修形法具体步骤可以概括为：

（1）剃齿刀齿形曲线未经修正之前，首先按正确渐开线磨制剃齿刀齿形。

（2）用该剃齿刀试剃工件齿轮。

（3）测量出工件齿轮的齿形曲线。

（4）建立剃齿刀和工件齿轮两者齿形接触点的对应关系，绘制出剃齿刀的齿形修正曲线图。

（5）按齿形修正曲线重新修磨剃齿刀齿形，再试剃工件齿轮。重复以上过程，最后确定出符合要求的剃齿刀齿形修正曲线。

2. 剃齿刀随机修形法

用一个与工件齿轮几何参数完全一致、制造精度较高的齿轮式金刚石修磨轮装在剃齿机上，取代加工工序中的工件齿轮与剃齿刀啮合。在剃削运动中，修磨轮的齿面硬度大于剃齿刀的齿面硬度，根据反切削原理，应使工件齿轮产生的中凹、挖根、削顶效应，反映到剃齿刀齿形上，使剃齿刀的相应部位被修形，不再是标准的渐开线齿形。用这种修磨后的剃齿刀再加工工件齿轮，因工艺系统基本没有变化，工件齿轮齿形的误差可得到相应补偿，可在很大程度上消除各种加工缺陷，提高剃削精度。

传统的剃齿加工是利用螺旋齿轮啮合原理，在专用剃齿机上由剃齿刀在经过插齿或滚齿加工后已有齿形的齿轮齿面上切下极薄金属层（厚度为 0.005～0.01mm）的精加工过程。剃齿刀实质上是一个在刀齿两侧齿面上开出多条容屑槽以形成切削刃的高精度斜齿轮，与工件齿轮作自由啮合的展成运动，并利用两齿面间的齿向滑移速度作为剃削速度。由于剃齿刀与工件齿轮齿面是点接触啮合的，两齿面上各有一条接触迹线，因此必须有沿工件轴向的进给运动(径向剃齿除外)，才能剃出全齿宽。

剃齿刀随机修形法是将超硬修磨轮置于被剃齿轮位置上，剃齿刀与修磨轮作共轭包络啮合运动，剃齿刀齿面逐渐被修成修磨轮的包络面。剃齿与修形两方面虽然运动形式没有变化，但已知齿面和待求齿面是不同的，因此，传统的普通剃齿法与随机修形剃齿法是有着本质区别的。

3. 微机控制修形法

在专用磨齿机上，采用专门的设计程序来控制修磨砂轮，达到修磨剃齿刀的目的。三坐标控制砂轮修形装置安装于平面磨床上，通过微机控制可实现对两坐标回转曲面剃齿刀修形。

通过上述三种剃齿刀修形方法的过程、材料和方式可以发现，靠模板修形法需要反复剃削试验、测绘才能得到修形曲线和修形量，耗费了大量的人力和时间；微机控制修形法需要专用磨齿机，专用磨齿机造价昂贵、维修困难；剃齿刀随机修磨法需要用金刚石齿轮对剃齿刀进行反切削，金刚石成本高且不能灵活矫正，只能对专用剃齿刀进行修形也造成了大量的浪费。能否根据现有参数和啮合条件直接找到剃齿刀的齿廓修形曲线成为目前亟待解决的技术问题。

6.6.2　基于剃齿啮合接触点数的剃齿刀修形技术

1. 理论基础

目前，实际生产中使用的剃齿刀修形技术及工艺主要存在的问题是修正剃齿刀的齿形曲线往往需要多次反复才能得到一条合适的修形曲线，其工作量大而烦琐，需要专门的设备和技术人员，投资大、技术要求高。而剃齿刀精确修形方法能克服现有剃齿刀修形技术及工艺的不足，提供一种对剃齿刀进行方便修形的方法。该方法能精确确定剃齿刀修形的具体位置，进而借鉴已有的凹入量经验值，设计出较为精确的剃齿刀修形曲线，按此曲线对剃齿刀进行修形。

剃齿刀精确修形方法基于以下理论：剃齿齿形中凹误差是由剃齿过程中剃齿刀与工件齿轮之间啮合点数的变化所引起的啮合点切入压力的差异造成的，根据交错轴圆柱齿轮（螺旋齿轮）无侧隙啮合方程和推导的公式，就可以较为准确地计算出剃齿过程中剃齿刀与工件齿轮啮合点数发生变化的转折点上剃齿刀相应的曲率值，从而确定出剃齿刀上啮合点数少、切入压力大的具体区域，即确定出剃齿刀修形的具体位置范围。

（1）采用剃齿刀精确修形方法进行剃齿刀修形的具体步骤为：

① 已知剃齿刀与工件齿轮基本几何参数。其中，剃齿刀基本参数包括齿数 Z_1、法向模数 m_n、分度圆法向压力角 α_n、分度圆螺旋角 β_1、分度圆法向弧齿厚 $\widehat{S}_{n1}$。工件齿轮基本参数包括：齿数 Z_2、法向模数 m_n、分度圆法向压力角 α_n、分度圆螺旋角 β_2、分度圆法向弧齿厚 $\widehat{S}_{n2}$、渐开线终止点曲率半径 ρ_{max2}、渐开线起始点曲率半径 ρ_{min2}、剃齿超越量 δ。

根据以上剃齿刀与工件齿轮基本参数，并依据交错轴齿轮传动啮合理论，计算出无侧隙啮合时齿轮与剃齿刀的理论啮合线长 L。

② 根据工件齿轮剃齿起始点曲率半径 ρ_{min2} 及终止点曲率半径 ρ_{max2}，按啮合对应关系确定剃齿刀最大曲率半径及其有效渐开线起始点曲率半径 ρ_{max1} 和 ρ_{min1}。

③ 计算出工件齿轮剃齿时实际啮合点数转变点处曲率值 ρ_{LCP2} 和 ρ_{HCP2}。

$$\rho_{LCP2}=\left[\frac{\rho_{max}}{\cos\beta_{b2}}-P_{bn}\right]\cos\beta_{b2} \tag{6.35}$$

$$\rho_{HCP2}=\left[\frac{\rho_{max}}{\cos\beta_{b2}}+P_{bn}\right]\cos\beta_{b2} \tag{6.36}$$

式中：P_{bn} 为工件齿轮和剃齿刀的法向基节；β_{b2} 为工件齿轮的基圆螺旋角。

与以上 ρ_{LCP2} 和 ρ_{HCP2} 相对应的剃齿刀剃齿过程中啮合点数转变点的曲率值 ρ_{LCP1}、ρ_{HCP1} 由下列公式计算：

$$\rho_{HCP1}=\left[L-\frac{\rho_{LCP}}{\cos\beta_{b2}}\right]\cos\beta_{b1}=\left[L-\frac{\rho_{max}}{\cos\beta_{b2}}+P_{bn}\right]\cos\beta_{b1} \tag{6.37}$$

$$\rho_{LCP1}=\left[L-\frac{\rho_{max}}{\cos\beta_{b2}}+P_{bn}\right]\cos\beta_{b1}=\left[L-\frac{\rho_{min}}{\cos_{b2}}-P_{bn}\right]\cos\beta_{b1} \tag{6.38}$$

$$\rho_{LCP1}=\left[\frac{\rho_{max1}}{\cos\beta_{b1}}-p_{bn}\right]\cos\beta_{b1} \tag{6.39}$$

式中：β_{b1}为剃齿刀的基圆螺旋角。

于是，即可确定出实际剃齿刀修形位置的曲率起始点ρ_{LCP1}和终止点ρ_{HCP1}。

④ 根据ρ_{max1}和ρ_{min1}及ρ_{LCP1}和ρ_{HCP1}值，以及已知的凹入量经验值，可以较为精确地设计出剃齿刀的修形曲线。

（2）剃齿刀精确修形方法具有以下特点：

① 修形目标性强，剃齿刀反凹的位置范围是经过精确计算获得的，减少了随意试修形的盲目性。

② 响应速度快，利用计算机软件编程技术，只要输入重磨后剃齿刀的分度圆弧齿厚$\hat{S}_{n0}$值，就可以很快地得到ρ_{max1}、ρ_{min1}、ρ_{LCP1}和ρ_{HCP1}值。

③ 适应性广，对象是普通剃齿刀及径向剃齿刀，设计上除了对啮合角稍有要求之外，其余条件与设计普通剃齿刀的要求完全相同。

④ 效率高，本技术方法通常一次就可以达到较佳的修形效果，经两三次修正就可以满足现工艺条件下的齿形有关设计要求。

⑤ 成本低，减少了剃齿刀无效的修磨次数，提高了刀具的使用寿命和剃齿加工的生产效率。

2. 基于剃齿修形的啮合角计算

啮合角的精确计算是剃齿刀精确修形法能有效地解决剃齿加工中齿形中凹的关键，这里为提高啮合角计算的精确性，应用牛顿迭代法进行了计算。对于一对交错轴螺旋圆柱齿轮，其轮齿是在齿面的法平面内啮合的，要使一对交错轴圆柱齿轮正确啮合，必须满足以下两个条件。

（1）相互啮合的两齿轮法向基节相等，即满足

$$P_{b1}=P_{b2}=P_{bn} \tag{6.40}$$

（2）轴交角Σ等于两齿轮节圆螺旋角β_1'与β_2'差的绝对值，即

$$\Sigma=|\beta_1'-\beta_2'| \tag{6.41}$$

式中：β_1'与β_2'同向时取同号，反向时取异号。

当两交错轴螺旋圆柱齿轮作无侧隙啮合时，节圆法向节距P_{jn}与两齿轮节圆上的法向弧齿厚$\hat{s}_{jn1}$、$\hat{s}_{jn2}$存在以下关系：

$$P_{jn}=\hat{s}_{jn1}+\hat{s}_{jn2} \tag{6.42}$$

$$P_{jn}=\pi m_n\frac{\cos\alpha_n}{\cos\alpha_{jn}} \tag{6.43}$$

$$\hat{s}_{jn1}=\left[\frac{\hat{s}_{t1}}{d_1}+(\mathrm{inv}\alpha_{t1}-\mathrm{inv}\alpha_{jt1})\right]\mathrm{d}_{j1}\cos\beta_{j1} \tag{6.44}$$

$$d_j = d_1 \frac{\tan\beta_j}{\tan\beta_f} \tag{6.45}$$

$$\hat{s}_{n2} = \hat{s}_{t2}\cos\beta_2 \tag{6.46}$$

$$d_2 = m_n z_2 \tag{6.47}$$

则有

$$\hat{s}_{jn2} = \frac{\sin\beta_{j2}}{\sin\beta_2}[\hat{s}_{n2} + (\text{inv}\alpha_{t2} - \text{inv}\alpha_{jt2})m_n z_2] \tag{6.48}$$

同时存在

$$\sin\beta_2\cos\alpha_{n2} = \sin\beta_{j2}\cos\alpha_{jn2} \tag{6.49}$$

则

$$\hat{s}_{jn2} = \frac{\cos\alpha_{n2}}{\cos\alpha_{jn2}}[\hat{s}_{n2} + (\text{inv}\alpha_{t2} - \text{inv}\alpha_{jt2})m_n z_2] \tag{6.50}$$

同理，有

$$\hat{s}_{jn1} = \frac{\cos\alpha_{n1}}{\cos\alpha_{jn1}}[\hat{s}_{n1} + (\text{inv}\alpha_{t1} - \text{inv}\alpha_{jt1})m_n z_1] \tag{6.51}$$

联立上述各式，则有

$$\pi m_n \frac{\cos\alpha_n}{\cos\alpha_{jn}} = \frac{\cos\alpha_n}{\cos\alpha_{jn1}}[\hat{s}_{n1} + (\text{inv}\alpha_{t1} - \text{inv}\alpha_{jt1})m_n z_1] + \frac{\cos\alpha_n}{\cos\alpha_{jn2}}[\hat{s}_{n2} + (\text{inv}\alpha_{t2} - \text{inv}\alpha_{jt2})m_n z_2] \tag{6.52}$$

一对螺旋齿轮啮合时，其节圆法向压力角相等，即

$$\alpha_{jn} = \alpha_{jn1} = \alpha_{jn2} \tag{6.53}$$

对于任意圆存在以下关系：

$$\sin a_n = \sin\alpha_t\cos\beta_b \tag{6.54}$$

故

$$\sin\alpha_{jt1}\cos\beta_{b1} = \sin\alpha_{jt2}\cos\beta_{b2} \tag{6.55}$$

$$\sin\beta_{b1} = \cos\alpha_n\sin\beta_{n1} \tag{6.56}$$

$$\sin\beta_{b2} = \cos\alpha_n\sin\beta_{n2} \tag{6.57}$$

联立式（6.52）、式（6.55）、式（6.56）与式（6.57），可得

$$\pi \text{m}_n = \hat{s}_{n1} + \hat{s}_{n2} + \text{m}_n\left[z_1\text{inv}\alpha_{t1} + z_2\text{inv}\alpha_{t2} - z_1\text{inv}\alpha_{jt1} + z_2\text{invarcsin}\left(\sin\alpha_{jt1}\frac{\cos\beta_{b1}}{\cos\beta_{b2}}\right)\right] \tag{6.58}$$

这是一个关于未知量 α_{jt1} 的超越方程，无法直接求解，因此可以利用 NEWTON 迭代法来精确求解。

现假设剃齿刀与工件齿轮几何参数如表6.6和表6.7所示，进行计算。

表6.6　工件齿轮的基本参数

法向模数	分度圆压力角	分度圆弧齿厚	最大曲率半径	齿数	分度圆螺旋角	最小曲率半径
5.08	20°	8.413	49.3681	42	0°	27.7745

表6.7　剃齿刀参数

法向模数	分度圆压力角	分度圆弧齿厚	齿数	分度圆螺旋角
5.08	20°	6.9547	43	15°

将式（6.58）整理，可得

$$f(\alpha_{\mathrm{jt1}})=\hat{s}_{\mathrm{n1}}+\hat{s}_{\mathrm{n2}}+m_{\mathrm{n}}\left[z_1\mathrm{inv}\alpha_{\mathrm{t1}}+z_2\mathrm{inv}\alpha_{\mathrm{t2}}-z_2\mathrm{inv}\alpha_{\mathrm{jt2}}+z_1\mathrm{invarcsin}\left(\sin\alpha_{\mathrm{jt2}}\frac{\cos\beta_{\mathrm{b2}}}{\cos\beta_{\mathrm{b1}}}\right)\right]-\pi m_{\mathrm{n}} \tag{6.59}$$

经验算可知该方程收敛，因此可以用牛顿迭代法来计算。

将函数$f(\alpha_{\mathrm{jt1}})$对α_{jt1}求导，得

$$f'(\alpha_{\mathrm{jt2}})=m_{\mathrm{n}}\left\{z_2\tan\alpha_{\mathrm{jt2}}^2+z_1\frac{\cos\alpha_{\mathrm{t1}}\cos\beta_{\mathrm{b1}}}{\cos\beta_{\mathrm{b2}}}\tan^2\left[\arcsin\left(\sin\alpha_{\mathrm{jt2}}\frac{\cos\beta_{\mathrm{b2}}}{\cos\beta_{\mathrm{b1}}}\right)\right]\sqrt{1-\frac{\sin\alpha_{\mathrm{t1}}^2\cos\beta_{\mathrm{b1}}^2}{\cos\beta_{\mathrm{b2}}^2}}\right\} \tag{6.60}$$

由牛顿法的迭代序列$x_{k+1}=x_k-f(x_k)/f'(x_k)$可以得到本文啮合角的迭代序列为

$$\alpha_{\mathrm{jt2}(k+1)}=\alpha_{\mathrm{jt2}(k)}-\frac{f(\alpha_{\mathrm{jt2}})}{f'(\alpha_{\mathrm{jt2}})} \tag{6.61}$$

将先前已计算出的各个数据代入迭代方程，并编写VB程序如下：

```
Private Sub form_click()
Dim x,n,j,f,g As Double
x=0.3316
n=0
f=
1.0536+5.08×(1.3224-42×(tan(x)-x)+43×(tan(asin(sinx-1/cos(asin
(0.2273))))-asin(sinx-1/cos(asin(0.2273)))))
g = 5.08×(42×tan(x×x)+40.2609×cos(asin(0.2273))×tan(asin(sin(x)/
cos(asin(0.2273)))×sqrt(1-0.8767×cos(asin(0.2273))×cos(asin
(0.2273))))×tan(asin(sin(x)/cos(asin(0.2273)))×sqrt(1-0.8767×cos
```

```
(asin(0.2273))×cos(asin(0.2273)))))
j = x - f / g
Do
x = j
j = x - f / g
Print "j="; j
n = n + 1
Loop While (Abs(j - x) > 0.001)
Print "n="; n
End Sub
```

可以求得满足精度的 $\alpha_{jt1}=0.3317$。

根据式（6.53）、式（6.54）可得法向啮合角

$$\alpha_{jn}=\alpha_{jn1}=\alpha_{jn0}=\arcsin(\sin\alpha_{jt1}\cos\beta_{b1})=0.3317$$

计算理论啮合线长度

$$L=d_{b1}\frac{\tan\alpha_{jt1}}{2\cos\beta_{b1}}+d_0\frac{\tan\alpha_{jt0}}{2\cos\beta_{b0}}=200.4928\times\frac{\tan0.3317}{2}+211.6207\times\tan\frac{\tan0.3465}{2\times0.9700}=73.7600$$

根据工件齿轮剃齿起点曲率半径 ρ_{min2} 及终止点曲率半径 ρ_{max2}，按啮合对应关系确定剃齿刀最大曲率半径及其有效渐开线起始点曲率半径 ρ_{max1} 和 ρ_{min1}：

$$\rho_{max0}=\left(L-\frac{\rho_{min}}{\cos\beta_{b1}}\right)\cos\beta_{b0}=\left(73.7600-\frac{27.7745}{1}\right)\times0.9700=45.9510$$

$$\rho_{min0}=\left(L-\frac{\rho_{max}}{\cos\beta_{b1}}\right)\cos\beta_{b0}=\left(73.7600-\frac{49.36808}{1}\right)\times0.9700=25.0059$$

并计算出工件齿轮剃齿时实际啮合点数转变处曲率值 ρ_{LCP2} 和 ρ_{HCP2} 以及相对应的 ρ_{LCP1} 和 ρ_{HCP1}。

$$\rho_{LCP2}=\left(\frac{\rho_{max}}{\cos\beta_{b2}}-P_{bn}\right)\cos\beta_{b2}=\left(\frac{49.36808}{1}-14.9968\right)\times1=34.3713$$

$$\rho_{HCP2}=\left(\frac{\rho_{min}}{\cos\beta_{b2}}+P_{bn}\right)\cos\beta_{b2}=\left(\frac{27.7745}{1}+14.9968\right)\times1=42.7713$$

$$\rho_{HCP1}=\left(L-\frac{\rho_{max}}{\cos\beta_{b2}}+P_{bn}\right)\cos\beta_{b1}=(73.7600-34.3713)\times0.9700=38.2070$$

$$\rho_{LCP1}=\left(L-\frac{\rho_{min}}{\cos\beta_{b2}}-P_{bn}\right)\cos\beta_{b1}=(73.7600-42.7713)\times0.9700=30.0590$$

6.6.3 实验验证

为了验证剃齿刀精确修形方法设计理论的正确性和解决剃齿加工齿形中凹的可行性、有效性和实用性，采用该修形方法对标准剃齿刀进行修形，并进行剃齿加工试验，对工件齿轮的剃后齿形进行分析和比较。

1. 实验装置

（1）剃齿实验采用的工件齿轮基本参数如表6.8所示，材料为45Cr钢。

表6.8 工件齿轮的基本参数

法向模数	法向压力角	分度圆弧齿厚	最大曲率半径	齿数	螺旋角	最小曲率半径	剃齿超越量
4.75	20°	8.939	27.5	17	0°	7.82	1.5

（2）剃齿实验采用的剃齿刀基本参数如表6.9所示。

表6.9 标准剃齿刀参数

法向模数	法向压力角	分度圆弧齿厚	齿数	螺旋角
4.75	20°	7.336	47	10°

现使用剃齿刀精确修形方法对标准剃齿刀进行修形。即利用所推导的理论计算公式就可以确定剃齿刀最大曲率半径和最小曲率半径及其有效渐开线起始点曲率半径ρ_{max1}和ρ_{min1}，即

剃齿刀最大曲率半径$\rho_{max1}=49.125$；

剃齿刀最小曲率半径$\rho_{min1}=28.233$；

剃齿刀最高转变点曲率半径$\rho_{HCP1}=43.00$；

剃齿刀最低转变点曲率半径$\rho_{LCP1}=34.35$。

ρ_{LCP1}和ρ_{HCP1}即剃齿刀实际修形位置的曲率起始点和终止点，这样就确定了剃齿刀修形的具体位置，再根据工艺经验确定其修形曲线的凹入量值（对于中等模数的剃齿刀推荐取值为0.003~0.008mm），就可以较为精确地设计出剃齿刀的修形曲线，如图6.24所示。

（3）实验机床。本实验是在南京第二机床厂生产的Y4232C型剃齿机上进行的。其具体规格如下。

最大工件直径：320mm；

最大模数：6mm；

最大齿宽：90mm；

工作台最大行程：100mm；

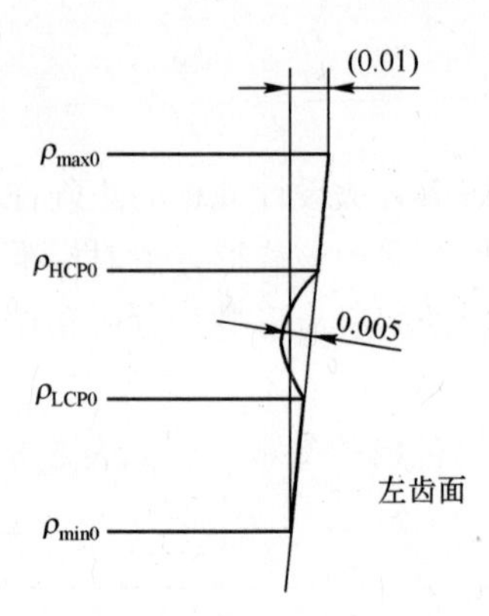

图 6.24　剃齿刀的修形曲线

电机最大转速：250r/min；

最大中心距：270mm。

（4）试验条件。在剃齿加工试验中，采用的剃齿加工参数如下。

剃齿刀转速：125r/min；

径向进给量：0.02mm/行程；

轴向进给量：0.3mm/rad。

2. 实验结果

工件齿轮的齿形用哈尔滨第一刃具厂生产的渐开线测量仪进行测量。在剃齿加工实验中，用未经任何修形的标准剃齿刀（标准渐开线齿形）来完成工件齿轮加工的齿轮齿形如图 6.25 所示，用传统的试修磨方法进行修形的剃齿刀来完成工件齿轮加工的齿轮齿形如图 6.26 所示，用剃齿刀精确修形方法修形后的剃齿刀来完成工件齿轮加工的齿轮齿形如图 6.27 所示。

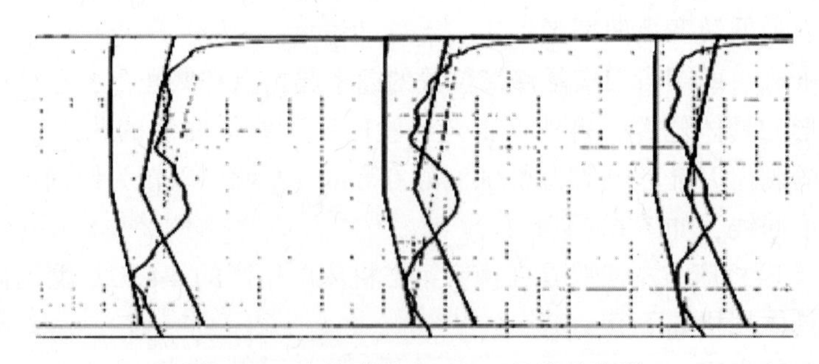

图 6.25　未修形剃齿刀加工的齿轮齿形

通过分析以上三种剃齿刀加工的齿轮齿形可以发现，用剃齿刀精确修形方法修形后的剃齿刀加工的齿轮齿形基本上消除了齿形中凹现象，提高了工件齿轮的齿形精度，从而也验证了剃齿刀精确修形方法设计理论的正确性和解决剃齿加工齿形中凹的可行性、有效性和实用性。

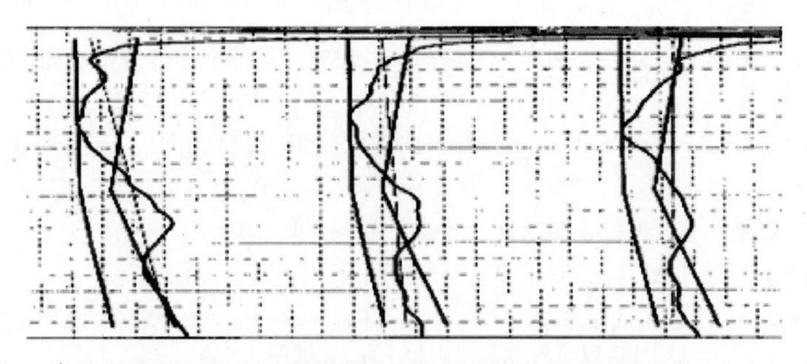

图6.26 传统修磨剃齿刀加工的齿轮齿形

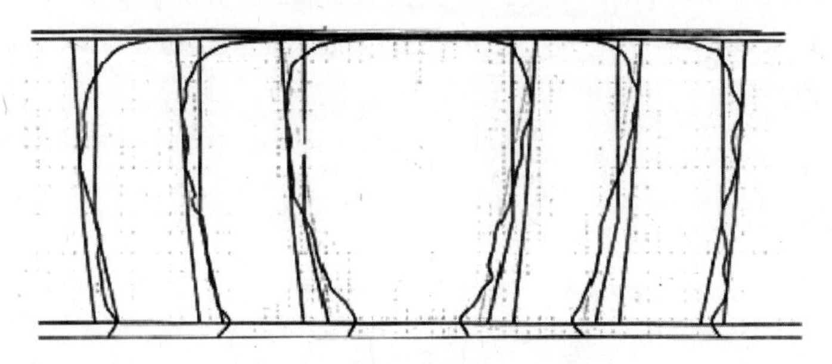

图6.27 修形剃齿刀加工的齿形

参考文献

[1] 王彦灵，林彤．用计算啮合节点位置法进行剃齿刀中凹修形［J］．机械传动，2001 (4)：51-53.

[2] 詹东安．随机修形剃齿刀消除剃齿齿形中凹的机理研究［J］．西安交通大学学报，1999 (8)：14-16.

[3] 任敬心．齿轮工程学［M］．北京：国防工业出版社，1985.

[4] 林成森．数值计算方法［M］．北京：科学出版社，2005.

[5] ATKINSON K. Elementary numerical analysis [M]. Hoboken, NJ, USA: John Wiley & Sons Inc., 985.

[6] WU X Y, WU H W. On a class of quadratic convergence iteration formulae without derivatives [J]. Applied Mathematics and Computation, 2000, 107 (2/3): 77-80.

[7] ZHENG Q, WANG J, ZHAO P, et al. A steffensen-like method and its higher-order variants [J]. Applied Mathematics and Computation, 2009, 214 (1): 10-16.

[8] 郭二廓，洪荣晶，黄筱调，等．数控强力刮齿加工误差分析及补偿［J］．中南大学学

报，2016，47（1）：69-76.

[9] 刘磊，蔡安江，耿晨．基于剃齿啮合传动特性的剃齿刀优化设计［J］．航空动力学报，2018，33（5）：1084-1092.

[10] 丁国龙，张颂，赵大兴．基于诱导法曲率的齿轮成形磨削干涉分析［J］．机械工程学报，2016. 52（3）：197-204.

[11] 吕明，许璞，蔺启恒．剃齿时齿形中凹现象的形成机理［J］．太原工业大学学报，1987（4）：30-40.

[12] 齿轮手册编委会．齿轮手册［M］．北京：机械工业出版社，1990.

[13] 袁哲俊．齿轮刀具设计［M］．北京：国防工业出版社，2014.

[14] JOHNSON K. Conact mechanics [M]. Combridge：Combridge University Press，1985.

[15] CELIK M. Comparison of three teeth and whole body models in spur gear analysis [J]. Mechanism and Machine Theory，1999，34（8）：1227-1235.

[16] 丁金福，虞付进，陈卫增．圆柱齿轮剃齿修形技术的研究［J］．机械传动，2004，31（10）：43-45.

第 7 章　非等边剃齿刀设计

7.1　负变位剃齿与平衡剃齿

剃齿实验和工程经验表明，合理的剃齿加工优化措施能在一定程度上改善剃齿效果，减小剃齿齿形中凹误差，但其实质上并未消除剃齿加工中的单点啮合区，不能很好地解决工件齿轮的剃齿齿形中凹误差问题。因此，有必要探寻新的方法解决该问题。

7.1.1　负变位剃齿

大量生产实践表明，刃磨多次的标准剃齿刀，其剃齿效果会比原标准剃齿刀效果好，其原因在于剃齿刀经过数次刃磨和修形后变位系数减小，重合度增大，刀齿之间受力更加均衡。对于重合度小于 2 的剃齿参数，工件齿轮节圆附近往往会出现单点啮合区。通过第 4 章的分析可知，工件齿轮节圆位置的剃削速度最小，接触时间最长，剃削力最大，极易出现剃齿过切现象。若把剃齿刀设计为负变位，啮合角变小，啮合节点向齿根双啮合区域移动，大变形区域就不会出现在节圆附近，从而减小剃齿齿形中凹误差，同时也会改善工件齿轮齿面精度和提高承载能力。负变位设计的剃齿刀，其变位量最小，此时的端面啮合角即为负变位剃齿刀的最大啮合角。其主要确定原则：在啮合节点刚进入工件齿轮轮齿根部的双啮合区，即工件齿轮剃齿啮合节圆（半径为 r_2'）要小于其根部双啮合区起始点曲率半径所在圆。

最大啮合角计算公式为

$$\alpha'_{\text{t1max}} = \arcsin\left(\frac{\sqrt{1-\dfrac{r_{\text{b2}}^2}{\left(\sqrt{r_{\text{a2}}^2+r_{\text{b2}}^2}-\pi m_{\text{n}}\cos\alpha_{\text{n}}\cos\beta_{\text{b2}}\right)^2+r_{\text{b2}}^2}}\cos\beta_{\text{b2}}}{\cos\beta_{\text{b1}}}\right) \tag{7.1}$$

随着剃齿刀的多次刃磨与修形，标准剃齿刀的变位量会受到剃齿刀自身结构限制。通常剃齿刀所采用的最小法向啮合角是由该剃齿刀允许可用的渐开线最小曲率半径$\rho_{1\min}$来确定的。同时，啮合角减小会使得剥齿刀根部渐开线起始圆移向基圆，甚至会落到基圆内，这种情况是要避免发生。剥齿刀和工件齿轮的理论啮合线长度可表示为

$$L=\frac{\rho_{1\min}}{\cos\beta_{b1}}+\frac{\rho_{2\max}}{\cos\beta_{b2}}=\frac{r_{b1}\tan\alpha'_{t1}}{\cos\beta_{b1}}+\frac{r_{b2}\tan\alpha'_{t2}}{\cos\beta_{b2}} \tag{7.2}$$

式中：$\rho_{2\max}$为工件齿轮最大曲率半径，$\rho_{2\max}=\rho_{\alpha2}$。式（7.2）可用来求解负变位剥齿刀的端面啮合角设计最小值。将式（7.1）与式（7.2）求得的剥齿刀最大啮合角$\alpha'_{t1\max}$和最小啮合角$\alpha'_{t1\min}$代入无侧隙啮合超越方程式（7.3），即可求出负变位剥齿刀的变位系数范围值。

$$x_1+x_2=\frac{1}{2\tan\alpha}[z_1(\mathrm{inv}(\alpha'_{t1})-\mathrm{inv}\alpha_{t1})+z_2(\mathrm{inv}(\alpha'_{t2})-\mathrm{inv}\alpha_{t2})] \tag{7.3}$$

式中：α为剥齿刀和工件齿轮的分度圆法向压力角，z_1、z_2、x_1、x_2分别表示剥齿刀和工件齿轮的齿数和变位系数，α'_{t1}、α'_{t2}、α_{t1}、α_{t2}表示剥齿刀和工件齿轮的端面啮合角和齿顶圆端面压力角。式（7.3）可利用N-S迭代法[1]精确求解出剥齿刀端面啮合角。

工程实践证明，采用负变位剥齿刀能一定程度上减小剥齿齿形误差，但是往往在设计剥齿刀时，选取的变位量会导致剥齿刀的刃磨次数减少，从而降低刀具的寿命。

7.1.2 平衡剥齿

平衡剥齿是指整个剥齿加工过程中，其左右两条啮合线上的接触对数始终保持相等，此时剥齿刀与工件齿轮参与啮合的左右两侧齿面保持受力平衡。在实际剥齿加工过程中，由于径向进给值是确定的，所以径向力基本保持不变。在剥齿过程中，若剥齿刀主、副工作面啮合线上的接触点数相等（四点啮合区和两点啮合区），则剥齿刀与工件齿轮齿面间的受力平衡。若剥齿刀主、副工作面啮合线上的接触点数不相等（三点接触区域），则剥齿刀与工件齿轮齿面间的受力不平衡，单点接触侧接触点法向力是双点接触侧接触点法向力的两倍左右，故剥削掉的金属也相应较多。因此，剥削加工过程中，三点接触区域是产生剥齿齿形中凹误差的重要区域。

为改善剥削加工过程中三点接触区域引起的剥齿齿形中凹误差，可以使啮合过程中两侧啮合线上的接触点数始终相等，采用平衡剥齿法进行加工，即在剥齿过程中的每一瞬时都能保持工件齿轮有相同数量的左侧齿廓和右侧齿廓与剥齿刀齿廓啮合接触，左、右啮合线上的接触点数相等，始终保持4—2—4—2—4的交替性变化。在这种情况下，工件齿轮左、右齿廓上所受的力保持

均匀。

平衡剃齿的实现方法有两种方式：一种方式是使工件齿轮的左、右齿廓同时进入和同时退出啮合；另一种方式是使剃齿刀的左、右齿廓同时进入和同时退出啮合。这两种方式的目的是相同的，但计算出的变位系数及啮合效果并不相同。第一种方法算出的啮合角一般小于剃齿刀的分圆压力角，即变位系数一般为负；第二种方法算出的啮合角一般大于剃齿刀的分圆压力角，即变位系数一般为正[2]。

根据上述两种计算平衡剃齿的方式，经啮合的几何关系推导可得以下结论。

（1）要使工件齿轮的两侧齿面同时进入和同时退出啮合，需满足方程

$$\tan\alpha'_{t1}\tan\beta_{b1}\sin\beta_{b1}+\alpha'_{t1}\cos\beta_{b1}=\frac{\rho_{a1}+\rho_{c1}-s_{bn1}}{2r_{b1}} \tag{7.4}$$

（2）要使剃齿刀的两侧齿面同时进入和同时退出啮合，需满足方程

$$\tan\alpha'_{t1}\tan\beta_{b1}\sin\beta_{b1}+\alpha'_{t1}\cos\beta_{b1}=\frac{\rho_{a1}+\rho_{c1}-s_{bn1}+p_{bn}}{2r_{b1}} \tag{7.5}$$

通过式（7.4）和式（7.5）可计算出两种情况下剃齿刀的端面啮合角 α'_{t1}。

将计算出的结果代入式（7.3）中，便可求得满足平衡剃齿条件的剃齿刀变位系数。按照以上计算结果设计出的剃齿刀可以实现平衡剃齿。

由于平衡啮合条件有两种情况，故剃齿刀的变位系数值也有两种。按第一种平衡条件计算出的变位系数一般为负值，因此剃齿刀的齿顶高可以做得较小，具有提高剃齿刀齿弯曲刚度和减小剃齿齿形中凹误差的作用。通常在设计剃齿刀时，主要应用负变位平衡剃齿原理。在变位系数范围方面，负变位平衡剃齿的变位系数一般也满足负变位剃齿的范围条件，所以平衡剃齿可当作是负变位剃齿的一种特殊情况。因此，平衡剃齿也称为负变位平衡剃齿[3]。

平衡剃齿可以使剃齿刀与工件齿轮在啮合过程中，从理论上将三点啮合区域消除，使整个啮合周期内剃齿刀与工件齿面间的受力均匀。然而在实际加工当中，工件齿轮参数、接触变形等因素使平衡剃齿的效果不理想，并且很多情况下无法设计出满足平衡剃齿条件的剃齿刀，因此，平衡剃齿法具有一定的局限性。

在剃齿啮合的整个周期中，受力不均的三点啮合区域与其他两点和四点啮合区域交替出现，且啮合周期内两个三点啮合区域的接触应力值相差较大。可以发现剃齿刀副工作面啮合线上的三点啮合区域接触应力值与其主工作面啮合线上的三点啮合区域接触应力值相差较大，故主工作面啮合线上的三点啮合区域是产生剃齿齿形中凹误差的重要区域。

根据上述思路和分析，以接触应力作为划分标准，可将三点啮合区域划分为两类：重点针对接触应力较大的剃齿刀主工作面啮合线上的三点啮合区域进行深入研究；对于接触应力较小的剃齿刀副工作面啮合线上的三点啮合区域可以进行忽略。剃齿刀进行创新齿形设计，目的在于消除剃齿刀主工作面啮合线上的三点啮合区域，从而实现平衡剃齿。

7.2 非等边剃齿刀的设计

平衡剃齿法是在负变位剃齿原理的基础上通过计算获得最佳啮合角值，彻底消除剃齿刀与工件齿轮的三点啮合区间，平衡剃齿条件即保证工件齿轮的齿面两侧在啮合线上同时接触点数目相等，使齿廓两侧切削力平衡，从根本上消除剃齿齿形中凹误差。但在很多情况下，根据工件齿轮的参数无法设计出满足平衡剃齿条件的剃齿刀，因此，平衡剃齿本身并不适用于所有情况。而传统方法以获得最佳啮合角为目标，通过负变位的方式使剃齿刀达到平衡剃齿条件，但该方法无法满足所有工件齿轮设计参数。基于负变位剃齿和平衡剃齿原理，提出负变位剃齿刀的非等边齿形设计方法，即通过减小剃齿刀副工作面的最大曲率半径，使剃齿刀主、副工作面同时啮入，为实现平衡剃齿提供新的技术思路。

7.2.1 剃齿啮合三点啮合区域分析

剃齿啮合过程受重合度等因素的影响，啮合点数会发生周期性变化。如图 7.1 所示，三点啮合区域的情况有两种：

（1）在图 7.1（a）中，当剃齿刀的右齿面（1 齿）与工件齿轮的左齿面由 K_1点啮入时，其相邻齿的左齿面（2 齿）还没有进入啮合区，该区域为三点啮合区。

（2）在图 7.1b 中，当剃齿刀的右齿面（1 齿）与工件齿轮的左齿面由 K_2点啮出时，再次进入三点啮合区域。

图 7.1 中剃齿刀以顺时针旋转时，其左齿面为主工作面，右齿面为副工作面。主工作面在加工过程中起到重要切削作用，因此需要使啮合线 $K_1'K_2'$段的受力保持稳定。在图 7.1（a）中，三点啮合区域中的单点出现在啮合线 $K_1'K_2'$段，通过计算可知，该处齿面间承受的正压力 F_1大于其他齿面间的力；在图 7.1（b）中，三点啮合区域中的单点出现在啮合线 K_1K_2上，该啮合线为副工作面上接触点的啮合轨迹，所造成的齿面受力不均匀，对剃齿齿形中凹误差所产生的影响远小于图 7.1（a）中的情况。

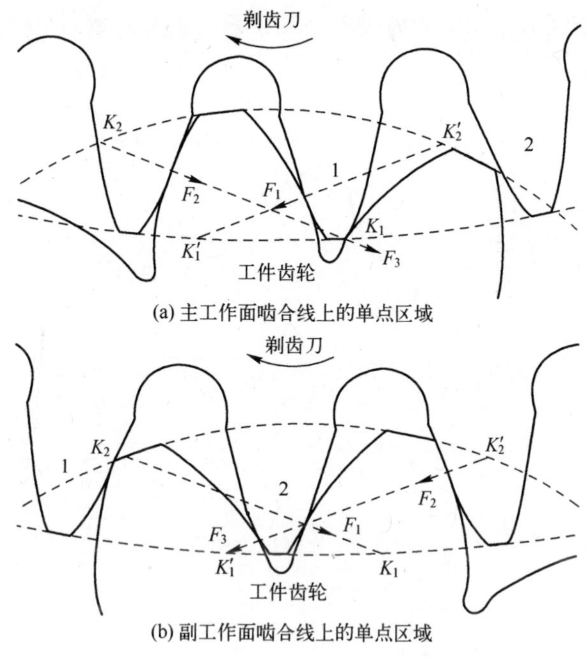

图 7.1　剃齿过程的三点啮合区

剃齿过程中，剃齿刀对工件齿轮施加径向切削力。随着啮合过程剃齿刀与工件齿轮两齿面间接触点数发生 4—3—2—3—4 的周期性变化，工件齿轮齿面上的法向力的大小也随之发生变化。

剃齿刀与工件齿轮的相关参数见表 7.1。

表 7.1　剃齿刀和工件齿轮基本参数

	齿数	模数	压力角/(°)	螺旋角/(°)	材料	泊松比	杨氏模量
剃齿刀	43	5.35	20	11	W18Cr4V	0.3	218000MPa
工件齿轮	12	5.35	20	0	20CrMnTi	0.25	206000MPa

设剃齿刀的径向力为 1500N 时，整个啮合周期工件齿轮在不同接触点区域的接触受力及接触应力大小不同，通过有限元动态仿真啮合过程，获取接触应力曲线如图 7.2 所示。

图 7.2 所示的接触应力曲线可知：转角为 172.88°~173.64°的三点啮合区域接触应力范围在 800~1100MPa，转角为 177.98°~178.74°的三点啮合区域接触应力范围在 1300~1600MPa，同为三点啮合区域，后者的接触应力值远大于前者，该区域切削力大于工件齿轮材料屈服强度且剃齿刀与工件齿面间受力

不均，因此，该区域是产生剃齿齿形中凹误差的重要区域。整个啮合周期工件齿轮在不同接触点区域的受力大小也有所不同，通过静力学方程[3]计算得出的结果如图 7.3 所示。

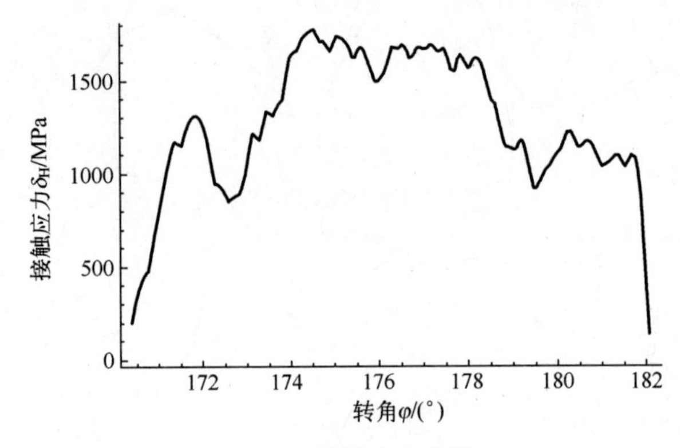

图 7.2　接触应力曲线

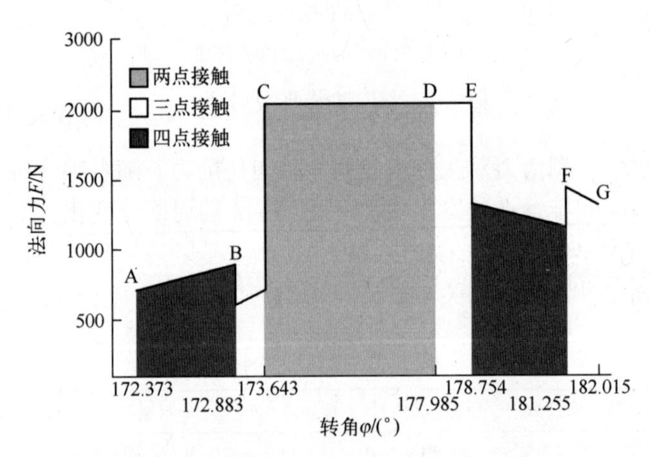

图 7.3　工件齿轮不同啮合区域的受力分析

图 7.3 所示可知：DE 段、BC 段同为三点啮合区域，但工件齿轮在 DE 段所受的法向力远大于 BC 段。对应啮合过程，BC 段为剃齿刀副工作面啮合线上的单点啮合区域，即图 7.3（b）中的三点啮合情况；DE 段为剃齿刀主工作面啮合线上的单点啮合区域，即图 7.3（a）中的三点啮合情况，因此该区域齿面间承受的正压力要比其他三点区域大，造成切削刃较深地陷入工件齿面。通过受力分析可知主工作面啮合线上的单点区域是产生剃齿齿形中凹误差的重要区域。

7.2.2　剃齿刀非等边齿形几何模型

消除剃齿刀主工作面啮合线上的单点啮合区是解决剃齿齿形中凹误差的核心，而依靠传统方法对剃齿刀的齿形进行修磨很难实现该目标，因此从剃齿刀的齿形上进行创新设计和考虑，提出了一种非等边剃齿刀设计方法，建立的非等边剃齿刀几何模型如图 7.4 所示，实现平衡剃齿形式—工件齿轮左右齿廓同时进入、同时退出（即负变位平衡剃齿）。

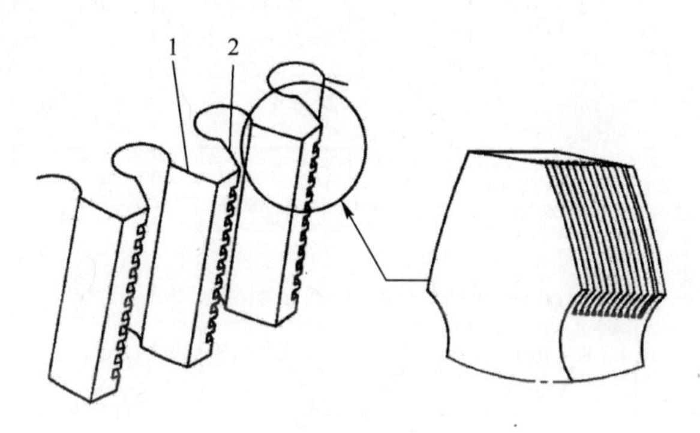

图 7.4　非等边剃齿刀局部三维模型

非等边剃齿刀指的是剃齿刀的左右齿廓上有两个不同的最大曲率半径。通过改变剃齿刀副工作面最大曲率半径，使剃齿刀副工作面的渐开线长度减小，推迟剃齿刀副工作面进入啮合线的起点位置，使剃齿刀主、副工作面在剃削过程中能够同时与工件齿轮接触进入啮合，实现了消除剃齿刀主工作面啮合线上所产生的三点啮合区域，保证了主工作面的啮合状态，使剃齿啮合过程的工件齿轮节圆附近刀、齿间啮合力始终趋于稳定，实现了平衡剃齿条件，减小了剃齿齿形中凹误差。

综上述所述，剃削工件齿轮右齿面时，其左齿面仅仅起到平衡力矩及挤压的作用，因此，为了节约剃齿刀制作成本，同时也为了避免剃齿刀副工作面的齿顶边缘接触导致工件齿轮左齿面形成凸台，应去除剃齿刀副工作面的容屑槽和切削刃。

非等边剃齿刀面 S' 和 S 在动坐标系 $O_1-x_1y_1z_1$ 下的齿形图如图 7.5 所示。

点 A 和点 B 分别为各齿顶圆上的一点，$\rho_{A\max}$ 和 $\rho_{B\max}$ 分别为点 A、点 B 的曲率半径。σ_0 为基圆上齿槽半角，λ_1 为面 S' 和 S 的参变量。根据齿轮啮合原理中渐开线螺旋面方程式[4]可知，非等边剃齿刀面 S' 和 S 在动坐标系 $O_1-x_1y_1z_1$ 下的参数方程可表达为

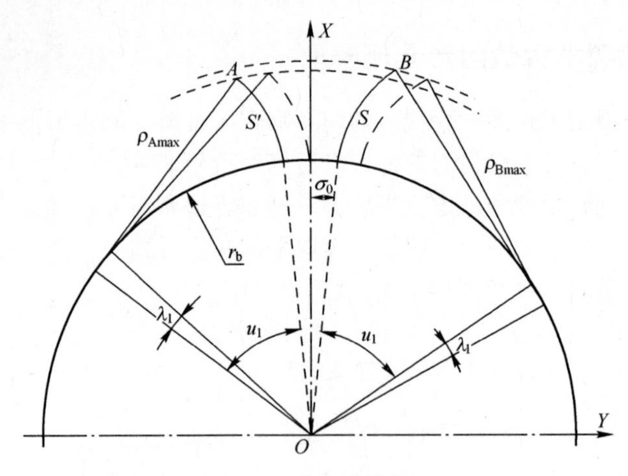

图 7.5　非等边剃齿刀

$$\begin{cases}x'_S=r_b\cos(u_1+\lambda_1-\varphi_1)+r_bu_1\sin(u_1+\lambda_1-\varphi_1)\\ y'_S=r_bu_1\cos(u_1+\lambda_1-\varphi_1)-r_b\sin(u_1+\lambda_1-\varphi_1)\\ z'_S=p_1\lambda_1\end{cases} \tag{7.6}$$

$$\begin{cases}x_S=r_b\cos(u_1+\lambda_1+\varphi_1)+r_bu_1\sin(u_1+\lambda_1+\varphi_1)\\ y_S=r_b\sin(u_1+\lambda_1+\varphi_1)-r_bu_1\cos(u_1+\lambda_1+\varphi_1)\\ z_S=p_1\lambda_1\end{cases} \tag{7.7}$$

根据齿轮啮合原理，由式（7.6）和式（7.7）可推导出啮合线方程，确定啮合线初始点在固定坐标系 $O-xyz$ 中的位置坐标，并通过啮合线方程求得工件齿轮左、右齿面参数方程，这里对推导过程不做赘述。

7.2.3　非等边剃齿刀的数学模型

非等边剃齿刀设计最核心的问题就是确定剃齿刀副工作面的最大曲率半径。剃齿刀与工件齿轮端面方向的啮合关系示意图如图 7.6 所示。

如图 7.6（a）所示，剃齿刀与工件齿轮在 K_1 点接触进入啮合。如图 7.6（b）所示，剃齿刀与工件齿轮在 K'_2 点接触进入啮合，同时另一端面与剃齿刀的啮合点由 K_1 点延啮合线移至 A 点。K_1 点和 K'_2 点的空间坐标可由啮合线方程求得。

设在啮合过程中，工件齿轮由动坐标系 S_2 初始位置旋转 φ_3 角至 S_p，在 K_1 点位置与剃齿刀接触，其空间转换矩阵可表示为

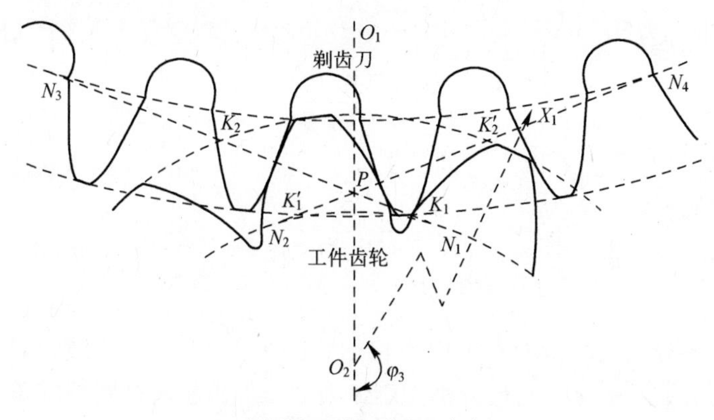

(a) 啮合线N_1N_3上刀齿在K_1点啮入

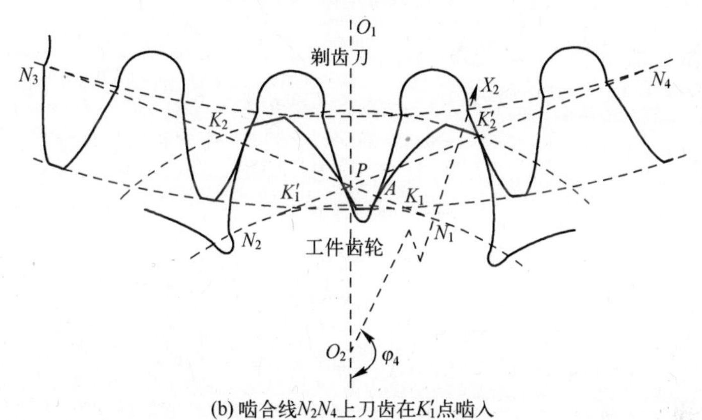

(b) 啮合线N_2N_4上刀齿在K_1'点啮入

图 7.6　啮合几何关系示意图

$$r_1^{(1)}=\begin{pmatrix}\cos\varphi_3 & -\sin\varphi_{31} & 0 & 0\\ \sin\varphi_3 & \cos\varphi_3 & 0 & 0\\ 0 & 0 & 1 & 0\\ 0 & 0 & 0 & 1\end{pmatrix}\begin{pmatrix}1 & 0 & 0 & 0\\ 0 & 1 & 0 & 0\\ 0 & 0 & 1 & l_2\\ 0 & 0 & 0 & 1\end{pmatrix}r^{(1)} \tag{7.8}$$

工件齿轮由动坐标系 S_2初始位置旋转 φ_4角至 S_p，在 K_2'点位置与剃齿刀接触，其空间转换矩阵可表示为：

$$r_2^{(1)}=\begin{pmatrix}\cos\varphi_4 & -\sin\varphi_4 & 0 & 0\\ \sin\varphi_4 & \cos\varphi_4 & 0 & 0\\ 0 & 0 & 1 & 0\\ 0 & 0 & 0 & 1\end{pmatrix}\begin{pmatrix}1 & 0 & 0 & 0\\ 0 & 1 & 0 & 0\\ 0 & 0 & 1 & l_2\\ 0 & 0 & 0 & 1\end{pmatrix}r^{(1)} \tag{7.9}$$

工件齿轮的起始坐标已知，通过式（7.8）和式（7.9）可分别计算出 φ_1 和 φ_2值。如图 7.7 所示，根据上述分析可通过式（7.10）计算工件齿轮在 A

点的曲率半径为

$$AN_1=\frac{(\varphi+\theta)r_{b2}}{\cos\beta_{b2}} \tag{7.10}$$

式中：φ 为动坐标系 S_1 和 S_2 之间的夹角，即 $\varphi=\varphi_2-\varphi_2$；$\theta$ 为 K_1 点所对应的展角。理论啮合线 N_1N_3 为

$$N_1N_3=PN_1+PN_3=\frac{\sqrt{r_1'^2-r_{b1}^2}}{\cos\beta_{b1}}+\frac{\sqrt{r_2'^2-r_{b2}^2}}{\cos\beta_{b2}} \tag{7.11}$$

式中：r_1'、r_2' 分别为剃齿刀和工件齿轮的节圆半径；r_{b1}、r_{b2} 分别为剃齿刀与工件齿轮的基圆半径；β_{b1}、β_{b2} 分别为剃齿刀和工件齿轮的基圆螺旋角。

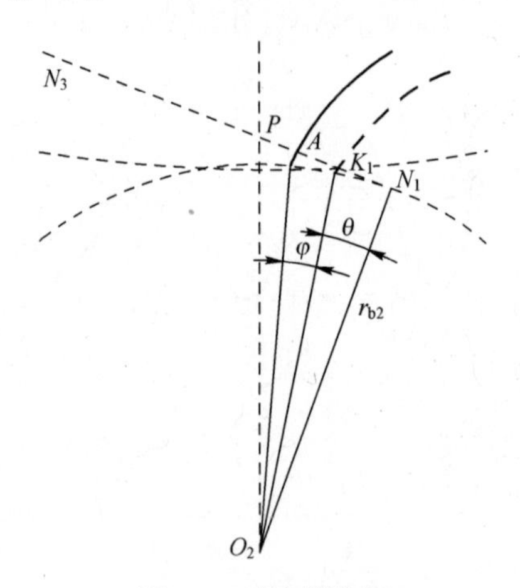

图 7.7　啮合简化图

根据式（7.10）和式（7.11）求得啮合线 N_3A 段为

$$N_3A=N_1N_3-AN_1=\frac{\sqrt{r_1'^2-r_{b1}^2}}{\cos\beta_{b1}}+\frac{\sqrt{r_2'^2-r_{b2}^2}}{\cos\beta_{b2}}-\frac{[(\varphi+\theta)r_{b2}]}{\cos\beta_{b2}} \tag{7.12}$$

啮合线 N_3A 段为剃齿刀 A 点处的曲率半径，即几何模型图 6.4 中右齿廓齿顶处的点 A，故 $\rho_{A\max}=N_3A$。

图 7.5 中，B 点为剃齿刀左齿廓齿顶上一点，故 B 点的曲率半径表达式为

$$\rho_{B\max}=\frac{\sqrt{r_{a1}^2-r_{b1}^2}}{\cos\beta_{b1}} \tag{7.13}$$

式中：r_{a1} 为剃齿刀的齿顶圆半径。根据以上啮合关系推导，非等边剃齿刀两齿廓渐开线长度差可由 A、B 点的最大曲率表达。根据式（7.12）与式（7.13）可求得 $\rho_{A\max}$ 和 $\rho_{B\max}$ 的关系为

$$\rho_{B\max}-\rho_{A\max}=\frac{\sqrt{r_{a1}^2-r_{b1}^2}}{\cos\beta_{b1}}-\frac{\sqrt{r_1'^2-r_{b1}^2}}{\cos\beta_{b1}}-\frac{\sqrt{r_2'^2-r_{b2}^2}}{\cos\beta_{b2}}+\frac{[(\varphi+\theta)r_{b2}]}{\cos\beta_{b2}} \tag{7.14}$$

因此，图 7.5 中，非等边齿面齿顶圆上 A、B 点之间的数学关系可通过式（7.14）来表达。

7.2.4 非等边剃齿刀啮合过程分析

剃齿刀非等边齿形设计，使剃齿刀两齿廓的最大曲率半径 $\rho_{\max}$ 不相同。在进入啮合时，非等边剃齿刀可以推迟剃齿刀副工作面进入啮合线的起点位置，使其主、副工作面同时进入啮合，消去剃齿刀的主工作面啮合线上的三点区域。如图 7.8 所示，剃齿刀的副工作面（1 齿）最大曲率半径减小，使啮入点从啮合线 K_1 点延迟至 A 点进入啮合线，剃齿刀副工作面在 A 点接触工件齿轮的同时，剃齿刀邻齿主工作面（2 齿）也到达啮合线的 K_2' 点处与工件齿轮接触，即实现剃齿刀左、右齿面同时进入啮合区域。

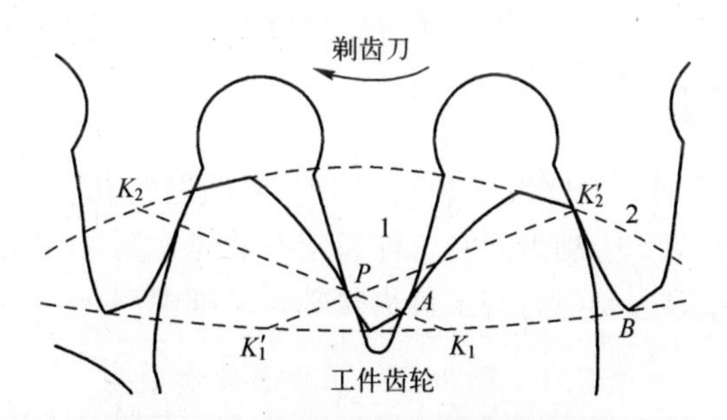

图 7.8 非等边剃齿刀左右齿廓同时啮入

非等边剃齿刀可使啮合过程中剃齿刀主工作面啮合线上所产生的单点啮合区消除，主工作面啮合线上的啮合力趋于稳定，保证了主工作面的啮合状态。非等边剃齿刀在剃齿过程中与工件齿轮之间的瞬时接触点数周期变化由之前的 4—3—2—3—4 变为 4—3—2—4—3，从理论上去除掉了剃齿刀主工作面上受力不均匀的三点啮合区域。

以下为非等边剃齿刀与工件齿轮的啮合过程，工件齿轮齿面的受力情况如图 7.9 所示。

对比图 7.9 与图 7.3 可以看出，非等边剃齿刀在啮合过程中可有效地将 DE 段三点啮合区域包含到两点区域当中，去除掉剃齿刀主工作面啮合线上的单点啮合区域，使该区域工件齿轮受力趋于稳定。

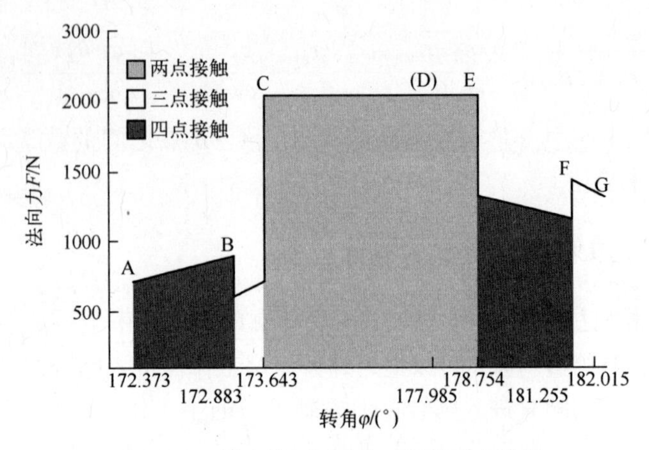

图 7.9 工件齿轮不同啮合区域的受力分析

7.3 实验验证

7.3.1 剃齿模型的建立

通过 CATIA 分别对工件齿轮和剃齿刀、工件齿轮和非等边剃齿刀进行参数化建模。根据表 7.2 中剃齿刀与工件齿轮参数建立剃齿三维模型，并以相同剃齿刀参数建立非等边剃齿刀与工件齿轮啮合三维模型。

表 7.2 剃齿刀与工件齿轮参数表

参数	剃齿刀	非等边剃齿刀	工件齿轮
法向模数/mm	5.35	5.35	5.35
齿数	43	43	12
压力角/(°)	20	20	20
螺旋角/(°)	11	11	0
齿顶圆直径/mm	240.5	240.5（主） 237.9（副）	80.1
变位系数	−0.4631	−0.4631	0.5485

表 7.2 中，非等边剃齿刀的齿顶圆有两个，即主工作面和副工作面齿顶圆直径。根据表 7.2 中的数据计算获取中心距、轴交角等空间位置参数。根据中心距、轴交角等参数确定非等边剃齿刀与工件齿轮在空间的位置进行精确装配，如图 7.10 所示。图 7.10（a）为标准剃齿刀与工件齿轮的啮合图，图 7.10（b）为非等边剃齿刀与工件齿轮的啮合图。

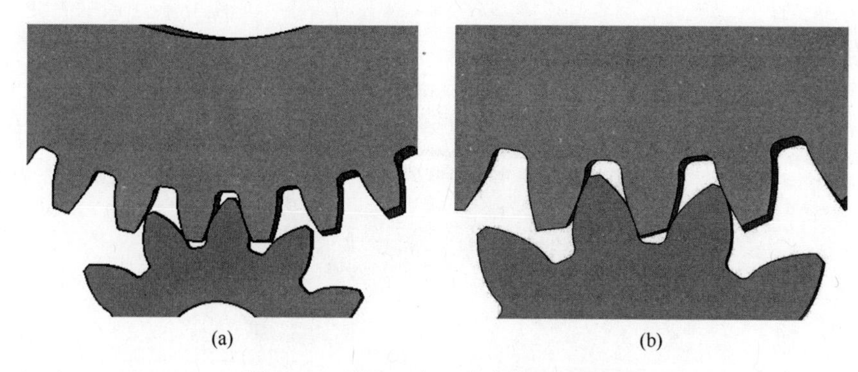

图7.10　剃齿刀与工件齿轮三维模型

为了能够提高有限元分析计算速度，将工件齿轮截取成五齿，该方法不影响啮合过程中接触应力、传动误差的分析。将建好的剃齿模型分别导入ABAQUS中进行动态分析。

7.3.2　非等边剃齿刀啮合过程有限元分析

1. 网格划分

剃齿刀材料选取为W18Cr4V，工件齿轮材料选取为20CrMnTi进行分析，其材料性质如表7.3所示。

表7.3　剃齿刀与工件齿轮的材料性质

	材　料	杨氏模量	泊松比
剃齿刀	W18Cr4V	218000MPa	0.3
工件齿轮	20CrMnTi	206000MPa	0.25

由于重点考虑接触变形的对象为工件齿轮，所以工件齿轮的网格划分相对于剃齿刀要更细化，选取六面体作为单元形状（C3D8R）划分网格。剃齿刀整体近似单元尺寸为1mm。工件齿轮整体近似单元尺寸为0.8mm，其中第三齿的右齿面近似单元尺寸设为0.1mm。从图7.11可以看出，对工件齿轮第三个齿的齿面进行重点分析，因为该齿处于五齿中间位置，动态仿真过程已经趋于稳定，受模型误差等外因的影响较少，更能精确反映剃齿刀与工件齿轮的啮合状态，可为获取模拟数据提供有利的帮助。

模型网格共计节点数为565958，单元总数为539460。工件齿轮与剃齿刀模型网格节点数总计1009058，单元数总计952332。工件齿轮的第三个齿作为重点研究对象，对其齿面上的节点建立节点集，整个单齿面总计建立120个节点集，每个节点集中选取61个节点，为后置处理提取关键节点接触变形等数据提供有利支持，如图 7. 12 所示。

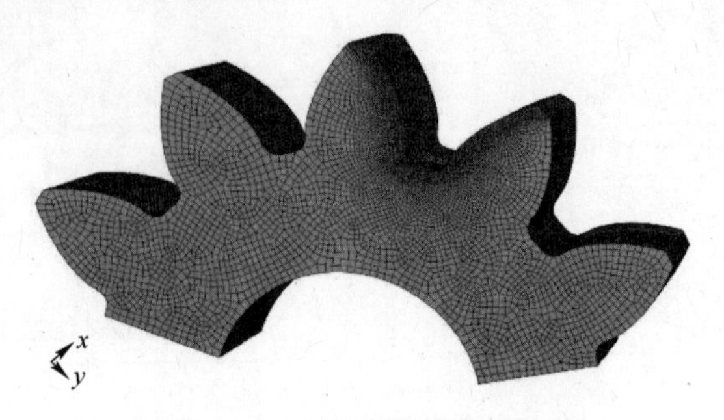

图 7. 11　有限元模型网格划分

图 7. 12　齿面上节点集之一

其他有限元分析设置过程由于都是规范化前置操作，故不作赘述。

2. 啮合过程接触应力分析

将两组剃齿啮合模型（传统负变位剃齿刀与工件齿轮、非等边剃齿刀与工件齿轮）分别导入 ABAQUS 中进行动态分析如图 7. 13 所示，图 7. 13（a）、7. 13（b）分别为非等边剃齿刀和传统负变位剃齿刀与工件齿轮的啮合模型，从图 7. 13 中可以明显看出，初始条件使它们在相同约束、载荷条件、位置关系等情况下与工件齿轮进行动态啮合有限元分析。

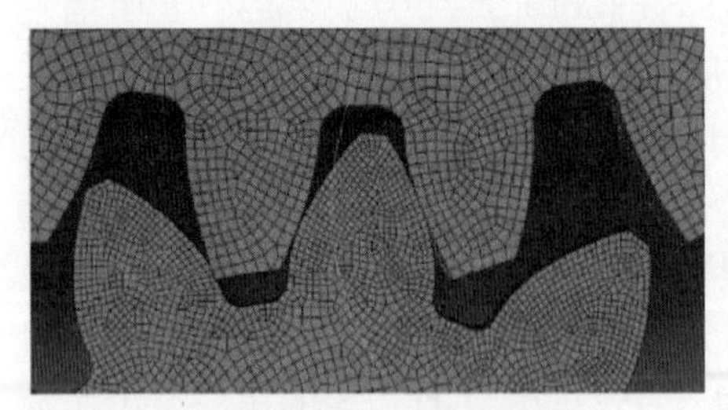

(a) 非等边剃齿刀与工件齿轮啮合

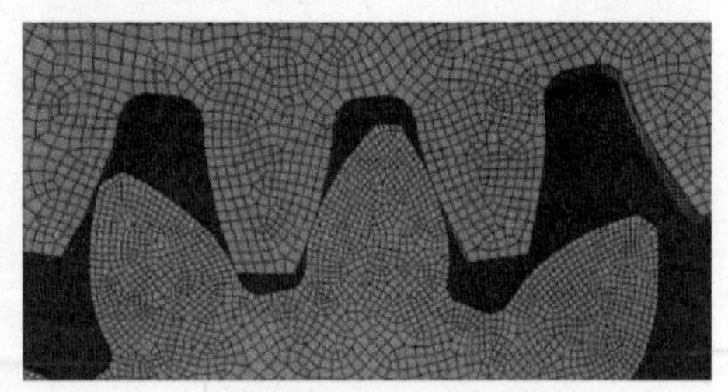

(b) 负变位剃齿刀与工件齿轮啮合

图 7. 13　啮合三维模型有限元分析

通过 ABAQUS 有限元动态仿真，重点分析工件齿轮第三个齿上各节点集的应力情况，通过后置处理依次提取每组节点集中各个节点的应力最大值 σ_{Hmax}，将各个 σ_{Hmax} 值对应其各个瞬时时间点生成应力曲线，两组对比分析样本的应力曲线如图 7.14 所示。

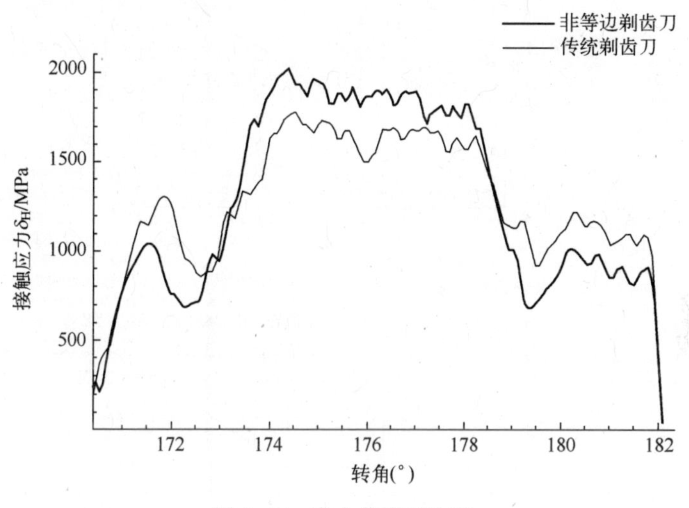

图 7.14　应力曲线对比图

通过接触应力曲线对比分析可知：非等边剃齿刀与工件齿轮的啮合过程接触应力曲线与传统剃齿刀与工件齿轮的啮合过程在约束条件及基本参数都相同的情况下，接触应力曲线相差并不大。通过图 7.14 可以看出，剃齿啮合过程有限元动态仿真值与理论计算值基本相符。在两点啮合区中，非等边剃齿刀与工件齿面间的接触应力略大于传统剃齿刀，并且接触应力趋于稳定，因此，在非等边剃齿刀与工件齿轮在啮合的过程中，啮合状态交替改变的瞬时剃齿刀与工件齿面间无较大的啮合冲击。

3. 剃齿啮合过程传动误差分析

通过有限元动态仿真分析获取表 7.2 中两组啮合模型的转角数据，分析图如图 7.15 所示。该图表示在剃齿啮合的任意单位时间点上，工件齿轮与剃齿刀的角位移值。两组啮合模型各个约束条件及基本参数都相同，图 7.15（a）图为非等边剃齿刀与工件齿轮啮合时转角的波动情况；图 7.15（b）图为负变位剃齿刀与工件齿轮啮合时转角的波动情况。

根据齿轮副的传动比是恒定的原理，当剃齿刀转过的角度是 $\Delta\varepsilon_1$ 时，工件齿轮的转角应该是 $\Delta\varepsilon_2 = \Delta\varepsilon_1 \cdot z_1/z_2$，但由于存在变形，因此传动比发生了波动，上式不能满足，传动误差可由式（7.15）表达[5]。

$$\Delta\varepsilon=\Delta\varepsilon_2-\Delta\varepsilon_1\cdot z_1/z_2 \tag{7.15}$$

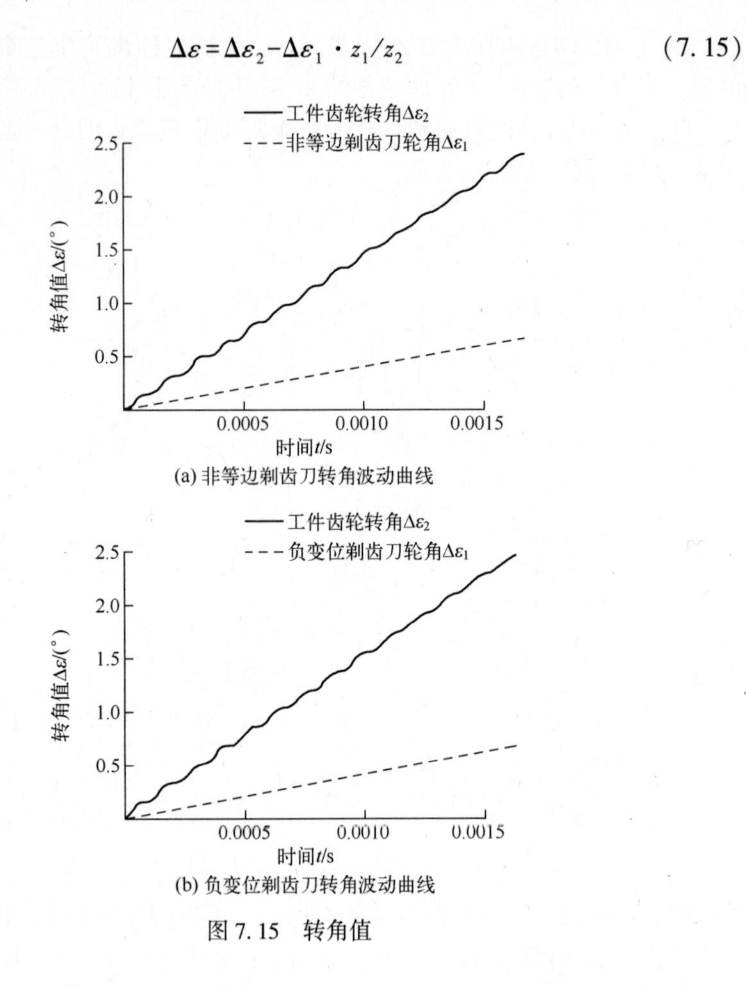

(a) 非等边剃齿刀转角波动曲线

(b) 负变位剃齿刀转角波动曲线

图 7.15　转角值

将图 7.15 中两组数据的转角值代入式（7.15），可分别求得两组模型的传动误差曲线，如图 7.16 所示。

图 7.16 可知：非等边剃齿刀与工件齿轮啮合时的传动误差波幅小于相同参数条件下传统负变位剃齿刀与工件齿轮啮合的传动误差波幅。

考察传统剃齿刀和非等边剃齿刀的剃齿加工传动特性，其传动误差曲线如图 7.17 所示，传动比曲线如图 7.18 所示。

图 7.17 和图 7.18 表明：负变位剃齿刀和非等边剃齿刀的剃齿加工传动特性有显著的差异。通过对比，非等边剃齿刀的传动误差曲线和传动比曲线收敛时间和收敛后的波动幅值均比负变位剃齿刀小，传动误差和传动比收敛后的波动周期不变，这表明非等边剃齿刀啮合时的冲击更小，传动更加平稳。可见，非等边剃齿刀能改善加工过程中的啮合冲击与传动性能。

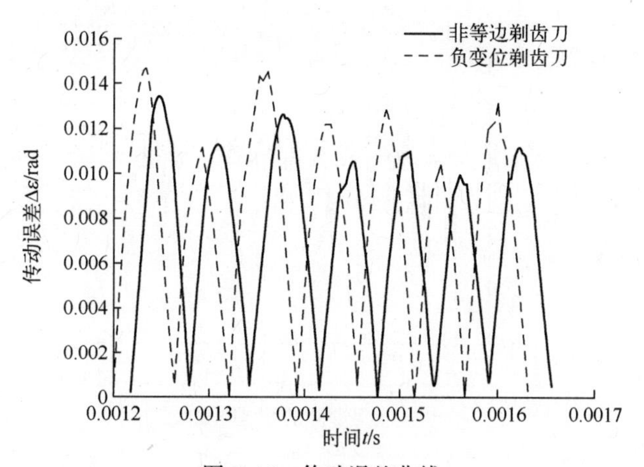

图 7.16　传动误差曲线

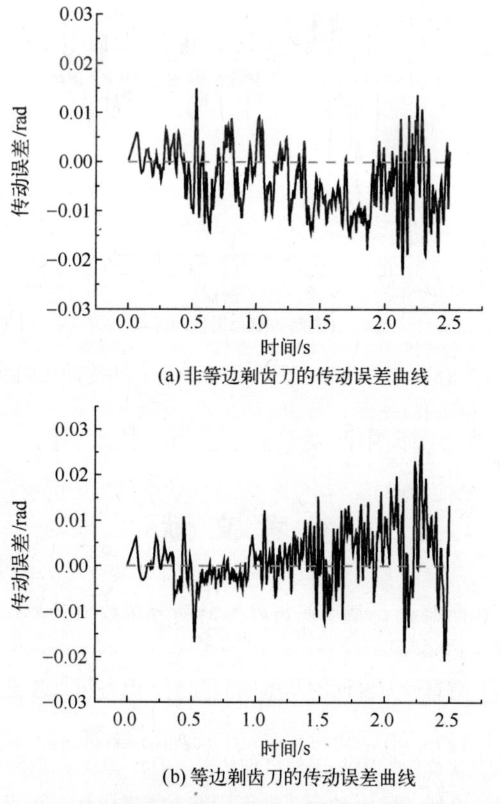

图 7.17　非等边剃齿刀和等边剃齿刀的传动误差曲线

综上所述，非等边剃齿刀能够优化负变位剃齿的不足以及平衡剃齿条件难以实现的缺点，使剃齿啮合过程轮齿间啮合力趋于平稳，实现平衡剃齿，降低

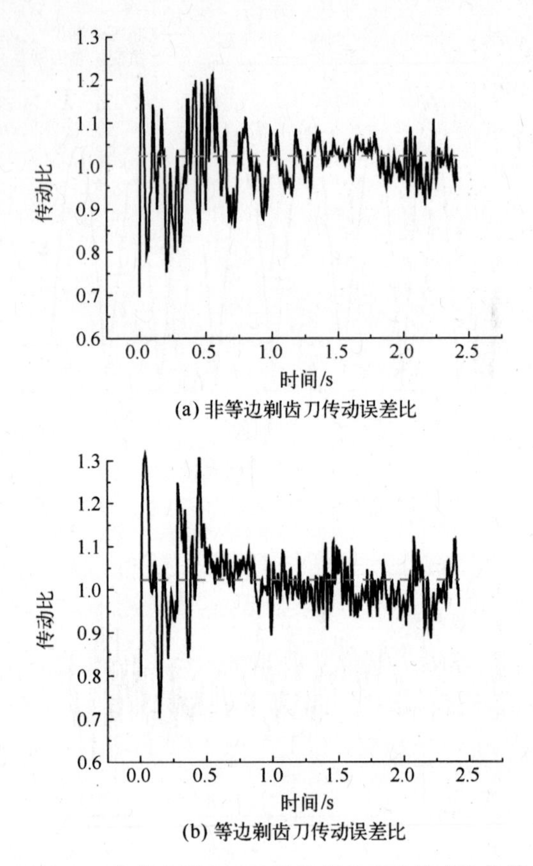

图 7.18　非等边剃齿刀和传统剃齿刀的传动比曲线

传动误差幅值，为消除剃齿中凹误差提供了新的技术思路。

参考文献

[1] 蔡安江，张振军，阮晓光．基于剃齿修形的啮合角数值计算［J］. 中国机械工程，2013（10）：1327-1330.

[2] 张益方．负变位平衡剃齿刀设计的基本问题［J］. 上海第二工业大学学报，1987，1：54-60.

[3] 左俊．剃齿加工仿真及齿形中凹误差机理研究［D］. 重庆：重庆大学，2012.

[4] 吴序堂．齿轮啮合原理［M］. 西安：西安交通大学出版社，2009.

[5] 唐进元，刘艳平．直齿面齿轮加载啮合有限元仿真分析［J］. 机械工程学报，2012，48（5）：124-131.